干热岩型地热高效开发技术及物理试验

解经宇　等著

中国矿业大学出版社
· 徐州 ·

内 容 提 要

开发干热岩需要建立增强型地热系统(Enhanced Geothermal System,EGS),其核心是向储层施工钻井并压裂形成一定规模的裂缝网络,构建注入井和生产井的循环回路来提取热能发电。水力压裂是决定热储规模与换热效率的关键。本书结合国内外干热岩压裂的研究现状,基于我国首例成功实施的干热岩水力压裂工程——青海共和盆地恰卜恰干热岩探采结合井的压裂过程,阐述干热岩型地热水力压裂的关键技术,以及干热岩压裂的室内物理模拟试验。本书旨在为干热岩开发提供技术性借鉴。

本书适合高等院校非常规能源勘探开发专业本科生、研究生以及相关专业现场工程技术人员参阅。

图书在版编目(CIP)数据

干热岩型地热高效开发技术及物理试验 / 解经宇等著.— 徐州:中国矿业大学出版社,2024.2

ISBN 978-7-5646-6178-6

Ⅰ.①干… Ⅱ.①解… Ⅲ.①干热岩体—地热勘探—研究 Ⅳ.①P314

中国国家版本馆 CIP 数据核字(2024)第 044497 号

书　　名	干热岩型地热高效开发技术及物理试验
著　　者	解经宇　郑　晶　范建国　王　韧　乔　伟 饶开波　张　鑫　金显鹏　阚正玉
责任编辑	路　露
出版发行	中国矿业大学出版社有限责任公司 (江苏省徐州市解放南路　邮编 221008)
营销热线	(0516)83885370　83884103
出版服务	(0516)83995789　83884920
网　　址	http://www.cumtp.com　**E-mail**:cumtpvip@cumtp.com
印　　刷	苏州市古得堡数码印刷有限公司
开　　本	787 mm×1092 mm　1/16　**印张** 9.5　**字数** 243 千字
版次印次	2024 年 2 月第 1 版　2024 年 2 月第 1 次印刷
定　　价	42.00 元

前　言

随着“双碳”目标的逐步推进，我国经济绿色低碳发展的图景已徐徐展开。党的二十大报告指出，积极稳妥推进碳达峰碳中和，立足我国能源资源禀赋，坚持先立后破，有计划分步骤实施碳达峰行动，深入推进能源革命。为实现此目标，亟须建设清洁、低碳、高效、多元的现代能源体系。干热岩型地热作为一种大储量的清洁能源，在日趋严峻的环保形势下，正在逐渐影响世界能源格局，并成为学术界、政府和企业关注的焦点。据《中国地热能发展报告(2018)》，我国埋深在3～10 km的干热岩资源量约为2.5×10^{25} J(折合8.56×10^{6}亿t标准煤)。2017年我国在黄河中上游的青海省海南藏族自治州共和盆地首次钻获高品质干热花岗岩，标志中国干热岩开发进入“快车道”。安全、高效地开发干热岩，对我国黄河流域生态保护和高质量发展、应对能源短缺和气候变化以及实现碳中和的战略目标都具有积极意义。

开发干热岩需要建立增强型地热系统(Enhanced Geothermal System, EGS)，其核心是向储层钻井并压裂形成一定规模的裂缝网络，构建注入井和生产井的循环回路来提取热能发电。可见，水力压裂是决定热储规模与换热效率的关键。我们结合国内外干热岩压裂的研究现状，基于我国首例成功实施的干热岩水力压裂工程——青海共和盆地恰卜恰干热岩探采结合井的压裂过程，阐述干热岩型地热水力压裂的关键技术，以及干热岩压裂的室内物理模拟试验。

本书研究得到了国家自然科学基金青年基金项目——结构面影响下干热岩水力裂缝扩展行为特征及能量释放机制研究(42102353)，中国博士后科学基金面上项目——低渗油藏CO_2地质封存THM耦合模拟与砂岩破裂机制研究(2021M703512)，山东能源集团有限公司重大科技项目(SNKJ2022A06)——山东省深层高温地热资源形成机制、分布规律研究及地热资源调查评价等的联合支持。

全书大部分成果是我们在中国地质调查局水文地质环境地质调查中心工作期间完成的，主要由解经宇执笔，中国矿业大学(北京)郑晶教授、山东能源集团技术研究总院常务副院长范建国、中石油工程技术研究院钻井液研究所副所长王韧、中国矿业大学乔伟教授、中国石油集团渤海钻探工程有限公司首席专家饶开波、山东能源集团南美有限公司总经理张鑫、中国地质调查局水文地质环境地质调查中心金显鹏高级工程师、天津汇铸石油设备科技有限公司董事长阚正玉等参与撰写及审稿。

在本书出版之际，谨向对本书研究和出版给予支持和帮助的所有单位和个人致以最诚挚的谢意！

由于作者水平所限，书中难免会出现疏漏和不足之处，恳请读者批评指正。

著 者

2023年8月

目　录

第1章 绪 论

1.1 研究背景

能源是经济社会长期稳定发展的有力保障，而我国进入了生态文明建设的关键时期。为实现此目标，亟须建设清洁、低碳、高效、多元的现代能源体系。然而，随着化石能源的不断枯竭，开发难度的日益增大，环保形势的日趋严峻，开发大储量的清洁能源成为全球学者、政企关注的焦点。在这样的背景下，干热岩(HDR)型地热作为一种新兴的环境友好型资源，有望推进能源结构转型；同时，作为一种极具竞争力的资源，逐渐影响着世界能源格局。干热岩是温度大于 180 ℃，不存在或少量存在地下水，且能经济性开发的异常高温岩体，岩性主要为花岗岩或致密变质岩。资料显示：全球地热能基础资源总量约为 1.25×10^{27} J(折合 4.27×10^{8} 亿 t 标准煤)，其中，美国埋深在 10 km 以浅的干热岩型地热能基础资源量约为 1.4×10^{25} J。

开发干热岩需要建立增强型地热系统(Enhanced Geothermal System，EGS)，其核心是向储层钻井并压裂形成一定规模的复杂裂缝网络，构建注入井和生产井的循环回路来提取热能发电。由于人工热储的规模、总换热体积与水力裂缝的形态直接相关，因此压裂技术就成了开发干热岩的关键。不同于油气储层的岩体，干热岩具有硬度大(＞HS70)、超致密(孔隙度 0.3％～0.7％)、各向异性明显(多种蚀变矿物填充)的物理性质，压裂形成复杂缝网较为困难。早在 20 世纪 70 年代，多个发达国家先后进行干热岩资源开发尝试，美国能源部首先尝试开发干热岩，英国、法国、日本、澳大利亚等国也先后启动干热岩开发工程。然而受到人工热储建造和诱发地震防控等关键技术的限制，成功运行的 EGS 工程屈指可数。近些年来，干热岩资源的优越性和规模化开发可行性进一步得到国际社会的认可，投入建设的 EGS 数量总体上不断增加。2019 年，自然资源部中国地质调查局首次对干热岩井开展了以获取地层参数为目的的测试压裂，标志着我国干热岩资源进入开发阶段，也标志着中国干热岩开发进入“快车道”。安全、高效地开发干热岩对我国黄河流域生态保护和高质量发展、应对能源短缺和气候变化以及实现碳中和的战略目标都具有积极意义。

1.2 干热岩水力压裂研究现状

干热岩开发始于 20 世纪 70 年代，根据增强型地热系统开发构想，相继在国外多个地热田开展了现场钻井和水力压裂试验。国际上曾投入发电工程的有 14 处，目前尚在运行的有 5 处，其中英国、瑞士和日本的干热岩项目已经结束试验。世界主要干热岩 EGS 工程有美国 Fenton Hill 地热储层、法国 Soultz-sous-Forêts 地热储层、澳大利亚 Cooper Basin 地热储层、韩国 Pohang 地热储层、芬兰赫尔辛基地热储层。其中，法国 Soultz-sous-Forêts 工程实

现了 1.5×10^4 kW 的干热岩发电(表 1-1)。我国的干热岩开发还处于试验探索阶段。2013 年,青海省地质调查局在青海共和盆地开展了干热岩钻井实践,在盆地北部钻成了井深为 3 705 m、井底温度达 236 ℃的干热岩井。

表 1-1 世界主要干热岩开发井压裂改造情况

项目	开发模式	井底最大主应力大小及方向	压裂改造井号(年份)	产能/[L/(s·MPa)]	液量/(万 m^3)	排量/(m^3/min)	压裂压力范围/MPa	诱发最大震级和发生时间	改造深度/m	改造体积/m^3
澳大利亚 Cooper Basin EGS 工程	一注一采	北偏东 82° 152 MPa	H01(2003)	0.4~2	2.0	0~1.5	45~90	压裂过程中最大震级为 M_L3.7 级	4 000~4 500	3×10^6
			H01(2005)		0.38	0~1.5				
			H04(2012)		0.26	1.3~3.6				2×10^6
			H04(2012)		3.4	1.3~3.6				
法国 Soultz EGS 工程	三井模式	北东方向 142.711 MPa	GPK1	0.2~4	2.34	0~3	32.8~60.5	停泵后一个月内发生 M_L2.9 级地震	5 000	1.0×10^6
			GPK2(2000)		2.8	0~3				0.8×10^6
			GPK3(2003)		2.34	0~3				3.0×10^6
			GPK4 (2004)		3.4	0~3				2.09×10^6
			GPK4 (2005)		0.94	1.8~2.7				
					1.23	1.8~2.7				
韩国 Pohang EGS 工程	计划建成三井模式	北偏东 45°~60° 127 MPa	PX-2(2016)		1.28	0~4.5	27.7~89.2	停泵后 6 个月发生 M_W5.4 级地震,压裂过程中最大震级为 M_W2.9 级	4 208~4 362	
			PX-1 (2016—2017)		0.39	0~2.81				
美国 Fenton Hill EGS 工程	一注一采	北偏东 21° 100 MPa	EE-2 (多次改造)	0.4~1.4	2.13	0~6.48	45~90		3 500~4 018	0.7×10^6
					7.59	0~1.4				30×10^6
			EE-3 (多次改造)							
芬兰 EGS 工程		OTN-3(2018)		1.816	0.4~0.8		60~90	压力过程中最大为 M_W1.9 级	6 000~6 100	1.6×10^6

注:M_L 表示用 1 s 左右的 S 波振幅来量度地震的大小;M_W 表示矩震级,由物理参数计算所得。

1.2.1 美国 Fenton Hill EGS 工程

Fenton Hill 是世界上第一个尝试在地下深部建立工业规模干热岩热储的 EGS 工程,位于新墨西哥州中北部,其目的在于优化从高温结晶或变质岩体中经济开采热能的方法。该项目初期遇到了反复压裂难以连通的问题,通过多次侧钻、将新井打入前井的地震云中,最终在 3 500~4 000 m 井段实现了连通,但漏失较为严重,产能下降较快,在循环半年后仅为 1.5 L/s,这是该项目最终没有运行下去的根本原因。Fenton Hill EGS 工程干热岩储层在 3 500 m 处温度约为 240 ℃，储层天然裂隙发育程度不高，泵注压力多接近 90 MPa。该项目主要借鉴石油天然气的开发模式，压裂初期采用大排量(超过 6 m^3/ min)并加支撑剂的方式，但效果并不明显。Fenton Hill EGS 工程干热岩水力压裂监测地震云图见图 1-1。Fenton Hill EGS 工程注采井某四段注入压力、注入速率和时间的关系曲线见图 1-2。

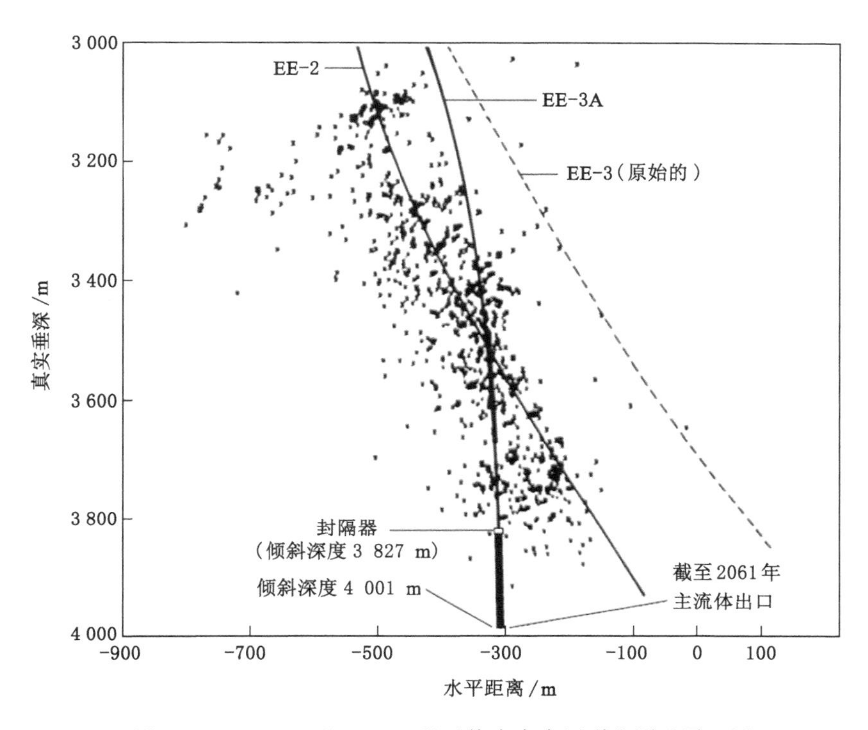

图 1-1　Fenton Hill EGS 工程干热岩水力压裂监测地震云图

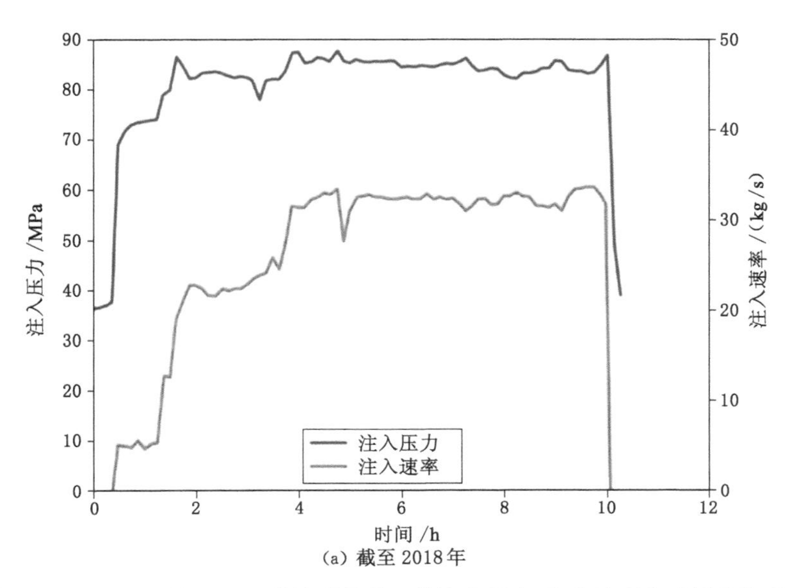

图 1-2　Fenton Hill EGS 工程注采井某四段注入压力、注入速率和时间的关系曲线

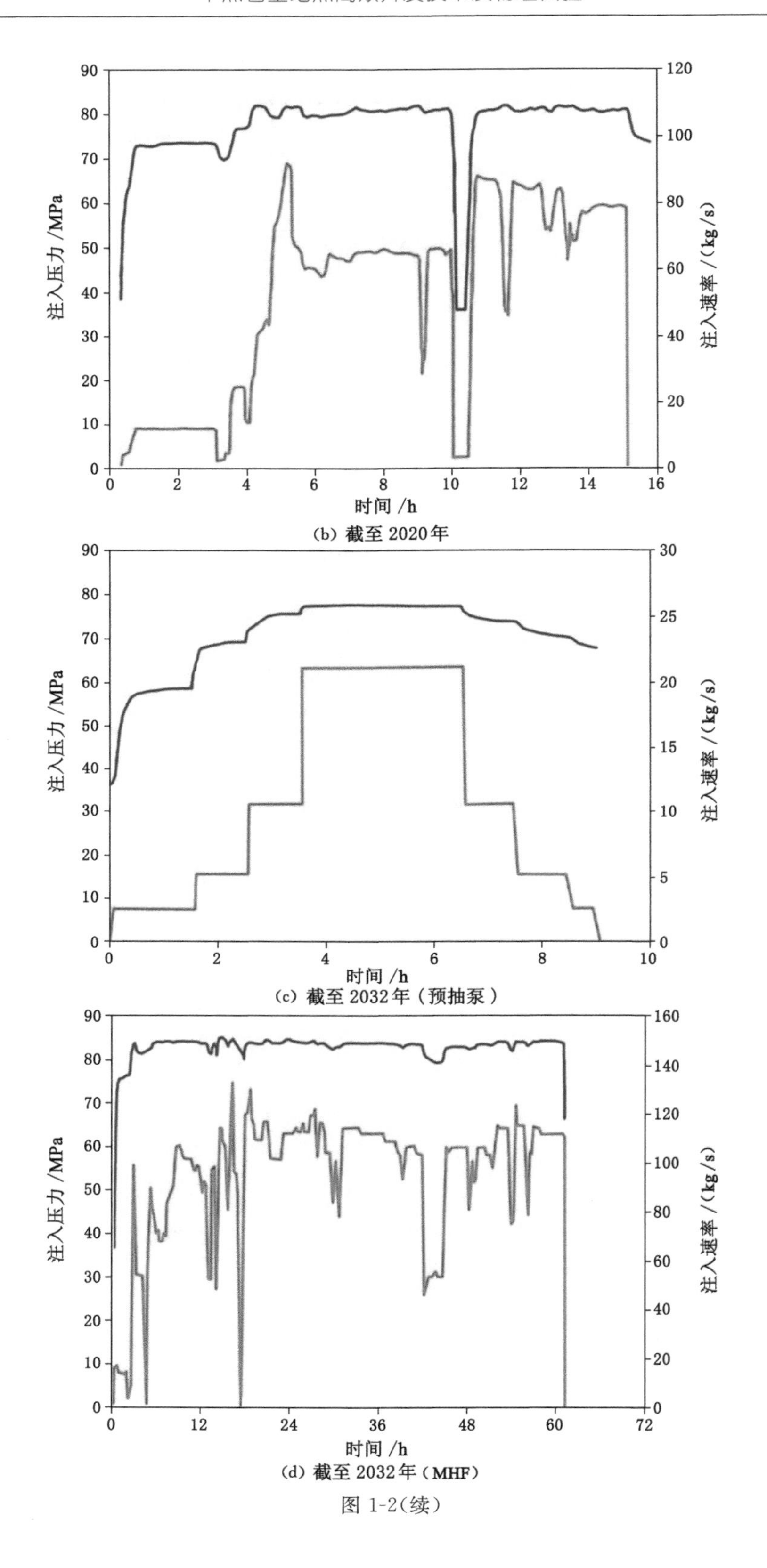

(b) 截至 2020年

(c) 截至 2032年（预抽泵）

(d) 截至 2032年（MHF）

图 1-2(续)

Fenton Hill 项目作为世界上第一个成功实现发电的 EGS 工程，具有重要的意义。在压裂过程中充分分析天然裂隙对裂缝走向的影响可大大提高储层改造效率。此外，热储体积是开发干热岩的保证，如若人工热储体积受限，会对后期开采流量产生巨大影响进而导致整个工程失去开发价值。

1.2.2　法国 Soultz EGS 工程

Soultz EGS 工程是目前世界上较为成功的 EGS 示范项目，位于法国上莱茵峡谷内，处于欧洲最大的地热异常带的中部。储层最高温度为 203 ℃，为减少诱发地震，采用“二注一采”方式开发，压裂的层段埋深超过 4 500 m，井口泵注压力范围为 40～80 MPa。法国 Soultz EGS 工程采用“三井”模式开发(图 1-3)，一口直井，两口定向井，建造“三井”的过程中经历了多次加深的过程。在长达十多年的储层建造过程中，法国 Soultz EGS 工程先后泵注了超过 10 万 m^3 的清水，注采井 GPK2 井的压裂缝长度近 500 m。该项目后因生产需要调整了注采模式，由“一注两采”调整为“两注一采”。

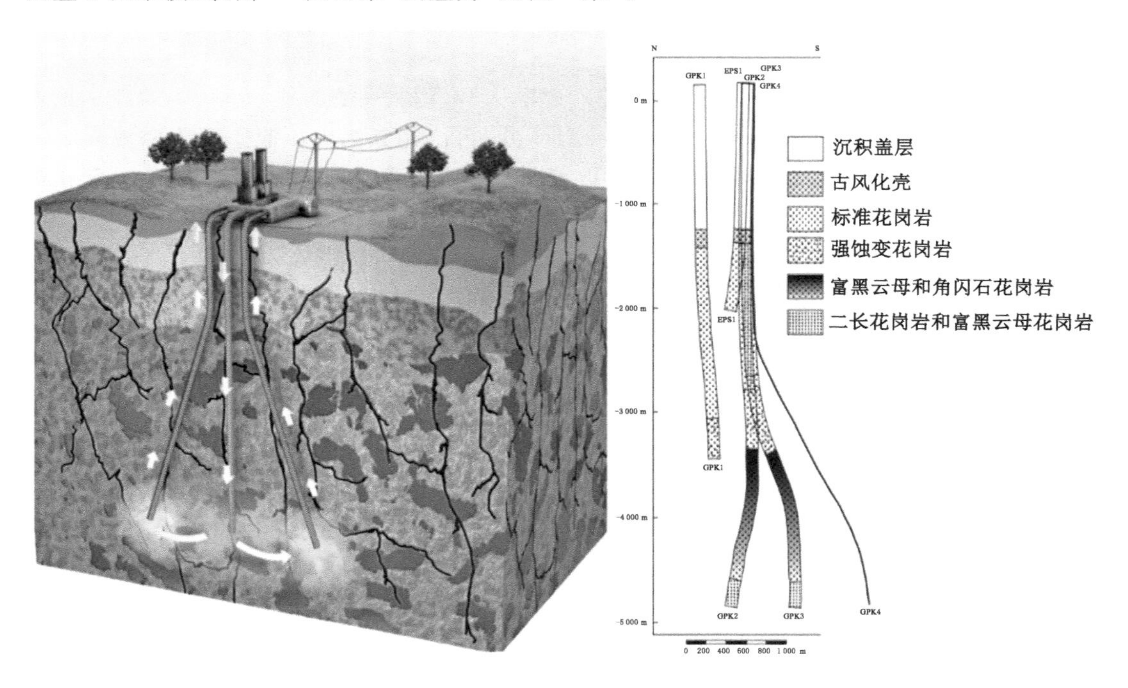

图 1-3　法国 Soultz EGS 工程开发井组示意图

Soultz 项目给人们最大的启示是开发干热岩需要进行大量的资料调研和地质调查工作，此外，重复压裂能显著提高产能。以 GPK2 井为例，经过重复压裂后产能从 0.2 L/(s·MPa)增加为 4 L/(s·MPa)，重复压裂后产能增加了 19 倍。其部分压裂施工曲线见图 1-4。

1.2.3　澳大利亚 Cooper Basin EGS 工程

Cooper Basin 场地位于澳大利亚南部，该地区油气资源丰富。自 2002 年起该项目共钻 4 口深井，H-1 井在花岗岩中钻遇了裂隙带，H-2 井因落物事故被废弃，H-3 井因套管损坏及随后的井喷而被废弃。Cooper Basin EGS 工程地震云示意图见图 1-5，储层温度为 244 ℃，储层压力约为 73 MPa。2003 年钻注入井 H-1，深度为 4 421 m。随后进行了近 2 个

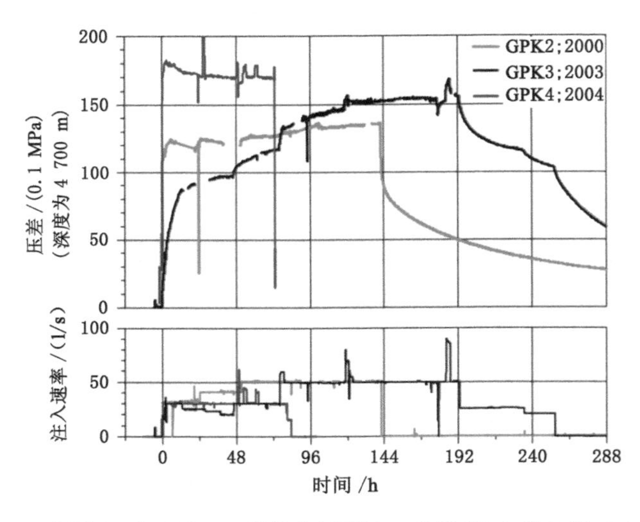

图 1-4 法国 Soultz EGS 工程部分压裂施工曲线(图中横坐标对应相同)

月的水力压裂,注入压力为 35～65 MPa,注入速率从 13.5 kg/s 增加到 26 kg/s,总注水量为 20 000 m^3。2005 年,20 000 m^3 的水被注入 H-1 井,再次完成水力压裂。基于微地震定位的数据表明,热储平面激发区域扩大 50%,覆盖面积达 4 km^2。最终在地下约 4 km 深度花岗岩体中建立了一系列连通裂隙,实现 1 MW 电力发电量。

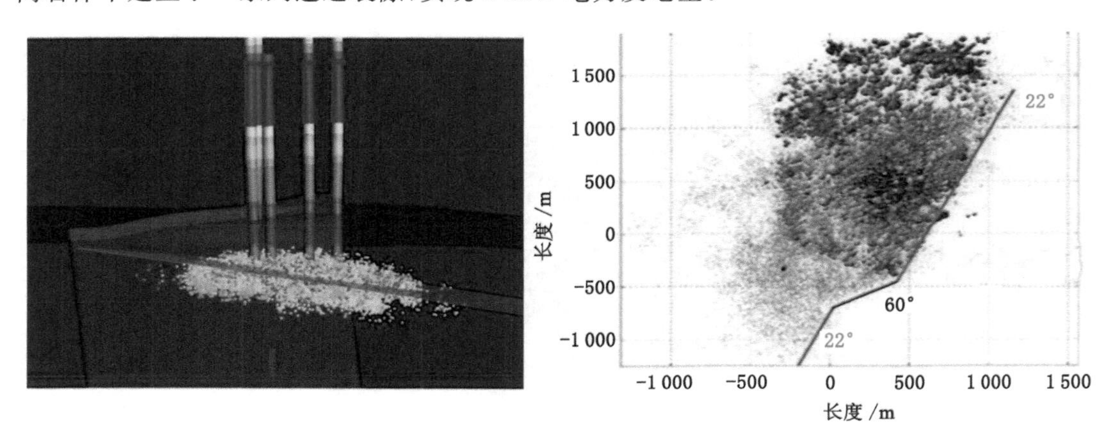

图 1-5 Cooper Basin EGS 工程地震云示意图

Cooper 盆地的 EGS 工程在压裂过程中发生了 M_L 3.7 级地震,主要原因是井组周边发育有逆冲断层(图 1-5)。此外,该工程开发地点在较为偏远的无人区,尽管有效减少了诱发地震带来的损害,但后期电力输送成本巨大,这也是该项目终止的原因之一。Cooper Basin EGS 工程 H-4 井微地震事件、压力、排量与时间关系曲线见图 1-6(1 psi≈6.89 kPa)。

1.2.4 Pohang EGS 工程

Pohang EGS 工程模仿法国 Solutz EGS 工程采用一注两采的开发模式。2016 年对其中一口注采井 PX-2 进行了第一次大规模的水力刺激改造(图 1-7),在目的层 140 m 长裸眼段注入了 1 970 m^3 的水。其最大井口压力可达 105 MPa,最大注入速率可达 4.5 m^3/min,最大井口压

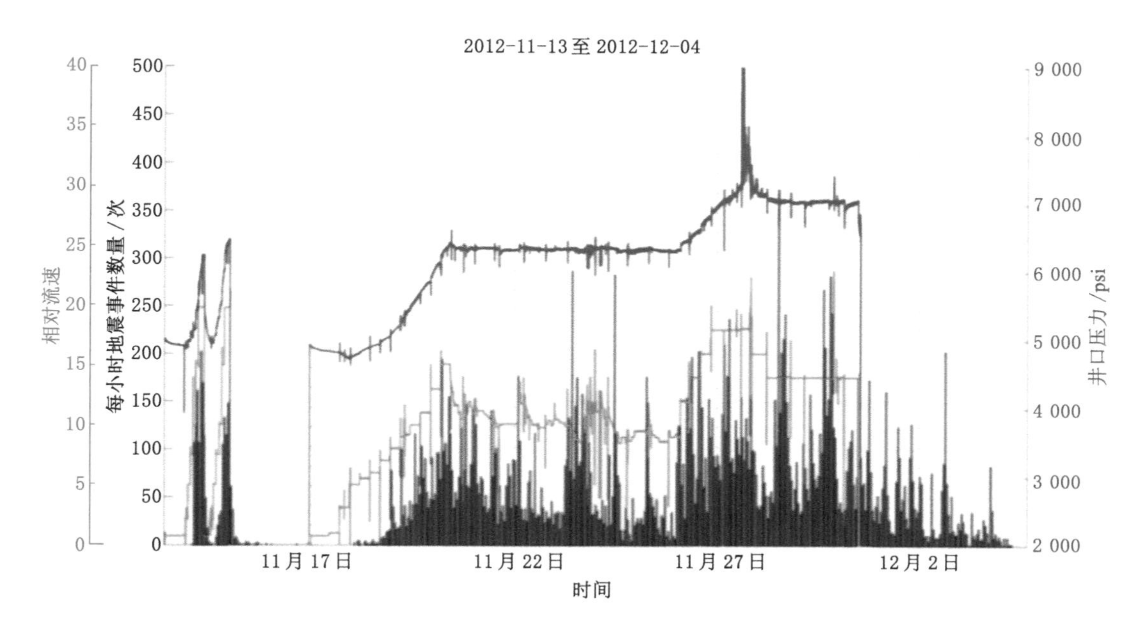

图 1-6 Cooper Basin EGS 工程 H-4 井微地震事件、压力、排量与时间关系曲线

力为 89.2 MPa，最大注入速率为 2.81 m^3/min，最大震级为 M_W 3.1 级。2017 年，对另一口注采井 PX-1 井进行了刺激改造，目的层 313 m 的裸眼段向储层中注入了 3 907 m^3 的水。其最大流动速率为 18 L/s，最大井口压力为 27.7 MPa。

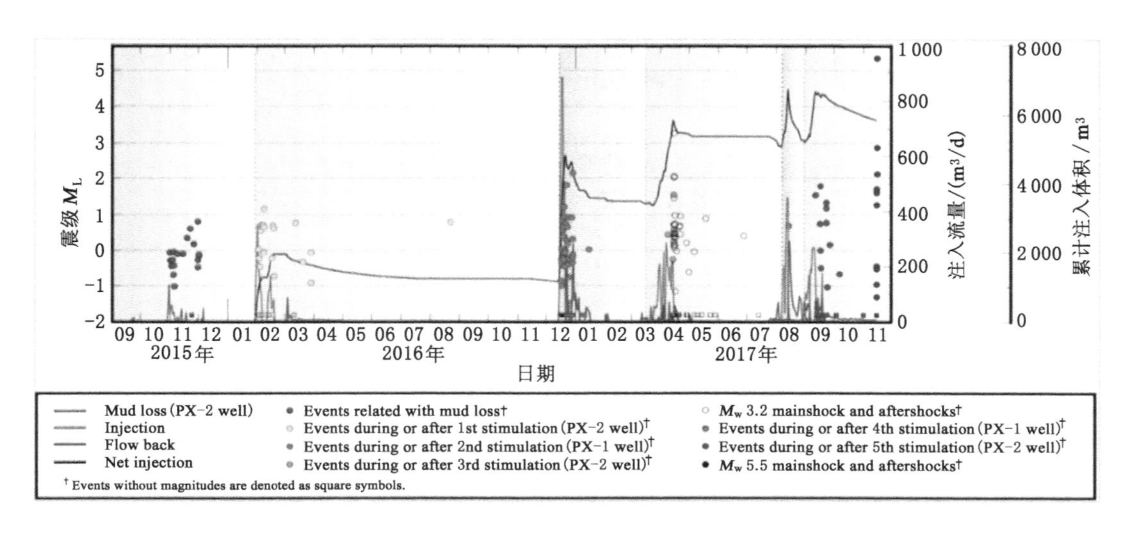

图 1-7 Pohang 干热岩项目刺激改造情况

通过分析 Pohang EGS 工程的压裂案例可以发现断层对干热岩压裂施工的影响是显著的：一方面，断层周边天然裂隙较为发育，泵注压力较低，压裂液漏失明显；另一方面，一旦压裂波及活断层会引发能级较大的地震。

1.2.5 芬兰 EGS 工程

芬兰对一口 6.1 km 深地热井的刺激改造过程中诱发的地震进行了控制：在 2018 年 6 月至 7 月的 49 天里，向花岗岩中分段泵注了 18 160 m^3 清水；建立了 24 站钻孔地震监测网；利用诱发地震的发生率、位置、震级以及地震能量和水力能量的变化等实时信息，对泵注进行了调整，采用 0.4～0.8 m^3/min 的泵注排量，对应 60～90 MPa 的井口压力；项目采用"交通灯"制度将压裂的诱发地震震级限制在了 2.0 级以内(图 1-8)。

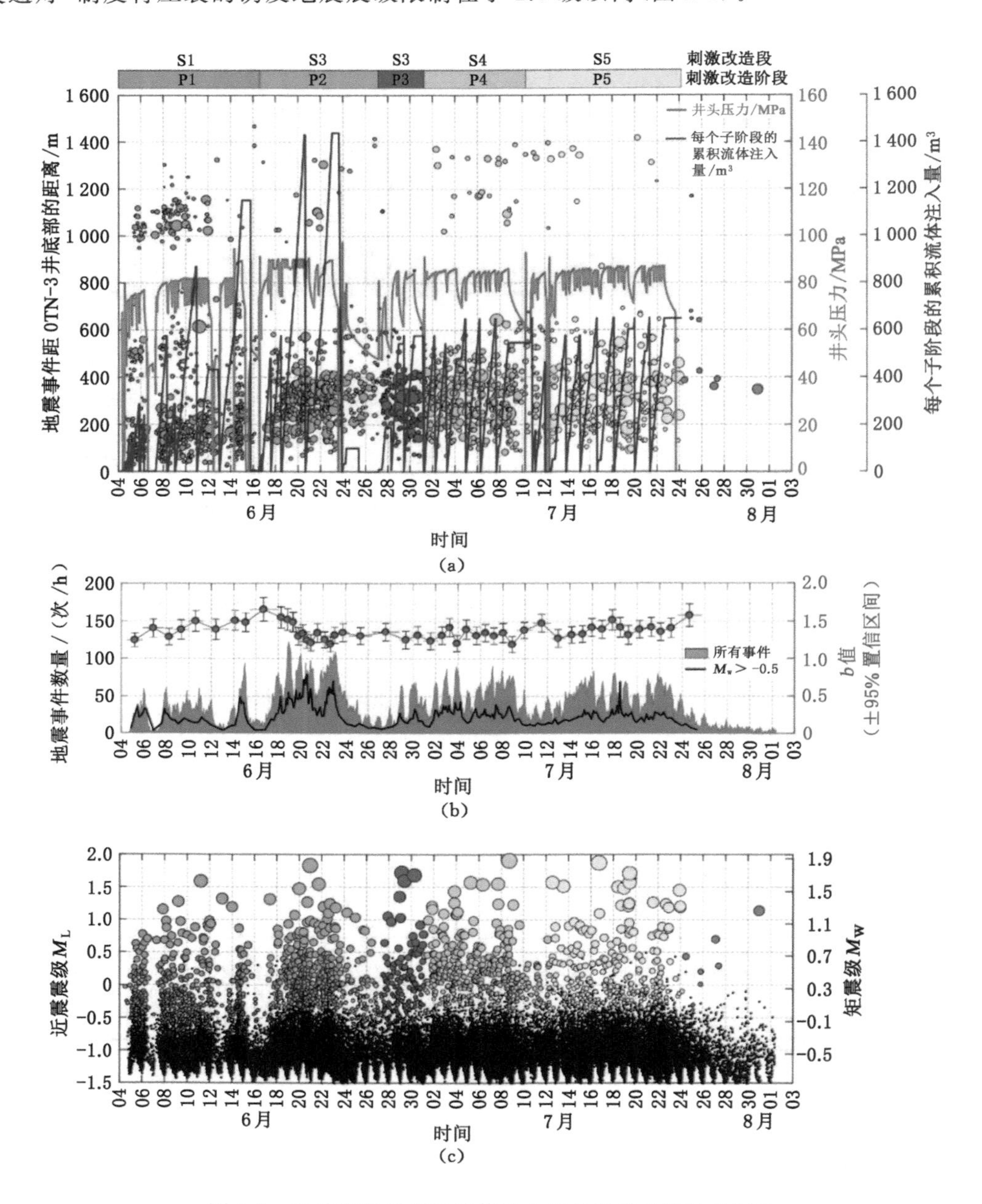

图 1-8 地震源的演变及流体注入诱发地震的统计学特性

在致密的干热岩储层中开展压裂施工时，可以通过控制排量、井口压力，在“交通灯”制度的指导下实现对诱发地震震级的有效控制。

1.2.6 美国 FORGE 计划

2014 年美国能源部启动“地热能前沿瞭望台研究（Frontier Observatory for Research in Geothermal Energy，FORGE）计划”，旨在建立一个示范场地来开展 EGS 工程的前沿研究，并探索规模大、经济可持续和可商业化的 EGS 所需要的技术。2017 年美国 FORGE 施工井开展了现场测试试验，共计进行了 8 个阶段的注入，如图 1-9 所示。各阶段描述分别为：① 封隔器未坐封前，低压注入并做原始储层渗透性测试评估；② 坐封封隔器开始小型测试，以 1 L/s 排量注入 600 L 液体；③ 以 1 L/s 排量注入 668 L 液体；④ 以2 L/s 排量注入 1 590 L 液体；⑤ 流体注入诊断测试 DFIT，以 21.75 L/s 排量注入 10 685 L 液体后关井，通过关井阶段出现的拟线性流或拟径向流阶段求取储层压力，综合分析得出该储层天然裂隙发育，压裂时多裂缝延伸特征十分明显；⑥ 重复的小型测试，以 1 L/s 排量注入 600 L 液体；⑦ 阶梯升排量测试，以 1 L/s-2 L/s-4 L/s-8 L/s-16 L/s 逐渐升排量注入 12 227 L 液体；⑧ 将段塞的流体注入并诊断测试 DFIT，以 16.75 L/s 排量注入 13 801 L 液体后关井。

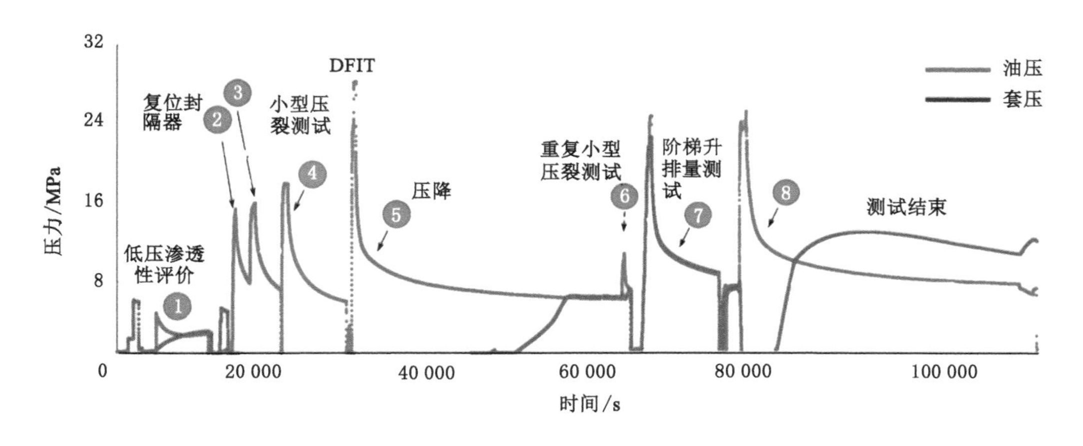

图 1-9 FORGE 施工井现场测试压力数据曲线

目前，该计划已进入第三阶段，在犹他州 Milford 场地 200 ℃左右的干热岩储层中开展分段压裂。然而，常规的耐 200 ℃高温封隔器与桥塞，在未达到额定温度的情况下便失效（图 1-10）。其原因可能是封隔器中的橡胶材料在长时间高温条件下出现局部热量积聚，使胶桶出现破坏现象。

1.2.7 共和盆地干热岩压裂开发现状

自 2017 年我国在青海省共和盆地恰卜恰镇 3 705 m 深处首次钻获 236 ℃的高品质干热岩（以下简称共和干热岩）以来，中国地质调查局联合青海省地勘单位紧紧围绕恰卜恰干热岩开展了系统的调查和探索研究。尽管遇到了诱发地震，裂缝扩展过程中水力裂缝上窜或形成优势通道等技术问题，但结合储层天然裂隙发育情况，设计打孔管与实管的管串组合，采用小排量（不大于 3.5 m^3/min）、间歇式（分阶段且分单元）、长周期的泵注策略，配合暂堵转向、多液

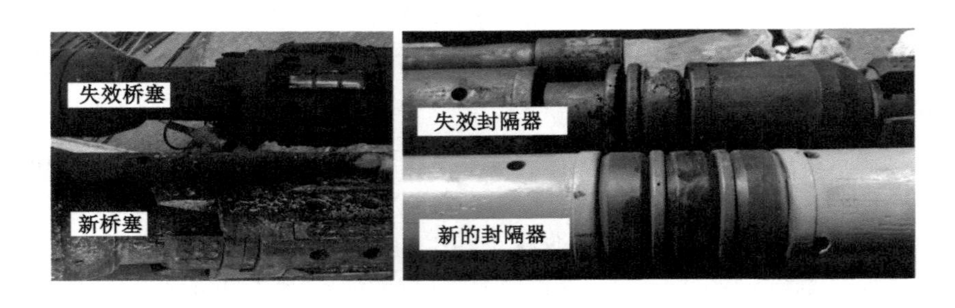

图 1-10　桥塞、封隔器使用前后对比

性混合(酸液、清水、滑溜水、胶液)等措施,实现了在热储中建造剪切-张拉的混合缝,最终在有效控制诱发地震的条件下于 2020 年 8 月完成了规模化热储建造。共和干热岩开发场地见图 1-11。

图 1-11　共和干热岩开发场地

1.3　国内外干热岩水力压裂工艺总结

1.3.1　压裂施工规模较大

国际上,为建造百万立方米级别到千万立方米级别体积的干热岩开发热储,压裂施工规模一般应达到 20 000 m^3 以上且需进行重复压裂。苏尔茨 EGS 工程是目前世界上较为成功的 EGS 示范项目,储层温度为 203 ℃,初期用"一注两采"开发,后因生产需要、减少诱发地震而采用"二注一采"开发,压裂层段超过 4 500 m。其储层天然裂隙较发育,通过多次重复压裂扩大改造体积;GPK4 井通过二次压裂,有效提高产能 19 倍左右。干热岩注入井要建造千万立方米级别的热储,经压裂测试确定的热储高度范围在 3 630～3 950 m,裂缝半缝长度在 300 m 以上。通过测算,压裂规模应达到 20 000 m^3 以上。

1.3.2 精细描述场地构造至关重要

详细的场地地质结构，是开展干热岩 EGS 工程的关键，否则会因压裂裂缝方向偏离预期导致连不通，以及压裂液漏失进入断层引起断层活化、诱发较强地震而导致项目失败。美国芬顿山是世界上第一个 EGS 工程，井底温度为 200 ℃，井深约为 4 000 m。该项目初期由于天然裂缝对水力压裂影响机理研究不清楚，遇到了反复压裂难以连通的问题，最终通过多次侧钻和控制人工裂缝走向实现了连通，回灌水回收率 66% 左右。韩国浦项 EGS 工程采用类似 Soultz 开发模式的"一注两采"井组，储层温度为 200 ℃，设计 3 口井，其中直井 PX-2 为注入井，定向井 PX-1、PX-3 为采出井。2016 年对 PX-2 井进行了压裂，初期最大井口压力 105 MPa，采用注入速率逐级增加和减小、循环注入、长期注入、关井等措施，最大注入速率为 2.81 m^3/min，井口压力为 89.2 MPa，诱发最大震级为 M_W 3.1 级。由于前期研究不充分，压裂目标层距离断层较近，其后对 PX-1 井进行了压裂改造，井口压力为27.7 MPa，累计注入 12 800 m^3 水，诱发最大微地震 3.5 级，压裂后半年该地发生了 5.4 级地震。后期该项目永久关停。

1.3.3 干热岩压裂均有诱发地震伴随

国际上开展的干热岩压裂施工，均有不同程度诱发微地震的情况存在，建立断层活化分析评价、诱发地震控制与反馈机制十分必要，是保证干热岩项目顺利开展的前提。澳大利亚 Coope Basin EGS 工程，储层温度为 244 ℃，储层压力约为 73 MPa。该项目共钻 4 口深井，压裂过程中发生了 ML 3.7 级的地震，主要原因是井组周边发育有逆冲断层。芬兰在一口 6.1 km 深地热井的压裂改造过程中对其实施了诱发地震的控制，建立了 24 站钻孔地震监测网。利用诱发地震发生率、位置、震级以及地震能量和水力能量的变化等实时信息，对泵注进行调整，项目采用"交通灯"制度将压裂的诱发地震震级限制在了 2.0 级以内。

1.3.4 关键技术是保证工程顺利实施的基础

地质建模、储层和井筒应力分布研究极为重要，通过测试压裂及精细分析深入掌握储层应力条件，是实现热储成功建造的基础。应加快耐高温高压分段压裂工具的研制，尤其是封隔器和桥塞，这是实现干热岩分段精细压裂的关键。

FORGE 项目是美国近期一次干热岩开发试验项目，计划在 1.5～4 km 深部进行热储，温度为 175～225 ℃，通过两口地热斜井钻井、储层改造以及流动测试，形成新一代可复制技术。目前已经对目标储层进行了详细的储层认识与地质建模，采用成像测井精细刻画了储层裂缝发育特征，进行了应力测试和井筒应力剖面分析，为改造层位和工艺选择提供了准确依据。开展了 58-32 井测试压裂施工，对 3 个层位进行了 27 次注入、阶梯排量测试，以求取准确的地层参数；试验了封隔器和桥塞，但高温原因导致失效。

理论和实践研究表明，破坏干热花岗岩基质体需要较大的压力水头。因此，利用天然裂隙在干热岩储层中形成"张-剪混合"型裂缝是干热岩水力压裂的主要手段，支撑剂在 Fenton Hill EGS 工程之后很少在干热岩压裂中被使用。尽管酸液可有效腐蚀花岗岩基质体，但对开发干热岩的各国而言，环境因素制约着酸化压裂的实施，故清水、植物胶、变黏滑溜水以及少量植物酸是目前 EGS 造储的主要工质。干热岩压裂的泵注排量相对油气压裂的普遍偏小，而单井液量却相对较大，井口压力的大小与压裂段天然裂隙发育程度直接相关。

1.4 干热岩水力压裂发展趋势

1.4.1 干热岩水力压裂与诱发地震的关系

水力压裂诱发地震已成为阻碍干热岩开发的一个重要因素，然而诱发地震的原因及预防措施至今没有一个明确的结论。诱因基本可分为两类：

一种观点认为压裂井周边的断层是影响诱发地震的主因。Eyre 等研究显示，水力压裂诱发断层滑移的机理大致可分为 3 种(图 1-12)：① 孔隙压力效应引起断层活化。压裂过程中缝内净压力的增加引起有效正应力减小或摩擦系数变化，逐渐逼近断层发生滑移的条件。② 孔隙弹性效应引起断层活化。通过储层岩石基质体传递的应力扰动断层进而诱发地震事件。③ 无震蠕滑引起断层活化。远端不稳定区域逐渐被水力压裂活动激发，岩石成分表现出动态弱化行为。

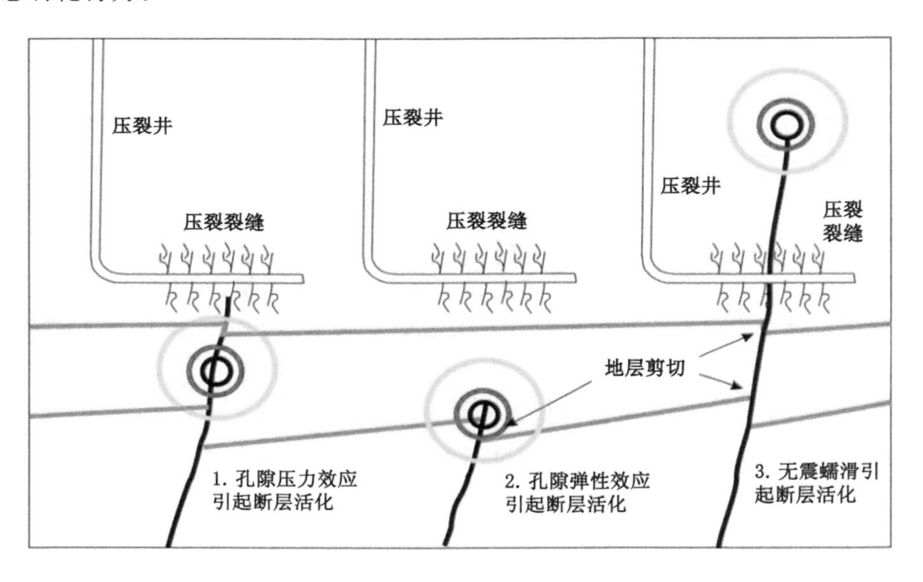

图 1-12 水力压裂诱发地震的机理示意图

另一种观点认为，即使在没有明确的井周断层的影响下，干热岩水力压裂仍然可能诱发震级相对较大的地震。McGarr 统计了包括 EGS 水力压裂在内的泵注液量与诱发地震的关系，即：

$$M_{0(\max)} = G\Delta V \tag{1-1}$$

式中：$M_{0(\max)}$ 表示最大可能的矩震级；G 表示剪切模量；ΔV 表示液量。

该模型是基于多个水力压裂及废水注入案例得出的统计学规律。McGarr 认为压裂诱发地震的震级与压裂段的岩性并无直接关系，液量才是主控因素。如图 1-13 所示，注液量与震级对应的坐标点越低于直线，压裂施工诱发地震的风险越小。

Galis 等基于断裂力学理论优化了 McGarr 模型，即：

$$M_{0(\max)} = \gamma\Delta V^{3/2} \tag{1-2}$$

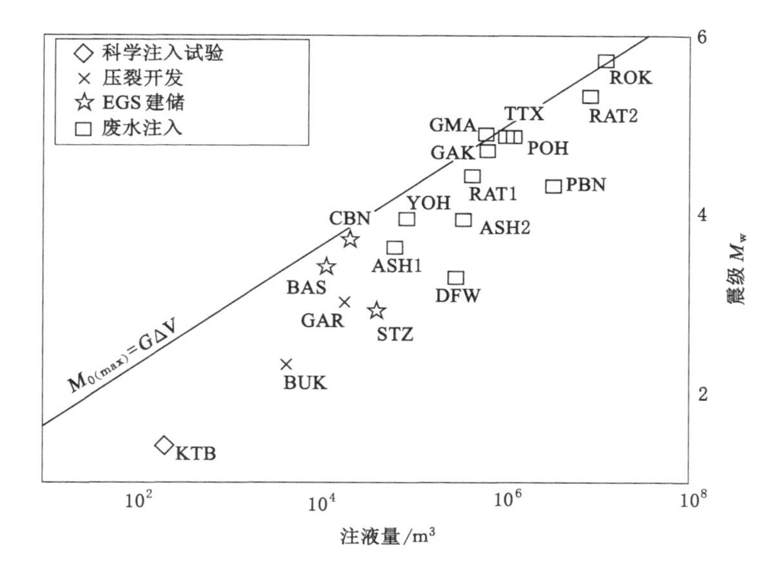

图 1-13　McGarr 模型中注液量与最大震级之间的关系

$$\gamma=\frac{0.425\ 5}{\sqrt{\Delta\sigma}}\left(\frac{k\mu_d}{h}\right)^{3/2} \tag{1-3}$$

式中：$\Delta\sigma$ 为静态压力降(MPa)；μ_d 为动摩擦系数；h 为储层厚度(m)；k 为与体积模量相关的系数。

该模型表明最大诱发震级不仅与累计液量有关，还与区域构造应力及局部施加的流体压力有关，井口压力与最大可能诱发震级表现出一定的正相关关系。Kwiatek 等从能量的角度讨论了诱发地震与压裂之间的关系，指出某一时间段内诱发地震累积辐射能量 E_H 与井口压力 P、注液体积 V 有关：

$$E_H=\int_{t1}^{t2}P(\tau)\cdot V(\tau)\mathrm{d}\tau \tag{1-4}$$

式中：P 为井口压力(MPa)；V 为泵注排量(m^3/min)；P 与 V 的乘积代表向井中注入的能量，即水力能。

该模型认为诱发地震是能量输出的一种形式，与储层类型无关。压裂液向储层岩石做功并累积弹性应变能，当弹性能累积到一定程度时，能量转换为裂缝表面能、塑性势能、损伤势能等形式的能量，裂缝扩展。诱发地震所释放的能量多由水力能间接导致了更多地层中的弹性能释放而引起。

综上所述，干热岩压裂诱发有感地震须具备两个条件：应力扰动源，即一个预先存在的临界应力断层(结构面)；一个直接或间接将震源与断层相连的耦合机制，即压裂液或应力的传导。

1.4.2　EGS 压裂造储发展建议

(1) 工艺、材料的突破

干热岩开发从 20 世纪 70 年代开始至今已有 50 年左右的时间，但真正进入开发阶段的不足 40 例。干热岩资源与油、气、水资源最大的区别就是其储层以温度作为开发的评价指标，而非具体的介质。在埋深更大的储层中压裂对换热显然更加有利，但高温对压裂的相关工具（如封隔器、桥塞等）以及液体和材料（如压裂液、暂堵剂等）提出了更高的耐温要求，这方面的突破显然是干热岩压裂技术发展的前提。

（2）干热岩智能化勘探

近些年来，数字化、智能化的油气勘探开发为干热岩勘探开发向着智能化方向发展指明了方向。目前，智能算法以及机器学习等基于人工智能的断层自动识别方法逐渐在油气田勘探领域得到应用。场区周边断层的识别对控制压裂诱发地震至关重要，随着人工智能技术的发展，高精度的断层识别必能有效辅助干热岩水力压裂。此外，高精度全三维压裂模拟技术的发展过程中将整合不同类别的数据，如三维地震、测井数据等。如能应用于干热岩压裂，它将指导优化压裂设计并有效提高干热岩开发井压裂效果。可发送信号源的智能化暂堵剂等压裂材料的应用及其监测，在提高干热岩压裂监测精度方面将发挥重要作用。

（3）微地震监测矩张量反演

微地震是监测水力裂缝时空演化过程的有效手段，已在油气田开发领域广泛应用，然而目前针对压裂微震的研究多停留在对信号的特性分析及定位层面。开发干热岩需要建立井间连通，因此微震监测更需要得到完整的岩石破裂类型及其反馈的裂缝参数等信息，以服务于井位布设和靶点选取。矩张量反演法在地震学中已被证明其研究震源信息的优势。水力压裂致岩石破裂的机理与地震类似，均是弹性应变能快速释放，但能量大小各异。利用格林函数综合波形位移振幅和极性等参数，可进行基于 P 波振幅和极性的矩张量反演：

$$u_{\mathrm{k}}(x,t)=\frac{\partial G_{\mathrm{k}i}(x,t^{*},\xi,t')^{*}}{\partial \zeta_{j}}M_{ij}(\zeta,t') \tag{1-5}$$

式中：$G_{\mathrm{k}i}(x,t^{*},\xi,t')$为弹性动力学格林函数，表示震源$(\xi,t')$和监测端$(x,t^{*})$之间介质的脉冲响应；$u_{\mathrm{k}}$为监测端 k 接收到的波形位移振幅；$M_{ij}$表示震源的矩张量。

矩张量是一个含有多个分量的矩阵，每个分量代表不同的震源参数。通过矩张量的计算，可获取震源机制、裂缝破裂方位、事件能量等，为进一步建立包含渗透率等参数的裂缝模型提供条件。微地震矩张量反演技术已应用于共和盆地干热岩开发井的水力压裂微地震高级解译当中，并有望广泛应用于地热（干热岩）开发过程中。

通过阐述目前国内外研究较为活跃的 EGS 工程概况，总结了干热岩小排量、长周期、多液性混合的水力压裂的工艺特点。干热岩压裂与诱发地震之间的关系仍需要进行大量探索，但以构造条件为主因、泵注液量和压力为主要影响因素的理论模型正逐渐完善。干热岩的开发是一个漫长而艰辛的过程，构造、场地地质特征千差万别，需要充分结合开发场地的地质条件制定压裂工艺参数。随着能源短缺和气候变化情况的日益严峻，以及黄河流域生态保护和高质量发展的迫切需求，以共和盆地干热岩为代表的干热岩型地热资源的安全、高效、可持续开发，对保障我国能源安全和经济高质量发展具有积极意义。

第 2 章　干热岩型地热水力压裂工艺——以共和盆地恰卜恰干热岩为例

2.1　干热岩开发工程特点

2020 年，在中国地质调查局的牵头和组织下，我国首次在青海共和盆地实现了干热岩规模化水力压裂，取得了诸多突破：一是成功实现我国首例干热岩规模化储层建造，达到规模化储层改造目标；二是实施两眼多靶点干热岩定向深井，创国内首例；三是系统建立干热岩储层描述与裂隙预测以及多重改造体积定量界定方法；四是自主探索形成干热岩压裂复杂缝网构建与控制、高效控震、储层成像等规模化储层建造技术。五是探索形成了一套高温硬岩高效定向钻进技术。其总体思路为：在借鉴国内外典型干热岩开发工程与研究经验的基础上，根据共和盆地恰卜恰干热岩体特征开展压裂机理研究和技术攻关，实施干热岩注入井水力压裂，在不诱发里氏 2.0 级以上地震的条件下，建造规模达到千万立方米级别的裂隙网络，为我国首个干热岩开发示范工程奠定了基础。干热岩水力压裂开发模式如图 2-1 所示。

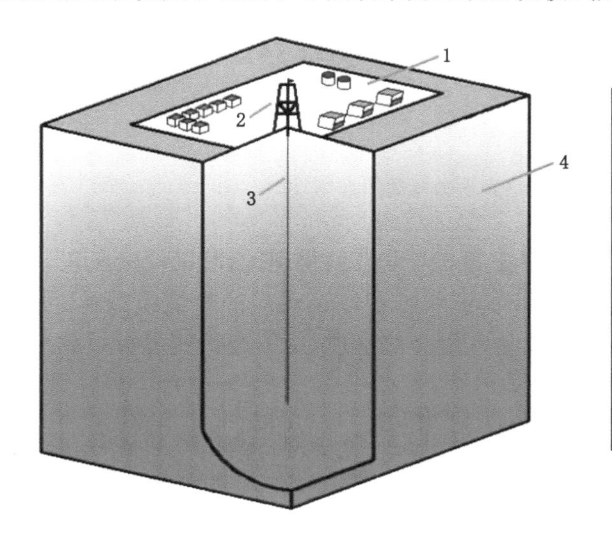

关键步骤 1	储层认识
关键步骤 2	方案设计
关键步骤 3	施工准备
关键步骤 4	测试压裂
关键步骤 5	正式压裂
关键步骤 6	压后评估
关键技术 1	剪切缝机理
关键技术 2	工作液体系
关键技术 3	复杂缝控制

1—干热岩开发场地；2—钻井井架；3—干热岩探采结合井；4—地层/热储层。

图 2-1　干热岩水力压裂开发模式

水力压裂施工应充分考虑干热岩体的特点，以干热岩开发理论为指导，结合分析测试资料，基于高温硬岩水力压裂等工程技术手段，实现热储建造。恰卜恰干热岩是性脆、坚硬、力学强度高的基底花岗岩，埋深大、温度高。干热岩水力压裂储层建造，因岩性、温度以及连通性要求上的不同，与油气储层水力压裂相比，具有其特殊性：① 干热岩强度高，在高围压应力状态下，通过拉张性起裂构建人工裂缝需要更高的破裂压力，岩体破裂模式和机理更为复杂；② 干热岩体内存在大量天然微裂缝（热应力作用导致），带压流体的进入将降低天然裂缝壁面所受的正应力，引发切向滑移和法向剪胀，隙间孔喉扩大，切向滑移引起裂缝自支撑效应；③ 恰卜恰干热岩体开发层段温度高达 200 ℃或以上，泵入的常温清水与高温岩体接触，在岩石内产生热应力，使岩体发生热破裂现象，该应力会在岩石内部产生新的裂缝，同时打开天然裂缝并使其产生形变。因此，石油领域的水力压裂理论技术并不完全适用于干热岩储层建造，应针对上述三个特殊性，以岩石力学破坏理论为指导，制定工艺技术措施。干热岩水力压裂工艺简述如图 2-2 所示。

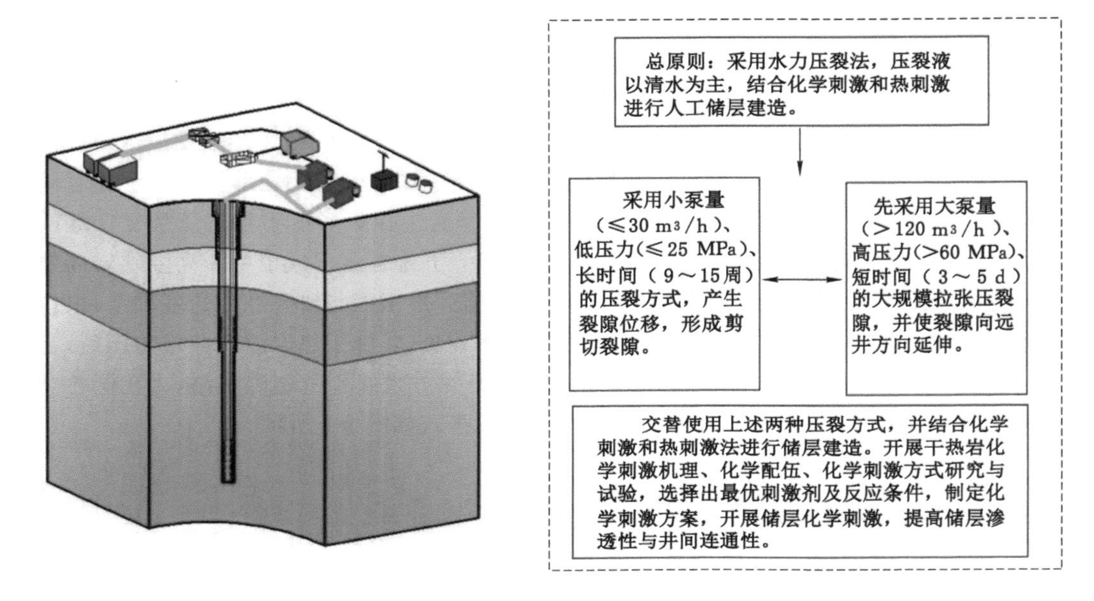

图 2-2　干热岩水力压裂工艺简述

水力压裂是具有渗流、应力等耦合特征的非常复杂的物理过程（某些情况还包括化学过程），主要涉及裂缝起裂机理、扩展规律及其形状特征以及相应的数值模型建立、模拟与分析，其目的是利用数学方法真实地反映水力压裂裂缝形成、延伸及扩展规律并最终得到裂缝几何形态和导流能力等。应采用 Fracpro 软件和 MFrac 软件进行水力压裂方案的设计、分析与优化，并结合实际压裂泵序参数对压裂效果进行拟合评价。

在参考和借鉴国内外其他干热岩压裂试验施工和效果评价的基础上，根据干热岩注入井钻井、录井、测井、固井、完井及压裂层段地质特征分析等综合情况，以及结合测试压裂试验施工情况，形成的总体要求如下：

注入方式：采用油管注入方式，为保护井口及上部套管，封隔器下至水泥环固井质量优质部位，井口及油管承压 90 MPa 以上，封隔器耐温 180 ℃、承压差在 70 MPa 以上，确保管柱和井筒安全。

注入工艺：采用滑溜水小排量剪切压裂工艺，不加支撑剂，排量 0.5～3.0 m^3/min，最大不超过 3.0 m^3/min，间歇式注入以防止应力集中，配合清水、酸液等材料和暂堵转向工艺实现复杂裂缝系统。

液体要求：采用抗温能力在200 ℃以上的超高温滑溜水体系，满足干热岩地层特征的变化和适应压裂工艺的需求，且经过返排处理后可重复使用，以降低水处理成本。依据室内酸岩反应试验结果，采用超高温酸液体系处理近井筒污染，降低干热岩破裂压力，促进裂缝开启和延伸。

裂缝实时监测：在压裂过程中采用微地震、电磁法等实时监测手段，以评估压裂裂缝延伸扩展位置、方向、高度、长度和宽度等参数，为现场实时调整压裂施工方案和采用措施预案提供切实依据和指导。

压裂效果评价：在测试压裂后采用测温或示踪剂等手段对压裂裂缝有效缝高进行测试，同时对不同裂缝缝高处液体返排贡献进行测试，评价干热岩压裂层段热储建造改造效果以及压裂方案的适应性。

截至2020年3月，已完成干热岩钻探进尺4 002.88 m，供水井2眼（进尺1 000 m），微震监测孔70孔（进尺1 170 m）；完成高温综合测井14项；完成干热岩注入井原位测试压裂；安装微震监测系统4套、电磁法监测系统2套；开展岩矿分析、岩石力学试验以及压裂物模试验等300多组。

2.1.1　基础地质和工程条件

干热岩试验开发井干热岩注入井，井深4 002.88 m。采用三开结构完井，一开为ϕ339.7 mm表层套管×509.7 m，二开为ϕ244.5 mm技术套管×1 503.1 m，三开为ϕ177.8 mm生产套管×3 993.6 m；采用套管和筛管组合方式完井，筛管总长为300 m，下深为3 620～3 993.6 m。综合分析地质、物探、钻探、测井、录井、地应力测量等技术资料，选取温度、裂缝、地应力、岩石力学等关键指标，初步建立干热岩开发储层评价指标，确定3 630～4 000 m段为压裂目标层段。井底近稳态温度为208.8 ℃，压裂目标层段温度在180 ℃以上。综合分析井温、矿物蚀变程度、双侧向电阻率、裂缝解释、岩石力学参数等结果，划分出3段裂隙发育较好的压裂改造层段，即：① 3 636～3 742 m，厚106 m；② 3 794～3 883 m，厚89 m；③ 3 919～3 982 m，厚63 m。通过ASR法、钻孔崩落法、诱发张裂隙法对恰卜恰地区深部地应力实测和评价。调查得到：浅部花岗岩体地应力以走滑型为主，深部花岗岩地应力类型为逆冲型，即最大水平主应力$\sigma_{h,max}$>最小水平主应力$\sigma_{h,min}$>垂直主应力σ_v，水平应力继续占主导，垂直应力最小。利用钻井诱发张裂缝、诱发花瓣线裂隙以及孔壁崩落等方法，确定了花岗岩地层主应力方向为NE56°。

2.1.2　水力压裂基础研究

（1）物理力学性质测试分析。岩石力学分析测试结果：杨氏模量30 000～45 000 MPa，泊松比0.23～0.27，抗拉强度4～10 MPa。岩心微米CT-单轴压缩试验结果表明，裂缝沿岩石矿物变化界面最先开裂，然后扩展到远处直至完全破裂。相关参数获取如图2-3所示。

（2）基于共和盆地花岗岩露头开展大尺寸真三轴水力压裂物理模拟试验。认识到由于花岗岩储层致密，裂缝沿岩石微弱面先开裂，天然裂缝对裂缝扩展起到重要作用，交替循环注入容易激发和诱导复杂裂缝网络形成。水力压裂需要开展的基础研究如图2-4所示。

（3）压裂数值模拟。采用Fracpro软件和MFrac软件进行水力压裂方案的设计、分析与优化，研究分析裂缝起裂机理、扩展规律及其形状特征，建立相应的模型并进行模拟与分

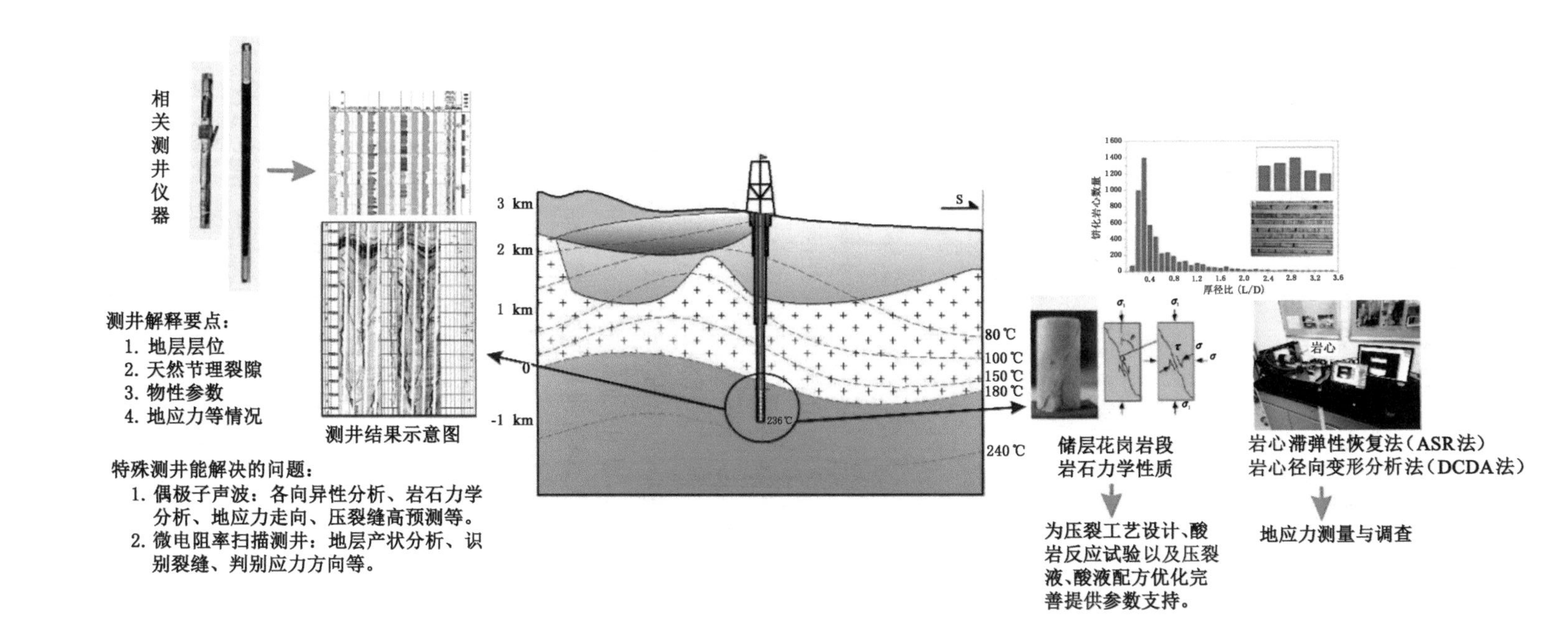

图 2-3 与水力压裂相关的地层关键参数获取

析,模拟水力压裂裂缝形成、延伸及扩展规律,并最终得到裂缝几何形态和导流能力等。

(4) 压裂液体系试验。深入研究高温对压裂用滑溜水体系的黏度保持率和减阻率的影响,从减阻剂的分子结构入手,设计耐高温的减阻剂,从减阻剂的减阻原理出发设计减阻性能较好的减阻剂分子。

(5) 酸液体系评价试验。岩心矿物组分分析结果为:钾长石 11.1%~18.9%、钠长石 32.1%~39.6%、石英 31.%~41.5%、金云母 9.24%~16.8%、绿泥石 2.0%~3.36%。根据室内酸岩反应试验结果,采用超高温土酸酸液体系处理泥浆等近井筒污染,降低干热岩破裂压力,促进裂缝开启和延伸。

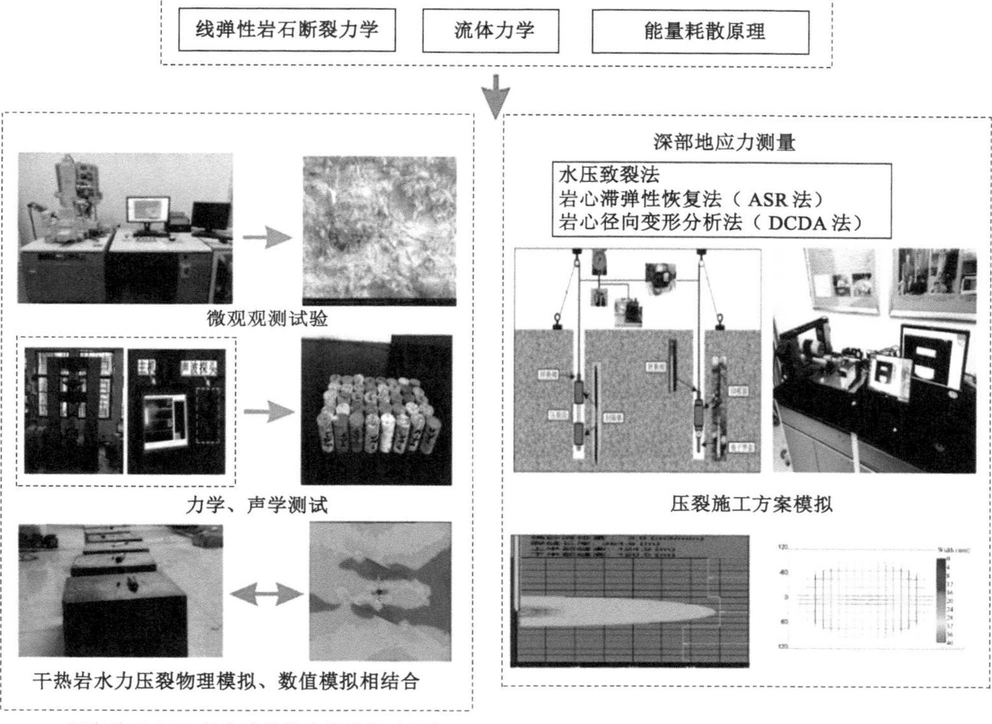

研究结果表明:共和盆地恰卜恰岩体干热岩起裂压力约90 MPa,初步论证了干热岩体的可压性。为压裂施工的设备选型和参数优化提供理论和试验依据。

分析结果表明:恰卜恰干热岩场地浅部为正断层型应力,深部压裂造储层段以挤压应力为主,压裂施工压力高、难度大。

依据地质、力学试验及模拟结果,拟定:

1. 单井压裂规模 10 000~15 000 m;
2. 初期小排量注入,致使裂缝和割理系统孔隙压力增加,裂缝体积扩容;
3. 剪切压裂、化学刺激、热刺激压裂相结合,构建水力裂缝网络;
4. 小排量注入以掌握微地震时间、数量、震源机制、能量级别。

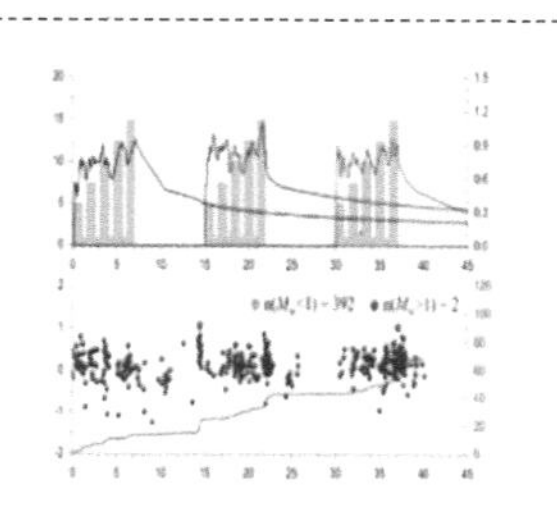

图 2-4 压裂方案设计需要开展的基础研究

通过机理研究、物模试验和数值模拟等手段，深入分析干热岩裂缝起裂扩展的影响因素，形成了天然裂隙主导、剪切错动造缝、堵压结合成网的造储新认识。

2.1.3 干热岩注入井测试压裂

施工总液量为 1 492 m^3，进行了注入压力诊断测试（DFIT）、酸刺激、变黏滑溜水、耐高温暂堵剂、胶液、排量和液量等 7 项测试技术试验和压后测温技术应用。

（1）DFIT 压裂，停泵压力为 23.85 MPa。G 函数形态呈现典型天然裂隙漏失特征。井底闭合压力为 49.68 MPa，梯度为 0.012 9 MPa/m，闭合时间为 110.8 min，净压力为 10.88 MPa，液体效率为 44.8%。这说明天然裂隙发育，主裂缝扩展不明显。开展了 1 781 min 长时间压降观测，G 函数分析结果显示：井底闭合压力为 41.89 MPa，闭合压力梯度为 0.011 4 MPa/m；地面闭合压力为 7.7 MPa，闭合时间为 1 090.2 min，液体效率为 79.1%，净压力估算值为 16.31 MPa。天然裂缝闭合压力为 43.22 MPa，与主进液通道裂缝闭合压力差为 1.33 MPa。

（2）酸刺激技术试验。45 min 酸液浸泡后施工压力降低 1.6 MPa；酸蚀后 45 min 压降速率增加了 25.3%；长时间酸液浸泡花岗岩地层，有利于裂缝扩展延伸，相同排量下初始施工压力由 36.6 MPa 降至 26.8 MPa，酸蚀后微地震事件点比酸蚀前明显更多且能级小，有利于裂缝扩展延伸。

（3）变黏滑溜水技术试验。滑溜水进入地层后在相同排量下施工压力由 29.0 MPa 降至 26.8 MPa，摩阻降低 2.2 MPa。根据阶梯降排量 2.0 m^3/min-1.5 m^3/min-1.0 m^3/min-0.5 m^3/min-0 m^3/min 摩阻分析可得到，近井筒迂曲摩阻为 2.21 MPa，反推滑溜水降阻率可达 71.4%。

（4）耐高温暂堵技术试验。暂堵后压力上涨幅度为 4.32 MPa，证明暂堵剂有效且监测显示能够改变裂缝延展方向，通过暂堵可形成复杂裂缝。

（5）胶液耐高温性能试验。胶液进入地层后，比滑溜水施工压力整体上涨约 2.2 MPa，胶液可提高井底净压力，通过选择优势通道拓展延伸裂缝。

（6）测试压裂排量和液量测试。液量是压力上涨的主控因素，排量是次控因素；涨压速率跟排量和液量无明显相关性，主要与裂隙发育和开启程度以及形态有关。间歇式压裂模式比连续式压裂模式更有利于控制压力涨幅速率。压后缓慢停泵方式，可减少紧急停泵造成的压力激动。

（7）国内地热井首次采用压后带压测温技术，准确掌握了压开部位和进液通道。测温剖面显示 3 600～3 950 m 段均被压开，效果明显。

通过开展原位测试压裂，深入分析压裂工艺参数、实时监测数据等资料，初步形成了小排量、多手段、多液性、间歇式、长周期干热岩安全造储工艺。建立了控制压裂诱发地震的方法。目标储层干热岩体裂隙发育，对形成复杂缝网条件有利。低排量、剪切压裂是花岗岩压裂造储的关键。干热岩测试压裂开展如图 2-5 所示。

2.1.4 干热岩水力压裂监测技术

（1）微地震监测

地面监测以压裂井为中心布设数条测线，道间距为 20～35 m，测线半径为 4 km，监测道数为 2 088 道。浅井监测以压裂井为中心布设浅井三分量检波器，长期监测。浅井观测系统在以干热岩注入井为中心范围的 8 km×8 km 的矩形区域，根据区域内地表情况安装 70 个浅井三分量检波器进行长期动态监测，检波器安装深度为 16 m。测试压裂期间，监测开展段塞关井、升排量和降排量测试压裂及分析，在排量5 m³/min以内进行闭合压力、系统摩阻、压裂液效率分析。

开展停泵压降虑失特征分析，结合地面微地震监测，通过压裂期间实时数据采集与处理，分析裂缝启裂与微地震响应关系并进行微裂缝特征分析。

综合上述测试压裂分析结果，对主压裂方案进行优化和调整，以形成干热岩压裂的最佳现场施工工艺方案。

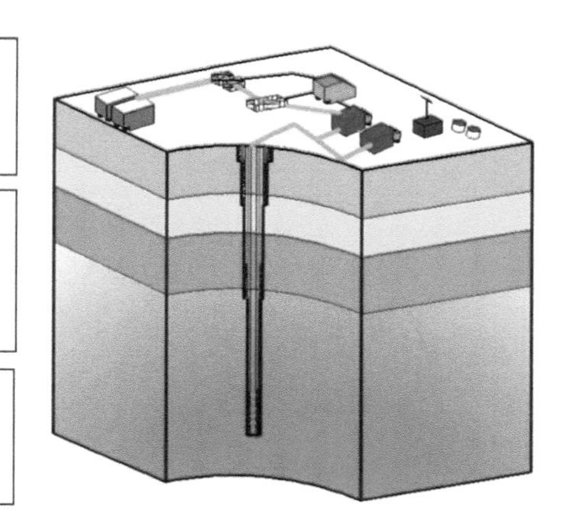

图 2-5　干热岩测试压裂开展

到微震事件 2 200 次，最大震级 1.2 级。开展了 3 期压裂综合监测数据对比，结果显示：裂缝主要展布方向为北西-南东向，延展范围超过 100 m；深度上集中在 3 900 m、3 650 m 两个深度附近，其中 3 650 m 处裂隙发育明显。初步测算的测试压裂改造体积为 7.0×10^{5} m³。

（2）电磁法监测

在干热岩注入井测试压裂中部署了 2 种电磁法监测系统，包括时频电磁法测线 9 条、广域电磁法测点 208 个。试验应用了电磁法水力压裂裂缝监测技术，验证了电磁法裂缝监测系统在干热岩中应用的有效性。电磁法监测结果与微震监测结果相互比对印证，提高了干热岩裂缝监测结果的可靠性。

（3）压裂诱发地震实时监测

通过历史地震资料收集、建筑物抗震设防能力调查，与国家、省级地震研究机构合作，确定了开发场地 400 km² 范围内抗震设防能力（Ⅶ）远高于水力压裂潜在诱发地震的最大烈度（Ⅴ），区内断层活动性不明显。通过恰卜恰地区专项地质环境调查以及区内典型建筑物抗震设防能力和环境影响敏感点的调查评价，对压裂诱发地震潜在震级进行了预测，估算了烈度，编制了微震条件下敏感区预测评价图。干热岩水力压裂监测内容如图 2-6 所示。

建成诱发地震监测平台。监测平台由 10 个宽频带地震仪台站、70 个浅井采集站和数据处理系统组成，最大监测距离为 35 km，形成了近-中-远监测区域覆盖，从而掌握了试验区及周边地震背景场和地震活动规律。压裂过程中，可实现对诱发地震的实时监测和震源定位、震级确定等的自动处理，为压裂参数调整和响应机制及时决策提供支撑数据。

构建了响应控制机制。初步研究了场地断层的稳定性，分析了场区附近的历史地震特别是诱发地震情况，结合居民感受和多途径的震级反演计算结果，给出了诱发地震震级和地面峰值加速度阈值，并给出了控制响应的机制。

上述监测技术在干热岩注入井测试压裂过程中成功运用，为测试压裂安全运行和压裂参数随时调整提供了决策依据和建议。

2.1.5　技术攻关

（1）干热岩水力压裂裂缝起裂与延展机理研究

1. 干热岩开发环境影响专项调查
完成恰卜恰周边地区专项环境地质调查 300 km²，收集了青海及周边地区历年破坏性地震震害特点及震后建筑破坏性规律研究报告，支撑保障干热岩试验性开发水力压裂工作安全运行。

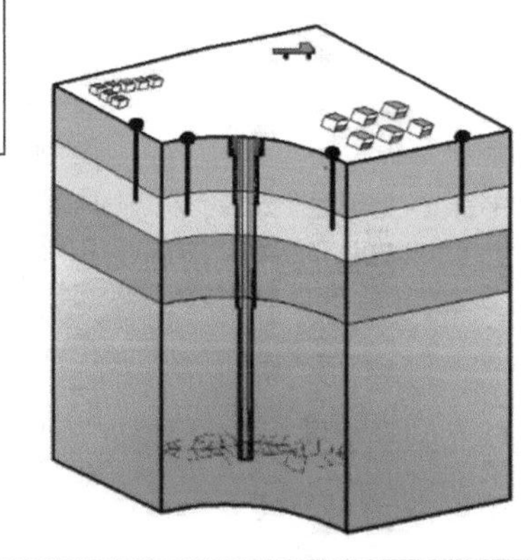

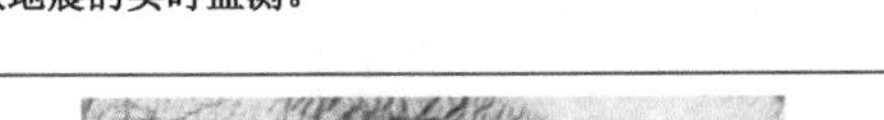

2. 诱发微地震监测
部署 60 个浅井微地震监测台站，并围绕注采试验现场布设 10 台宽频带地震仪。开展干热岩开发前、中、后诱发微地震的实时监测。

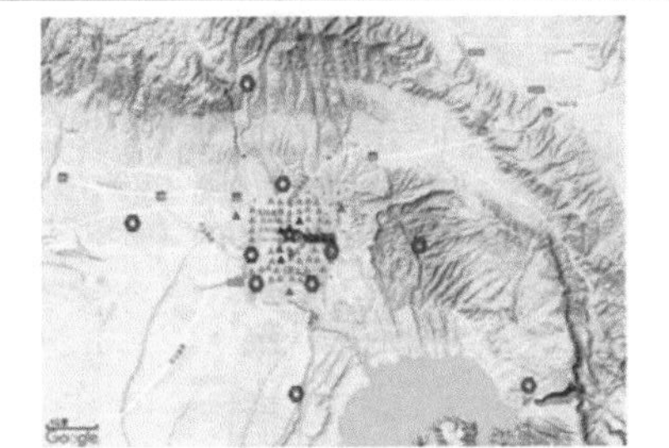

进行地面 - 浅井 - 深井联合监测，对水力压裂人工裂缝拓展进行观测，并对监测的数据继续实时处理分析和综合解释评价，为水力压裂工艺提供工程建议。

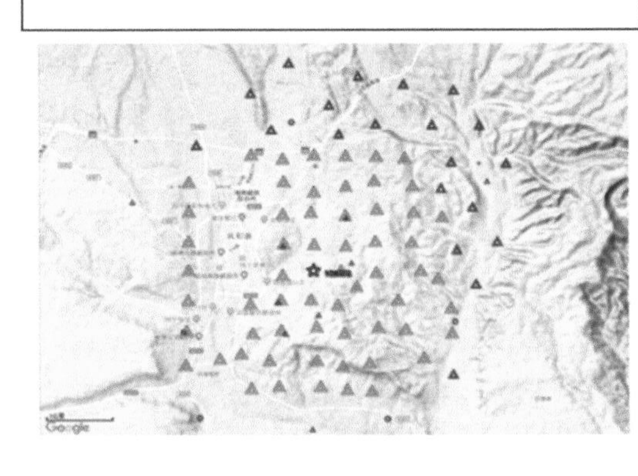

图 2-6　干热岩水力压裂监测内容

一是开展以场地参数为依据的室内水力压裂物理模拟试验，可为人工热储建造和现场循环试验提供较为准确的参考依据。基于已开展的 X 射线衍射(XRD)、扫描电镜(SEM)、单轴压缩、三轴压缩试验结果，对恰卜恰干热岩储层岩石物理力学性质进行综合评价。基于相似原理，分别开展小尺寸岩心和大尺寸露头的水力压裂物理模拟试验，重点对裂隙较为发育的岩心和露头开展试验，并通过声发射和示踪染色剂监测裂缝的扩展路径，可获取干热岩水力压裂裂缝起裂扩展与剪切膨胀规律，为压裂参数优选提供依据。

二是开展排量、压力与裂缝延展规律研究。压裂注入过程中，利用微地震及电磁法监测手段，进行不同排量或不同压力条件下裂缝延展方向研究，形成以裂缝展布为要求的施工模块及工艺菜单，从而有利于干热岩热储建造试验压裂造储工艺完善。水力压裂裂缝剪切机理如图 2-7 所示。干热岩水力压裂造储工艺研究如图 2-8 所示。

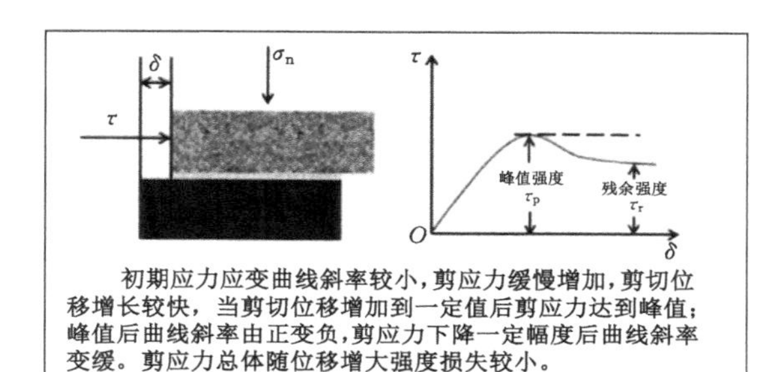

(a) 软弱结构面的剪切滑移特征

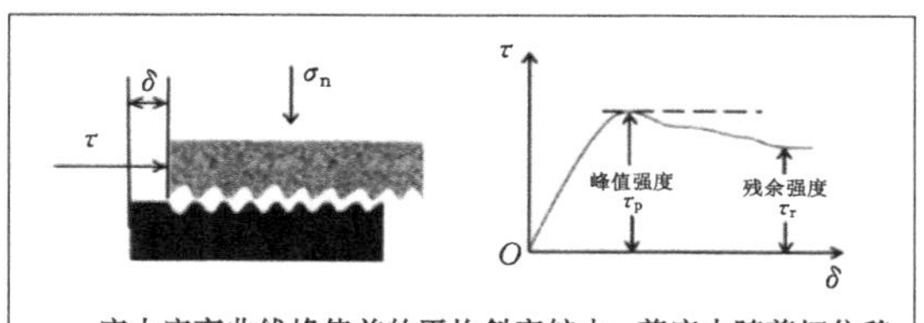

(b) 沿粗糙结构面的剪切滑移特征(一)

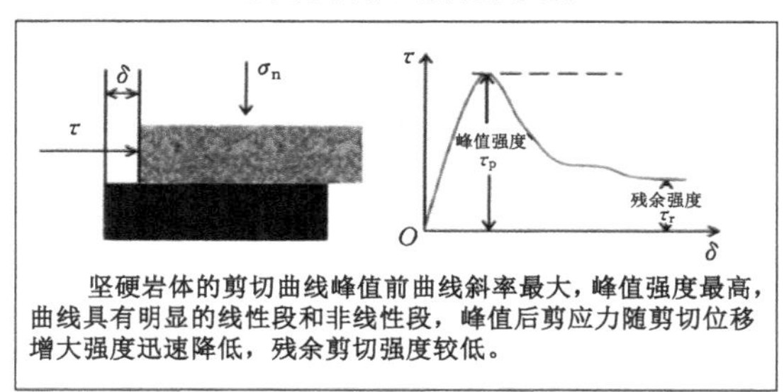

(c) 沿粗糙结构面的剪切滑移特征(二)

图 2-7　水力压裂裂缝剪切机理

(2) 干热岩压裂诱发地震研究

开展阶段液量、累计液量、注入方式等的现场测试，统计研究不同情况下微震事件数量、能量以及与诱发地震关系，分析控制压力上涨、防止诱发微震的因素，优化完善控排量、稳压

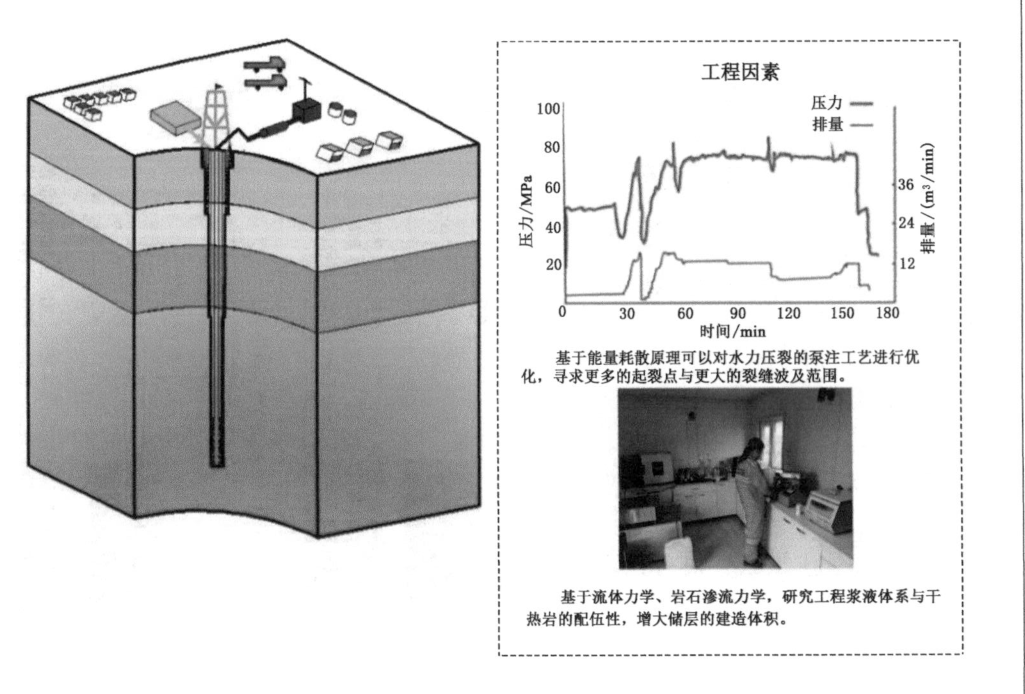

图 2-8 干热岩水力压裂造储工艺研究

力的压裂施工工艺以及诱发地震管控措施。

2.1.6 压裂效果及预期成效

(1) 压裂效果评价

不同阶段施工结束后，利用微地震监测结果以及温度剖面测井、热储示踪、放喷测试等手段进行裂缝范围和体积评价；还要评价热储建造改造效果及压裂施工方案的适应性。

温度剖面测量：压裂后，立即采用可带压的三参数组合测井仪开展测温剖面施工，根据测量结果分析纵向进液通道、改造范围。

热储示踪评价：在压裂的结束阶段投入；压裂施工后，闭井使其在储层中静置吸附；在开井阶段取样，通过示踪剂的回收比，评价压裂体积及比表面积。

放喷测试：以渗流力学为基础，通过对地热井放喷生产动态的测试来研究热储的各种物性参数、生产能力等。其内容包括确定流体在地层中的流动能力，求取地层流动系数 kh/u、地层系数 kh、地层的渗透率 k 等；判断地层的污染改善情况，求解表皮系数 S；评价热储压裂、酸刺激措施效果；判断人工热储的形状，评价热储能量作用范围，如边界性质等；估算热储可动用储量或单井的可采储量。

(2) 预期成效

通过大规模水力压裂施工，实现国内首例干热岩井组热储建造。如图 2-9 所示，其改造厚度为 350 m，平均裂缝改造范围在 400 m 以上，改造体积达千万立方米，裂缝优势方向明确，裂缝系统相对均匀，裂缝间距和换热面积基本清楚，从而为试验性开发奠定基础。

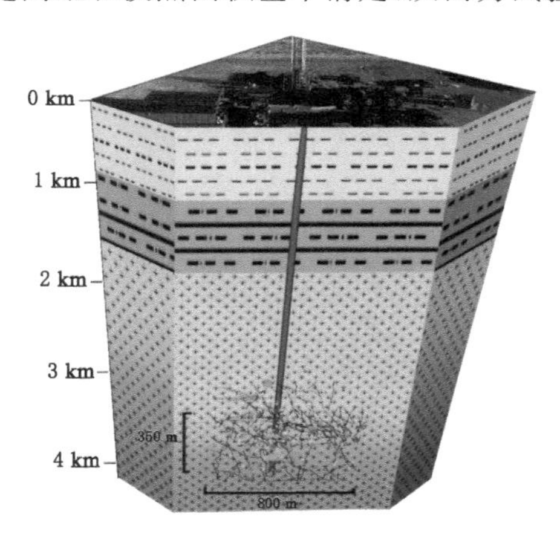

图 2-9 干热岩注入井主压裂效果图

建立干热岩储层压裂实时微震监测系统，以精确描述裂缝时空展布特征。揭示干热岩复杂裂缝形成机理，攻关突破干热岩水力压裂工艺技术，为后期压裂改造积累技术经验。掌握深部干热岩储层裂隙发育特征，进一步认清热储开发条件，指导后续干热岩储层开发试验工作。完成水力压裂环境影响评价，形成一套干热岩水力压裂诱发地震评价、控制方法。

(3) 压裂作业设备

按照压力 95 MPa、排量 4 m^3/min 的参数准备相应的压裂车组，保证高压力下可连续施工 6 h 以上。具体设备示意见图 2-10，具体的参数要求见表 2-1。

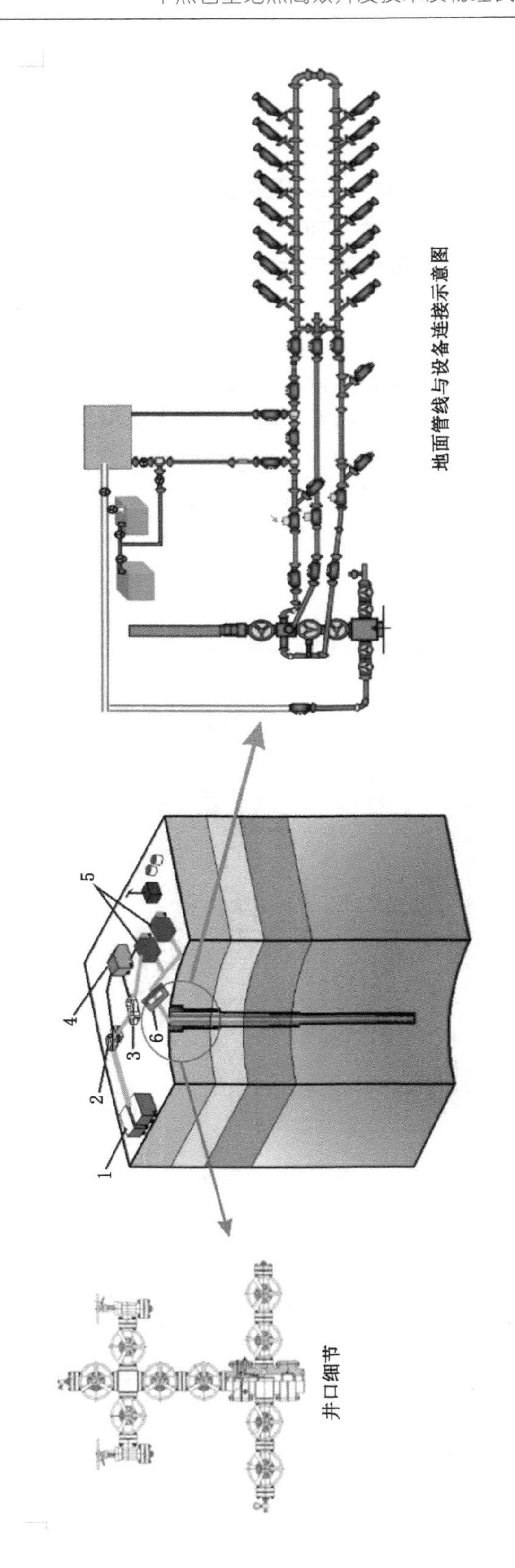

1—储液罐；2—低压管汇；3—供液管汇；4—监控车；5—压裂泵车；6—高压管汇。

图 2-10　干热岩注入井主压裂现场设备示意图

表 2-1　压裂主要设备参数

序号	设备名称	规　格　类　型	单位	数量
1	修井机	450 型	台	1
2	压裂车组	2500 型	台	4
3	混砂车	最高排量 16 m^3/min	台	1
4	仪表车	—	台	1
5	高压管汇车	105 MPa	台	1
6	压裂罐	100 m^3	个	10
7	酸罐	30 m^3	个	3
8	配液车	配液能力 8 m^3/min	台	1
9	平衡车	700 型	台	1
10	油管	ϕ88.9 mm 外加 P110 油管	m	2 700
11	封隔器	7″PHP 封隔器，配套坐封球座 1 个、伸缩管 2 根、水力锚 3 个，封隔器承压差 70 MPa，最高耐温 204 ℃	套	2
12	压裂井口	KL130/78-140 通径为 ϕ130 mm、承压等级为 140 MPa	个	1
13	其他	300 kW 发电机 1 台、营房若干		

(4) 井场布局

根据现场井场尺寸，井场布局如图 2-11 所示（根据实际情况，可能会进行适当调整）。

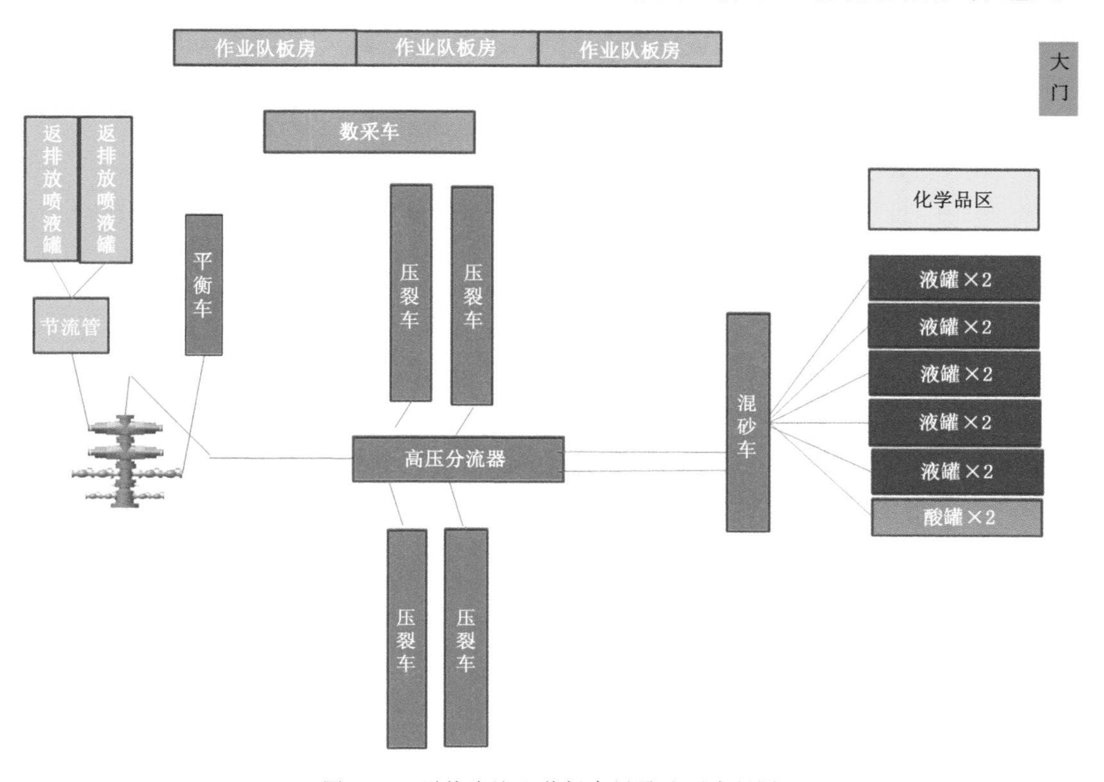

图 2-11　干热岩注入井场布局及地面流程图

2.2 干热岩水力压裂地质条件

2.2.1 环境条件

恰卜恰干热岩试验性开发工程场地位于恰卜恰镇东侧的湖积台地上，到共和县县城东缘的直线距离约为 1.5 km。本钻井工程场地不在任何自然保护区内，无特别需要保护的对象，无固定居民点，人员稀少，偶有游牧活动。这些特点有利于施工建设，且四周地势开阔，满足多井组布设的面积需求。

场地所在的共和县恰卜恰镇，为州、县两级政府驻地。恰卜恰镇现有人口 4.6 万余人，面积 439 km^2，下设 7 个居委会、9 个村(牧)委会，属于以汉族为主，藏、回、蒙等多民族聚集的区域。该镇以农牧业为主，工业主要涉及毛纺、新型建材、制药、食品、水泥、皮革等。

(1) 地形地貌特征

恰卜恰地区地貌呈现出明显宽谷盆地与层状地貌系统的结构特点。在区域地貌上，由北向南依次发育青海南山构成的高山、山前冰碛—冰水台地、洪积台地、冲湖积台地、河流阶地和冲积平原，由北向南、由高而低构成有序展布的层状地貌系统。开发场地地形地貌如图 2-12 所示。

图 2-12 恰卜恰干热岩试验性开发场地地形地貌

工程场地为台塬地貌景观，台塬面地势较平坦，海拔为 2 910～2 920 m；东、西、南三面为沟谷流水侵蚀地貌，沟谷切割深度为 50～120 m。场地地表发育 30～50 cm 的腐殖土、亚砂土、亚黏土夹沙砾石，呈荒漠植被景观。场地南部可见数条近东西向固定—半固定沙丘。

（2）气象、水文条件

据共和气象站多年观测资料，恰卜恰地区多年平均气温为 3.7 ℃，多年平均地温为 6.34 ℃。多年平均降水量为 299.1 mm，多年平均蒸发量为 1 939.4 mm，多年平均相对湿度为 48.9%，降水多集中于 6、7、8 三个月（降水量占全年降水量的 80%），潮湿系数为 0.17，属湿度过低带。最大冻土深度为 1.5 m，无霜期为 99 天。

恰卜恰河流经恰卜恰干热岩勘查开发场地西侧、南侧，发源于共和县北部的青海南山，恰卜恰河从源头至曹多隆村汇口全长 71 km。

（3）交通状况

恰卜恰干热岩场地西临的恰卜恰镇，为海南州州政府、共和县县政府所在地，是全县的政治、经济、文化中心。青藏公路 109 国道、青康公路 214 国道穿境而过。场地与环城路相连，有砂石路途经场地边缘，可行驶大型车辆，交通较为便利。

2.2.2　区域地质概况

共和盆地位于青藏高原东北缘，中央造山带昆仑和海源两大主走滑断裂之间，北缘为青海南山，南缘为贵南南山，西临鄂拉山右行走滑断裂，东以新街—瓦里关走滑挤隆构造带与贵德次级盆地相隔，黄河沿其短轴方向横切盆地而过。共和盆地区域地质图见图 2-13。

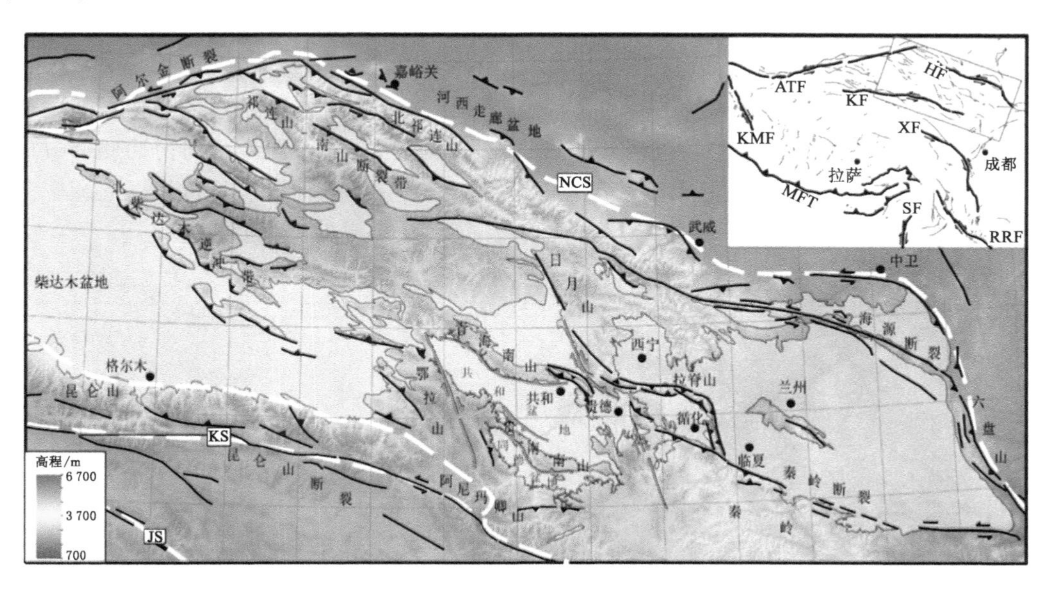

图 2-13　共和盆地区域地质图

共和盆地印支期以来经历了晚古生代早期三叉型裂谷构造，晚古生代晚期裂谷动力背景转换，早-中三叠世持续碰撞，晚三叠世碰撞造山，上新世南山隆起成山、黄河下切等多个复杂演化阶段，构造活动复杂。新生代进入喜山期后，新特提斯洋闭合，印度板块向北俯冲碰撞，青藏地区快速隆升；处在西秦岭—东昆仑—南祁连衔接区的共和盆地，在北部西伯利亚板块和西部扬子板块的共同作用下发生构造运动，整体表现为隆升，但先存断裂的复活与新断裂的产生使得该地区发生显著的差异隆升运动。在 8～10 Ma（百万年，表示距今的时间，下同）喜山运动第二幕期间，东北缘地区构造活动以走滑断裂、逆冲推覆、山体隆升等为主，是晚新生代以来青藏高原地区构造活动较为强烈的区域。在东北缘地区，挤压作用被分解为沿北西西向断裂的左行走滑和沿北北西向断裂的右行走滑运动，形成一对交叉共轭的剪切断裂。同时，北东方向应力分量导致了地壳缩短，致使北西西走向的断裂具有很大的逆冲分量。鄂拉山、拉脊山、哇洪山开始隆起，形成一个联合盆地。

上新世早期沉积阶段的应力场以北东向的压为主，在大的挤压构造背景下，局部有小的拉张构造环境。其中，与开发场地关系较为密切的为青海南山断裂与新街—瓦里关山断裂。上新世开始，青海南山南北断裂开始活动，倾向北北东，地表断裂标志显示其角度为 60°～70°，延伸至中上地壳后逐渐平缓。地表发育不对称褶皱，构造剖面恢复结果显示，在青海南山晚中新世以来有 1～2 km 的地壳缩短，导致青海南山以约 0.2＋(0.2～0.1) km/a 的速度进行隆升。而青海湖盆地和共和盆地隆升较慢，联合盆地分解为青海湖盆地和共和盆地两个独立的盆地单元，共和盆地开始沉积砂泥质河湖相。新街—瓦里关走滑挤隆构造亚带以右行走滑兼逆冲为主，呈 NNW 向展布于瓦里关山、龙羊峡、热水沟—新街一线，长约 120 km，宽 15～30 km，构成共和次盆地与贵德次盆地的分界。新街—瓦里关走滑挤隆构造带隆升至地表的时间晚、幅度大，年代学数据显示，在 1～5 Ma 内该地区隆升幅度可能达到了 3～4 km。

2.2.3 场地地质条件

（1）构造位置

恰卜恰干热岩开发场地位于共和盆地二级构造单元切吉凹陷的东缘。切吉凹陷北以青海南山南缘断裂、南西以哇玉香卡—拉干隐伏断裂为界，北侧青海南山与南西侧鄂拉山—河卡山走滑构造逆冲其上，南邻贡玛凸起，东缘新生代地层不整合沉积于黄河隆起或中三叠世党家寺花岗岩体之上（图 2-14）。

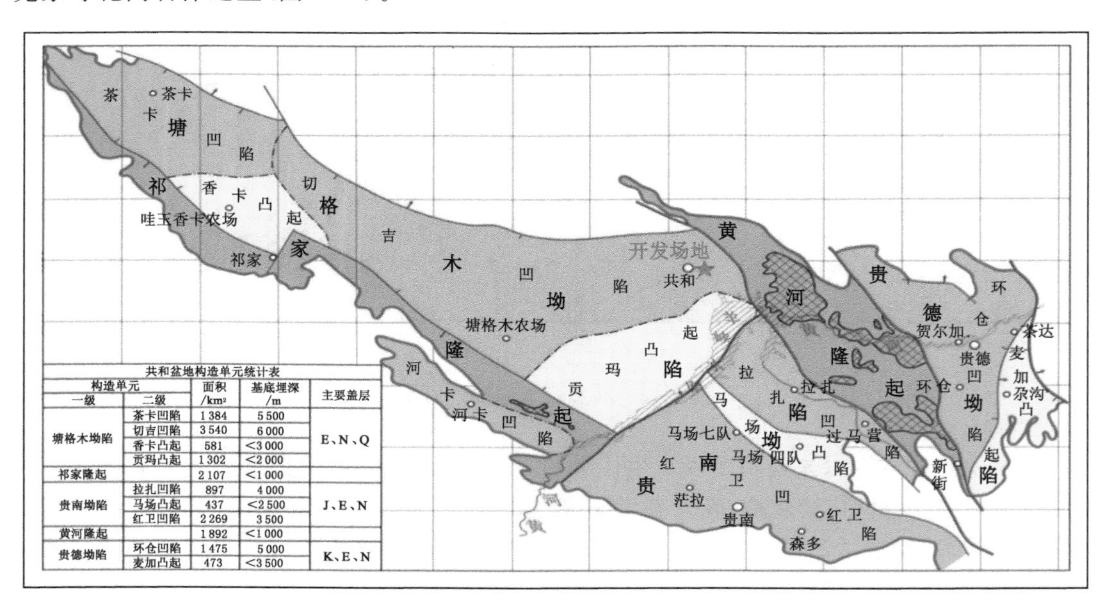

构造单元		面积/km²	基底埋深/m	主要盖层
一级	二级			
塘格木坳陷	茶卡凹陷	1 384	5 500	E、N、Q
	切吉凹陷	3 540	6 000	
	香卡凸起	581	<3 000	
	贡玛凸起	1 302	<2 000	
祁家隆起		2 107	<1 000	
贵南坳陷	拉扎凹陷	897	4 000	J、E、N
	马场凸起	437	<2 500	
	红卫凹陷	2 269	3 500	
黄河隆起		1 892	<1 000	
贵德坳陷	环仓凹陷	1 475	5 000	K、E、N
	麦加凸起	473	<3 500	

图 2-14　开发场地区域构造图

(2) 场地地层特征

地表地质调查和钻孔资料揭示，开发场地周缘由上而下发育如下地层：

① 中-晚更新世冲积层(Q_{3-4})

上部为亚砂土、亚黏土，厚度为 1～3 m，多见斜层理，刀切面较粗糙，手捻有砂感，结构疏松，质地松软，胶结程度差，弱压实，未成岩，孔隙度较为发育。下部为灰色砂砾石层，砾石含量约 70%、粉砂 20%、泥质 10%，砾石成分主要有脉石英、变砂板岩和花岗岩类岩石，磨圆、分选中等，一般为 2.5 cm×3 cm，厚度为 20～30 m。

② 早-中更新世共和组河湖相沉积($Q_{1-2}^{al-l}g$)

早-中更新世共和组河湖相沉积($Q_{1-2}^{al-l}g$)地层广泛分布于共和盆地。该套地层在盆地北缘为砾岩、砂砾岩与粗砂岩互层，由盆地边缘向盆地中心，粒度逐渐变细，厚度逐渐增大。干热岩注入井钻遇厚度为 524 m。上部为灰黄、灰色粗砂、粉砂质泥岩互层；下部为灰色粉砂质泥岩夹粗砂、含砾粗砂。该沉积相半固结成岩，性软，吸水性、可塑性较好。

③ 上新世临夏组(N_2l)

N_2l 与下伏咸水河组整合接触。场地干热岩注入井钻遇厚度为 470 m。下部为褐黄色粉砂质泥岩、青灰色和灰色泥岩互层；上部为含砾粗砂岩、粉砂质泥岩互层。该组已固结成岩。

④ 中新世咸水河组(N_1x)

场地干热岩注入井钻遇厚度为 326 m，下部为紫红色砂质泥岩；上部为灰色、青灰色泥岩以及灰色、褐灰色粉砂质泥岩。

⑤ 中晚三叠世侵入岩体(T_{2-3})

开发场地侵入岩体与上覆沉积盖层呈不整合接触，中间发育 20～30 m 厚的风化壳，成分为下伏岩体成分，以钾长石、斜长石、石英为主，整体松散。

场地干热岩注入井于 1 360 m 进入花岗岩段，至 4 002.88 m 未钻穿该套侵入岩体。U-Pb定年法显示其侵入时代为中晚三叠世。地球物理资料显示，该侵入体厚度至少为 10 km。上部(1 360～2 934 m)主体岩性为灰白色(黑云母)二长花岗岩，见肉红色(黑云母)花岗岩、灰色花岗闪长岩；下部[2 934～4 002.88 m(未穿)]主体岩性为灰色、灰白色似斑状中粗粒闪长岩，青灰色蚀变似斑状中粗粒花岗闪长岩，蚀变矿物主要为绿泥石、绿帘石。钻遇地层情况见图 2-15。

干热岩注入井在空气钻进过程中出现三个出水层段，分别为 1 686～1 695 m、2 037～2 072 m、2 150～2 180 m；出水量分别为 1～2 m^3/h、2～3 m^3/h、2～3 m^3/h，改用常规泥浆钻井后，未见明显的漏失，推测为泥浆平衡了地层水压。出水带岩性为花岗岩、二长花岗岩。据临井在该深度段见有断层泥和断层角砾发育，厚度约为 34 m，推断此处可能有低角度断层穿过。

(3) 场地断裂体系

在开发场地开展三维地震勘查，获取了较为精细的开发场地地层结构信息，其周缘地质结构详见图 2-16。

高精度三维地震勘察，在开发场地周缘识别出断层 13 条，其中具有一定规模的断裂 8 条，信息如表 2-2 所示。

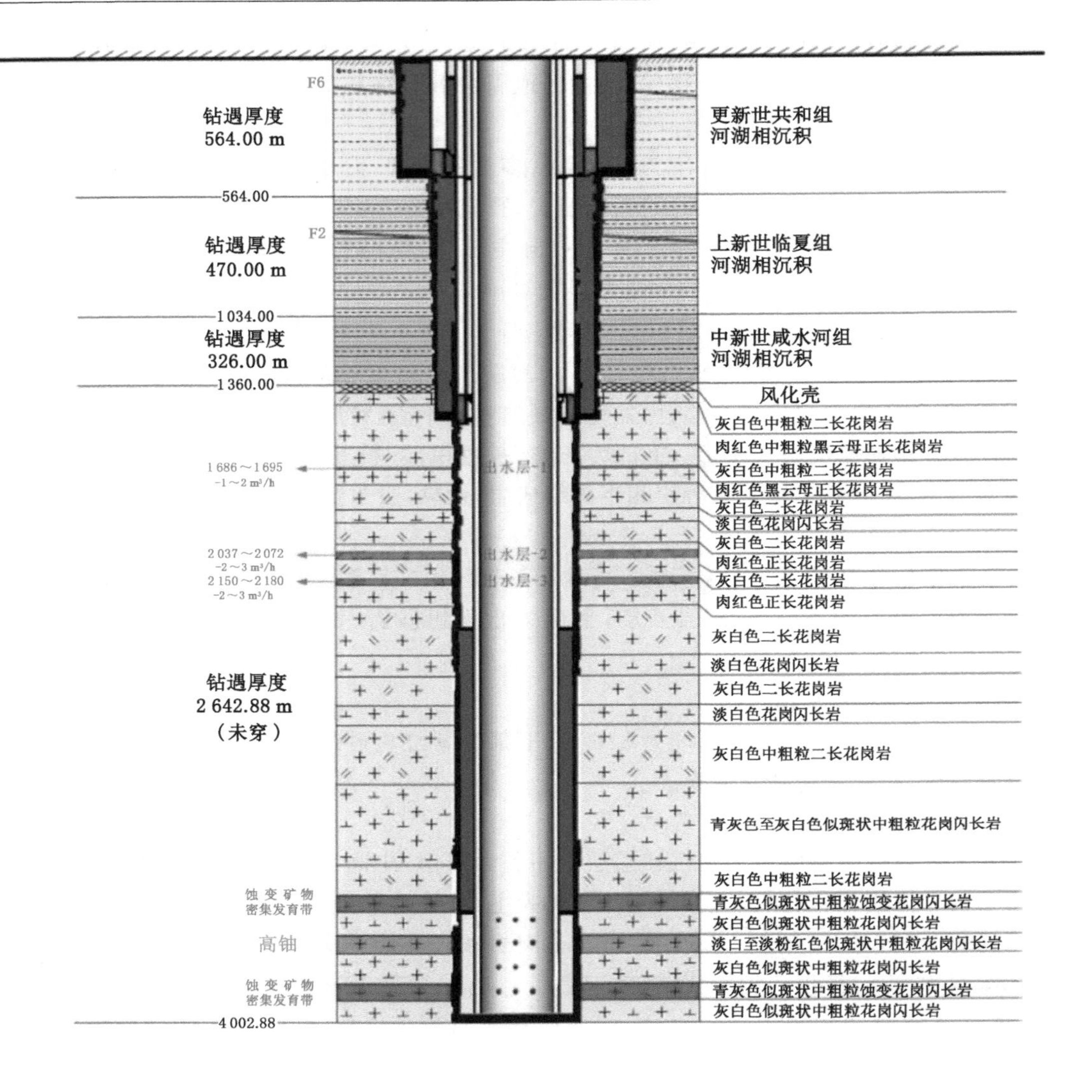

图 2-15　干热岩注入井钻井地层图

表 2-2　开发场地断层信息表

名称	断层性质	最大断距/m	倾向	倾角/(°)
F1	逆断层	60	北北东	53
F2	逆断层	小于 20	北东	57
F3	正断层	120	北东	68
F4	正断层	小于 20	北东	62
F5	逆断层	小于 20	北东东	75
F6	正断兼走滑	小于 10	北东东	49
F7	正断层	小于 10	南西西	49
F8	正断层	小于 15	北东东	51

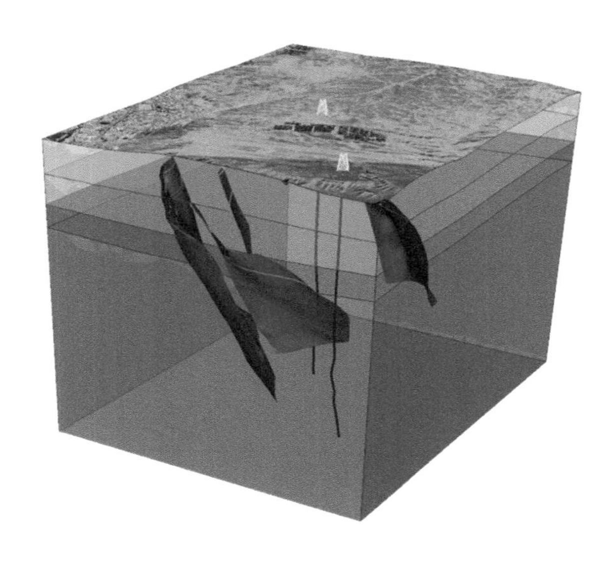

图 2-16　开发场地周缘基础地质结构

8 条断层中有 5 条是切过花岗岩顶界的断层，分别为 F1、F2、F3、F4、F5。其中，F3 断层在干热岩注入井西南部，为正断层，断层规模大。断层整体形态呈“L”形北北西向展布，倾向为北东东向，倾角较陡，水平断距较小，随着深度增加，断层越靠近干热岩注入井，F3 断层最大垂直断距可达 120 m，研究区可以追索长度达 3.3 km，断层有继续向南东方向延伸的趋势。在 4 000 m 处断层与井的最小距离约为 900 m。干热岩注入井 660～700 m 段井径曲线揭示，该深度段存在明显井径扩张的现象，结合地震资料，认为干热岩注入井在该深度钻遇 F2 断层，对 F2 断层由浅及深追索，在花岗岩内部地震资料中亦存在相变，推测 F2 断层为一条小断距的断裂，并结合地震特征对该断层进行解译。在基岩内部，F2 断层位于干热岩注入井北东方向，倾向为北东向，为逆断层。断层整体呈北北西向展布，沉积地层内断层较缓，花岗岩内部断层产状较陡。整体分析，断层垂直断距、水平断距皆较小，垂直断距小于 20 m。F2 断层垂向可以追索 3 300 m，平面延伸达 2.1 km 以上，规模较大。花岗岩顶板虽无明显断距，但花岗岩内部存在明显地震相变，认为这种相变由构造引起。在 3 300 m 处断层与井的最小距离约为 1.15 km。F4 断层为 F3 断层的次生断层，位于干热岩注入井西南方向，为正断层。F4 断层呈北北西向展布，倾向为北东向，倾角较大，水平断距较小（小于 20 m）。随着深度的延伸，F4 断层逐渐向干热岩注入井靠近。F4 深度域可以追索 2 500 m，平面延伸达 900 m 以上；在 2 500 m 位置处，F4 断层与井的最小距离在 700 m 左右。F5 断层位于干热岩注入井的西北方向，为逆断层。F5 断层呈近南北向展布，倾向近东倾，随着深度的增加，断层与干热岩注入井的距离逐渐变小。F5 断层较直立，水平断距较小，垂直断距小于 20 m。F5 断层垂向可以追索 2 500 m，平面上延展长度达 600 m；在 2 500 m 处断层与井的最小距离约为 800 m。

2.2.4　场地断裂风险评价

场地断层是干热岩压裂诱发地震的主要危险源，是压裂和试采重点关注的对象，开展断层的活动性初始评价，可为后续压裂试采奠定基础，是确定红灯阈值的重要参考和依据。首先利用 FSP 软件可以得到储层内的流体压力分布，其次将结合上述确定性的地质力学计算结果与其他参数信息进行基于蒙特-卡罗法的综合性分析，绘制各条断层中心点处流体压力增加随注入时间的关系，同时 FSP 软件还根据莫尔-库仑理论自动给出断层中心点处的应力莫尔圆与其强度包络线的相互关系，最终分析各断层诱发地震的可能性。

距离本次压裂层位较近的断层为上述 F1、F2、F3 三条断层，本评估主要针对此三条断层展开，为方便采用 FSP 软件对断层的稳定性进行分析，对上述断层进行简化并重新编号，得到图 2-17 中黑色直线型断层面，断层重新编号与原编号对应关系以及断层参数见表 2-3。依据试压裂实施方案选取 1.5 m^3/min 与 2.5 m^3/min 两种不同注入流速，连续注入一年后对断层的稳定性进行评价。

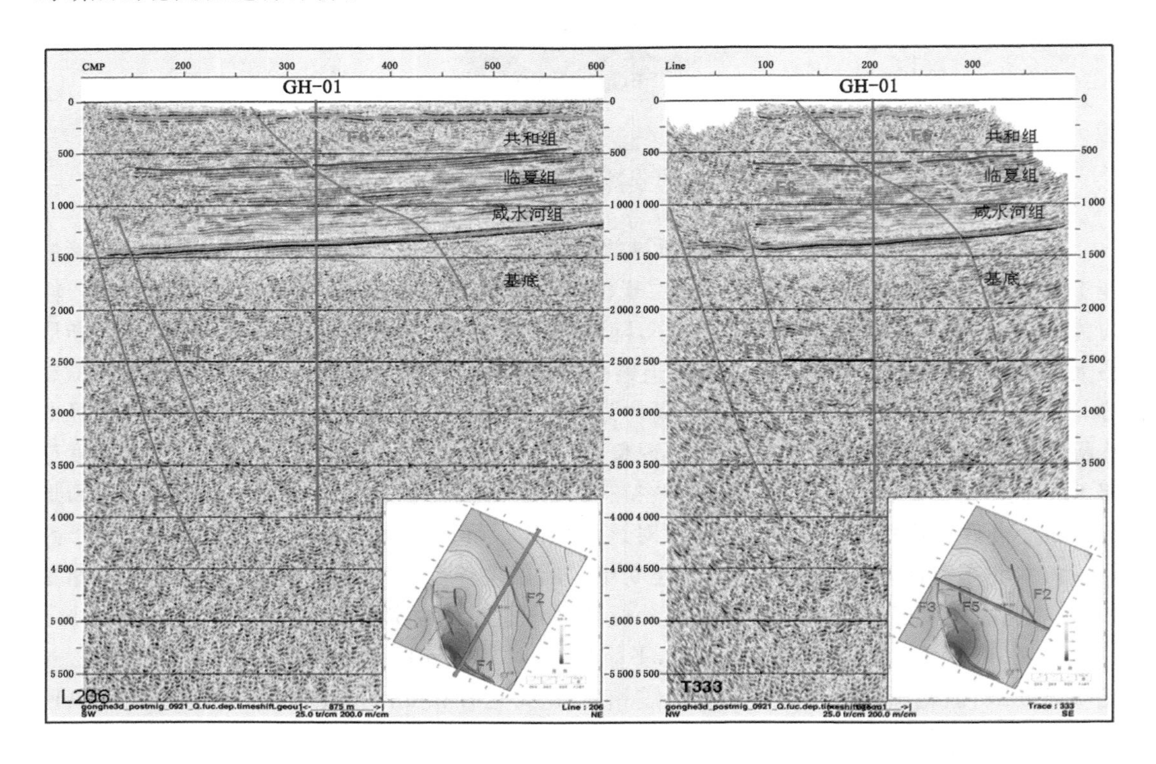

图 2-17　过干热岩注入井的主测线(206 线)剖面解释

表 2-3　断层主要参数

重新编号	断层	类型	中点坐标/km	长度/km
1	F1	逆断层	(647.659,4 015.413)	1.579
2	F2	逆断层	(648.601,4 017.530)	2.553
3	F3	正断层	(646.827,4 016.618)	4.014

简化断层平面分布图见图 2-18。FSP 软件的主要计算参数如表 2-4 所示。

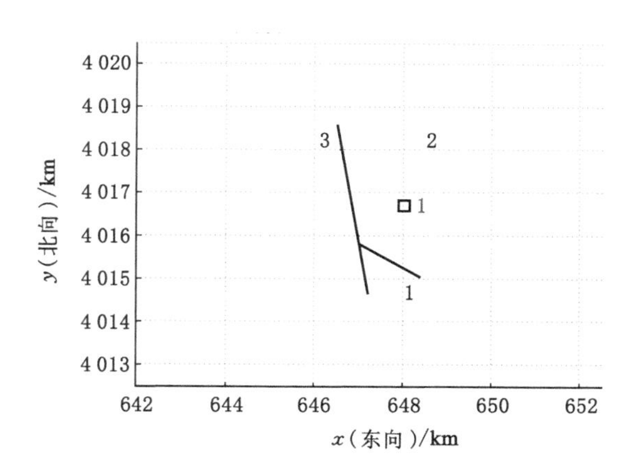

图 2-18　简化断层平面分布图

表 2-4　FSP 软件的主要计算参数

名　　称	单位	取值
竖向应力梯度	kPa/m	26
最大水平应力梯度	kPa/m	27.2
最小水平应力梯度	kPa/m	20
最大水平应力方向	(°)	160
储层初始孔压梯度	kPa/m	12.5
计算参考埋深(储层埋深)	m	3 800
储层厚度	m	20
储层孔隙度	—	0.07
储层渗透率	mD	0.001
流体质量密度	kg/m^3	1 000
动力黏度	Pa·s	6×10^{-5}
流体压缩性	1/Pa	3.6×10^{-10}
储层岩石的压缩性	1/Pa	1.08×10^{-11}
注入流速	m^3/min	1.5 和 2.5

按 1.5 m^3/min 与 2.5 m^3/min 两种不同注入流速将上述参数输入 FSP 软件，执行计算命令，可以看出一年注入周期内井附近的流体压力分别增加了 15.86 MPa 与 26.2 MPa，两种不同注入速率均出现随着径向距离的延伸，储层增压逐渐减小特征，如图 2-19 所示。同时在两种不同注入流速下分析了断层中心点处流体压力随注入时间关系，在注入 2.5×10^4 m^3 清水甚至注入一年周期末时断层中心点处流体压力均未出现明显变化。由利用 FSP 软件基于莫尔-库仑理论自动给出的断层中心点处的应力莫尔圆与其强度包络线的相互关系(图 2-20)可以看出，以两种不同流速注入一年后三条断层应力状态均未达到破坏状态，断层基本稳定。最后综合分析得出三条断层的滑动趋势随注入时间的演化关系(图 2-21)，可以看出在为期一年的注入阶段，尽管注入井附近有较大的流体增压，但断层相距注入井有一定距离，各断层中心点处

的流体压力并未增加。因此，三条断层的滑动趋势为 0，由三条断层导致的诱发较大地震的可能性较小。

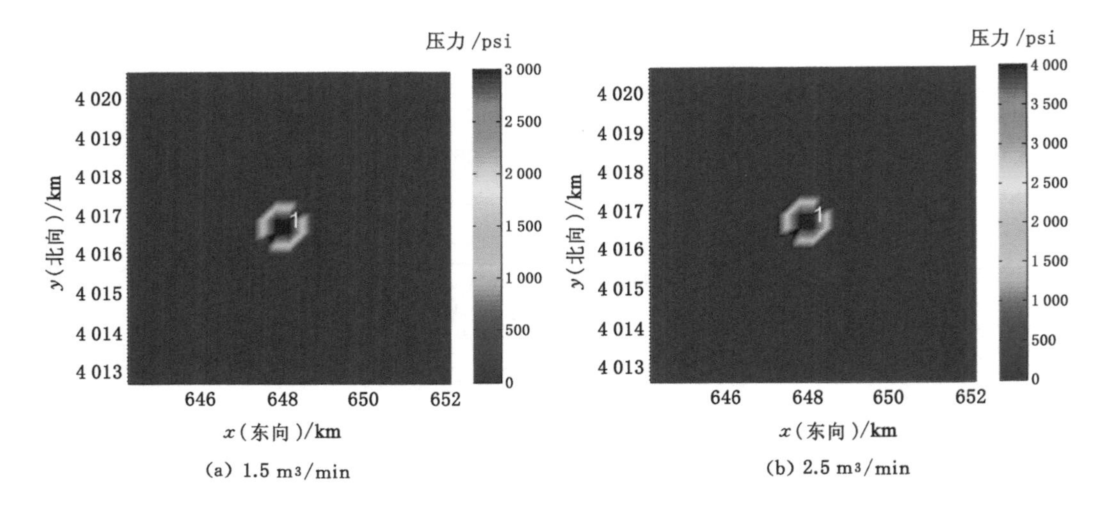

图 2-19　不同注入流速一年后储层增压分布图

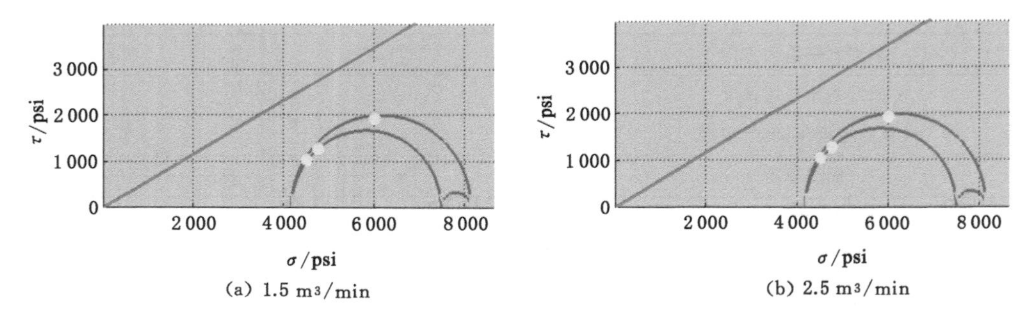

图 2-20　不同流速注入一年后断层中心点处的应力莫尔圆与强度包络线的相互关系

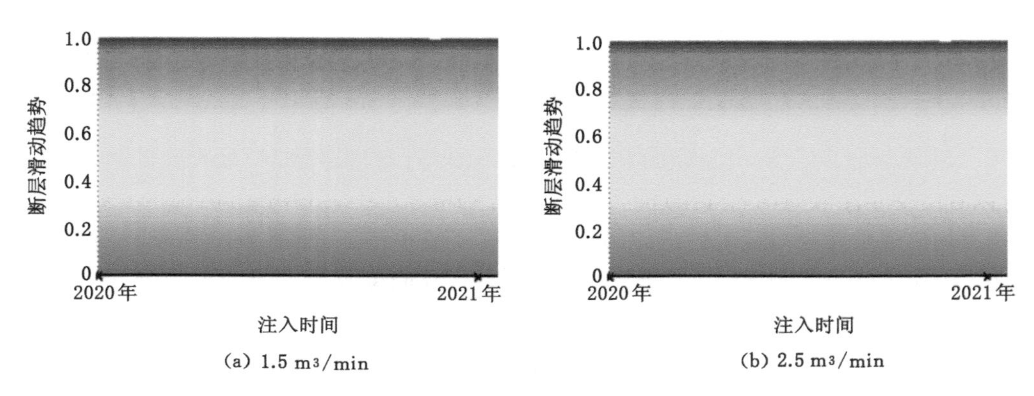

图 2-21　不同注入流速断层滑动趋势随注入时间的演化曲线

2.3　干热岩水力压裂工程条件——干热岩注入井钻完井情况

干热岩注入井是青海共和盆地恰卜恰干热岩试验开发注采井之一，位于青海省共和县政府驻地恰卜恰镇。基于干热岩注入井岩心、测井、录井资料，分析恰卜恰干热岩开发地层结构与岩性变化、原生裂隙-断层发育状况、地应力状况、全井段温度变化情况，提出水力压裂工程设计，为恰卜恰干热岩勘查开发示范工程奠定基础。根据邻井及干热岩注入井钻探、测井所获取的地层温度，选取干热岩注入井 3 500～4 000 m 段为干热岩试验性开发的目标层段。

2.3.1　基础数据

干热岩注入井开钻时间为 2019 年 3 月 7 日，完钻时间为 2019 年 9 月 10 日。一开完钻井深为 510 m，二开完钻井深为 1 503.5 m，三开完钻井深为 4 002.88 m，三开采用套管和筛管组合方式完井，筛管总长为 300 m。干热岩注入井基础数据见表 2-5。

表 2-5　干热岩注入井基础数据

地理位置	共和县城南东方向湖积台地上		
构造位置	切吉凹陷东部		
井别	探采结合、干热岩试验性发电注入井		
开钻日期	2019-03-07	完钻日期	2019-09-10
完钻井深/m	4 002.88	水泥返深/m	2 301.3
各开次套管规格及下深	表层套管尺寸：ϕ339.7 mm×9.65 mm。下深：0～509 m。钢级：J55		
	二开中完套管尺寸：ϕ244.5 mm×11.99 mm。下深：0～1 503 m。钢级：P110		
	三开套管尺寸：ϕ177.8 mm×11.51 mm。下深：0～3 631.95 m。钢级：TP100H		
	筛管尺寸：ϕ177.8 mm×11.51 mm。下深：3 631.95～3 993.6 m。钢级：P110		

2.3.2　井身结构

（1）钻头程序：ϕ660.4 mm 钻头×30 m，ϕ444.4 mm 钻头×509 m，ϕ311.2 mm 钻头×1 503 m，ϕ215.9 mm 钻头×4 002.88 m。

（2）套管程序：ϕ508 mm 导管×26.8 m，ϕ339.7 mm 表层套管×509 m，ϕ244.5 mm 技术套管×1 503 m，ϕ177.8 mm 生产套管×3 993.6 m。干热岩注入井井身结构见图 2-22。

2.3.3　钻时特征

钻时可在一定程度上反映地层破碎情况，通过钻时曲线可以初步筛选出合适的压裂段。筛选结果：第一段，3 510～3 540 m，30 m；第二段，3 570～3 670 m，100 m；第三段，3 710～3 790 m，80 m；第四段，3 850～3 950 m，100 m。

2.3.4　录井裂隙发育情况

根据岩屑描述记录，3 810～3 840 m、3 520～3 538 m 段天然裂隙发育，3 670～3 658 m 段天然裂隙较发育，3 590～3 552 m 段天然裂隙次发育。

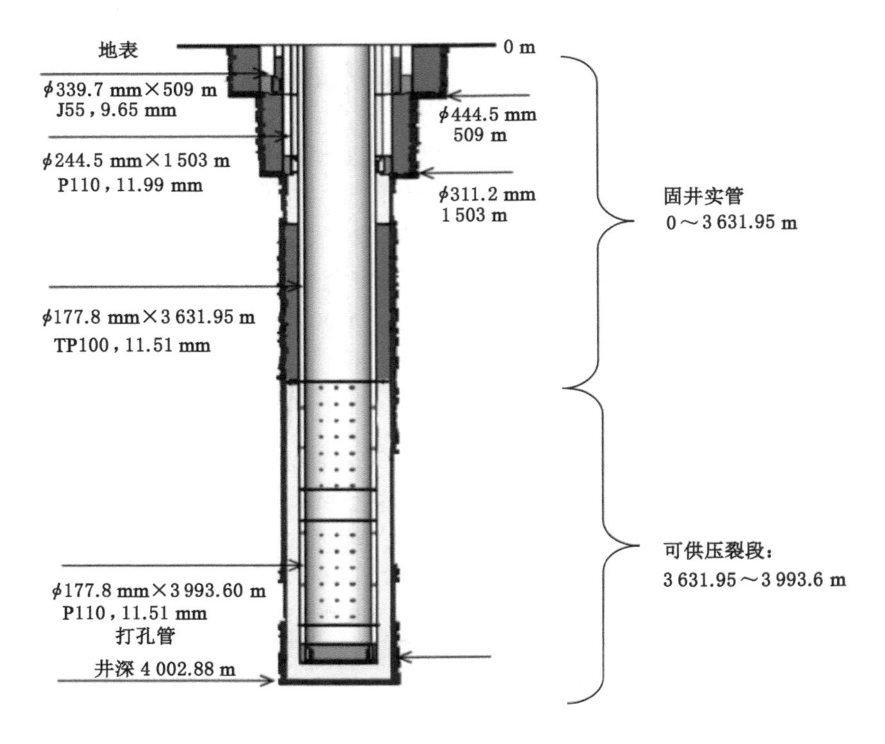

图 2-22　干热岩注入井井身结构

2.3.5　取心情况

干热岩注入井目的层(3 500 m)以下部分岩心形态如图 2-23～图 2-27 所示，岩心描述如下：

(1) 3 528～3 532 m，取心长度为 335 cm，岩心高角度裂隙发育(轴夹角约 14°)，沿裂隙绿泥石化明显，表明为原生裂隙(图 2-23)。由于应力释放，岩心发育近水平向的裂隙，且岩心沿裂隙断开，表明该层段地应力较高。岩心整体较为破碎，碎块蚀变明显，暗示该层段可能存在古破碎带。

图 2-23　干热岩注入井 3 528～3 532 m 段岩心

(2) 3 804～3 804.8 m，取心长度为 61 cm，岩心整体完整，裂隙不发育，未见明显的热液沉积和矿物蚀变现象，再次表明该层段岩体较为完整(图 2-24)。由于云母含量较低，推测该层段岩石强度较大。随着置放时间增加，应力释放，水平裂隙逐渐增多，再次表明该井段地应力较高。

图 2-24　干热岩注入井 3 804～3 804.8 m 段岩心

(3) 3 883～3 884 m，取心长度为 100 cm，岩心整体较为完整，裂隙发育弱。主要见长英质脉体穿插，宽度约 2.5 cm，主体呈乳白色，在脉体与花岗闪长岩之间有宽度不等的绿泥石壁，推测为热液充填岩石裂隙而生(图 2-25)。岩心发育一系列平行的高角度裂隙(轴夹角约 27°)，沿裂隙绿泥石化明显。由于取心后应力释放，岩心发育近水平向的裂隙，表明该井段地应力较高(图 2-26)。

图 2-25　干热岩注入井 3 883～3 884 m 段岩心

图 2-26　岩心裂隙

(4) 3 979～3 980.5 m，取心长度为 140 cm，岩心整体较为完整，裂隙呈高角度(轴夹角约 25°)弱发育，沿裂隙出现绿泥石化(图 2-27)。岩心见长英质脉体穿插，宽度约 2.7 cm，主体呈乳白色。由于取心后应力释放，岩心发育近水平向的裂隙，岩心沿裂隙断开成数十块应力饼，宽度为 1～2 cm，部分层段破碎成碎块，表明该井段地应力较高(图 2-28)。

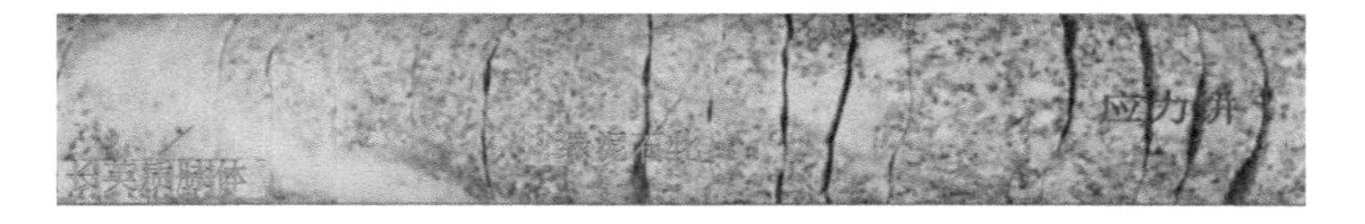

图 2-27　干热岩注入井 3 979～3 980.5 m 段岩心

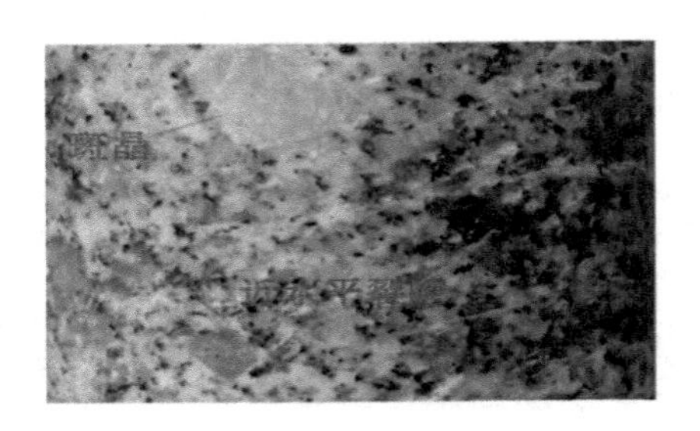

图 2-28　岩心裂隙

从取心情况看，岩心的完整和破碎程度均表现出较大的差异，说明纵向上蚀变花岗岩发育的非均质性较强，主要可能表现为天然裂缝发育程度的差异；当岩心从井底至地面在温度和应力极大差异条件下，明显观察到新的裂缝形成，且常见近水平缝。因此，在该井干热岩水力改造时须充分考虑纵向上表现出的强非均质性，且应通过物理和化学相结合的方法获得更多的压裂裂缝，从而获得最佳的热储建造效果。

2.3.6　固井情况

（1）固井作业

本井进行 3 次固井作业，其数据详见表 2-6。

表 2-6　干热岩注入井固井作业数据

套管层次		表层套管	二开套管	三开套管
固井时井深/m		510	1 503.5	4 002.88
套管外径/mm		339.7	244.5	177.8
钢级与壁厚/mm		J55，8.96	P110，11.99	P110＋TP100H，11.51
套管鞋深度/m		509.7	1 503.1	3 993.6
阻流环深度/m				3 619.35
扶正器数量/只				37
固井前泥浆密度/(g/cm^3)		1.03	1.12	1.14
水泥厂家、品种		嘉华 G 级	嘉华 G 级	嘉华 G 级
外加剂品种及数量/kg				
水泥量/t		55	80	101
前置液	名称	清水	清水	清水
	替入量/m^3	5	10	18
水泥浆密度/(g/cm^3)		1.89	1.95	1.82
替浆量/m^3		38	56.3	72.6
碰压/MPa			15	19～25
水泥塞深度/m		485	1 481	3 576
水泥外返深度/m		地面	179	2 300
套管顶部深度/m		8.71	8.12	7.39

表 2-6(续)

套管层次		表层套管	二开套管	三开套管
试压结果	压力/MPa	10	19.5	20
	30 min 压降	0.3	0.3	0.03
固井方式		常规固井	常规固井	常规固井
候凝方式		开井候凝	开井候凝	开井候凝

(2) 固井质量

三开固井质量评价:大部分井段固井质量为中等至好,少部分井段固井质量较差(表 2-7)。

表 2-7　三开固井质量评价

序号	井段/m	一界面解释结论	二界面解释结论
1	0～830.5	泥浆	泥浆
2	830.5～1 668.6	泥浆	泥浆
3	1 668.6～2 301.3	泥浆	泥浆
4	2 301.3～2 344.8	中等—好	中等—好
5	2 344.8～2 442.4	差—中等	差—中等
6	2 442.4～3 147.7	中等—好	中等—好
7	3 147.7～3 342.8	差—中等	差—中等
8	3 342.8～3 429.9	中等—好	中等—好
9	3 429.9～3 491.6	差—中等	差—中等
10	3 491.6～3 688.8	中等—好	中等—好
11	3 688.8～3 754.6	差	差

2.3.7　天然裂缝开启条件

现分析了 4 种井口泵压工况,即 0 MPa、37.3 MPa、48.6 MPa 和 57.4 MPa,图 2-29 分别采用了 Matlab 和 3DStress 软件分析了上述工况下,天然裂隙剪切滑动应力状态和不同产状裂隙的滑动趋势。

由图 2-29(a)可知,自然状态下,所有天然裂隙处于稳定状态,不可能发生任何滑动;根据图 2-29(b),当 3 850 m 处孔隙压力达到 75.8 MPa,即井口泵压达到 37.3 MPa 时,开始有第 1 条天然裂隙处于临界应力状态,即达到了最低($\mu=0.6$)失稳滑动的条件;根据图 2-29(c),当 3 850 m 处孔隙压力达到 87.1 MPa,即井口泵压达到 48.6 MPa 时,天然裂隙达到了最高($\mu=1.0$)失稳滑动的条件,此时,71%的天然裂隙处于失稳滑动状态;根据图 2-29(d),当 3 850 m 处孔隙压力达到 95.9 MPa 即井口泵压达到 57.4 MPa 时,接近 100%的天然裂隙都处于失稳滑动状态,此时,3 850 m 处孔隙压力 95.9 MPa 接近垂直主应力 96 MPa,意味着再提升井口泵压,裂隙将不再发生剪切滑动,将开始克服最小主应力而处于拉张状态。

正是由于恰卜恰干热岩储层天然裂隙倾角较低,即便是其走向与最大水平主应力方向

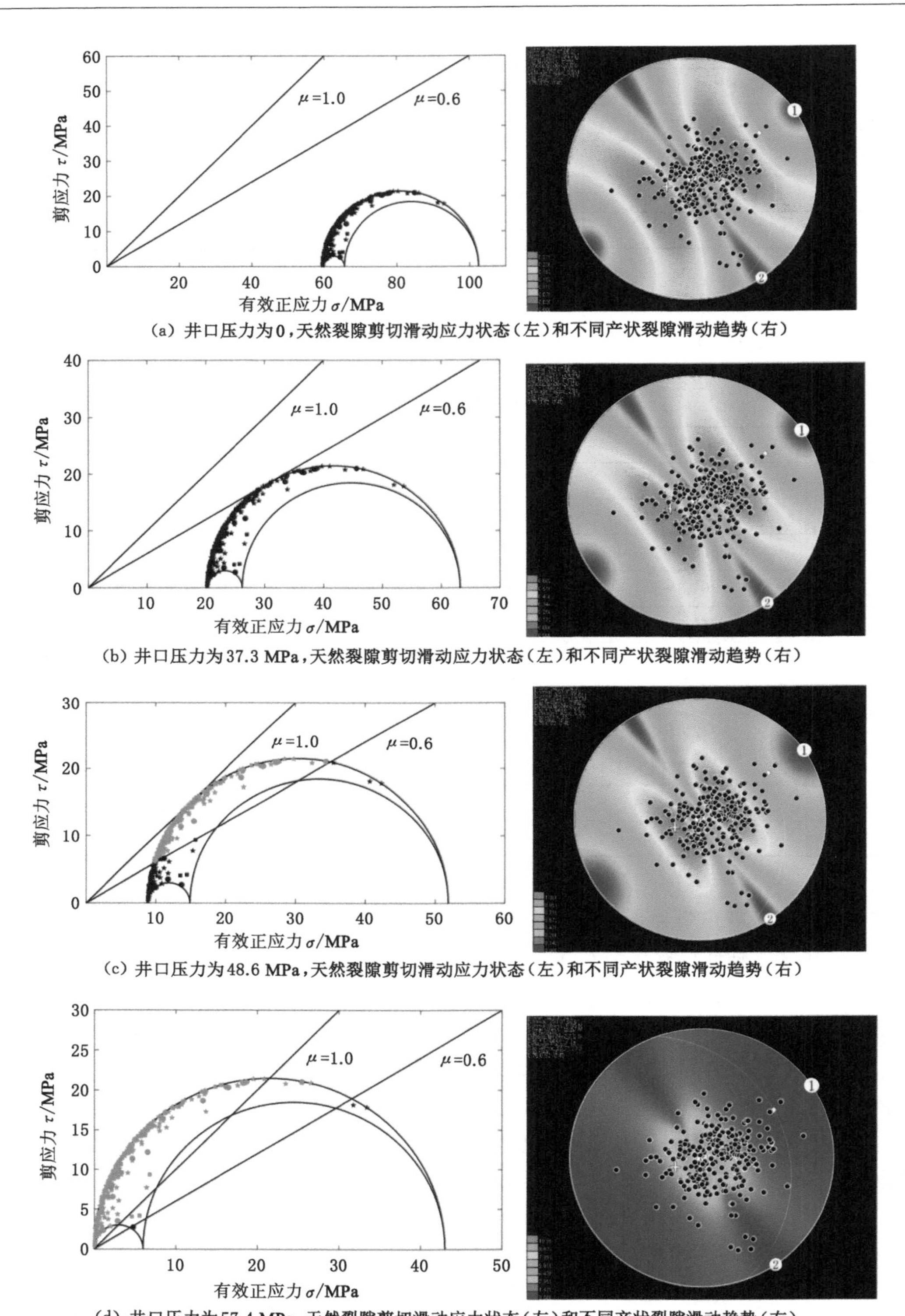

(a) 井口压力为0，天然裂隙剪切滑动应力状态(左)和不同产状裂隙滑动趋势(右)

(b) 井口压力为37.3 MPa，天然裂隙剪切滑动应力状态(左)和不同产状裂隙滑动趋势(右)

(c) 井口压力为48.6 MPa，天然裂隙剪切滑动应力状态(左)和不同产状裂隙滑动趋势(右)

(d) 井口压力为57.4 MPa，天然裂隙剪切滑动应力状态(左)和不同产状裂隙滑动趋势(右)

图 2-29 同井口泵压下(不考虑管柱摩阻和裂隙内聚力)天然裂隙剪切滑动趋势

大角度相交而处于非优势方位，仍然可以在一定的孔隙压力条件下促使大部分天然裂隙发生剪切滑动。可见，天然裂隙倾角较低是利于恰卜恰干热岩水力压裂的一个优势。

2.3.8　岩石力学测井参数

通过测井对储层岩石力学参数进行了解释，结果显示：静态泊松比为 0.12，动态泊松比为 0.23；静态杨氏模量为 47.45 GPa，动态杨氏模量为 78.61 GPa；单轴抗压强度为 365 MPa；内聚力为 65.26 MPa；抗拉强度为 16.61 MPa；脆性指数为 82.61%。测井解释数据分析曲线见图 2-30。

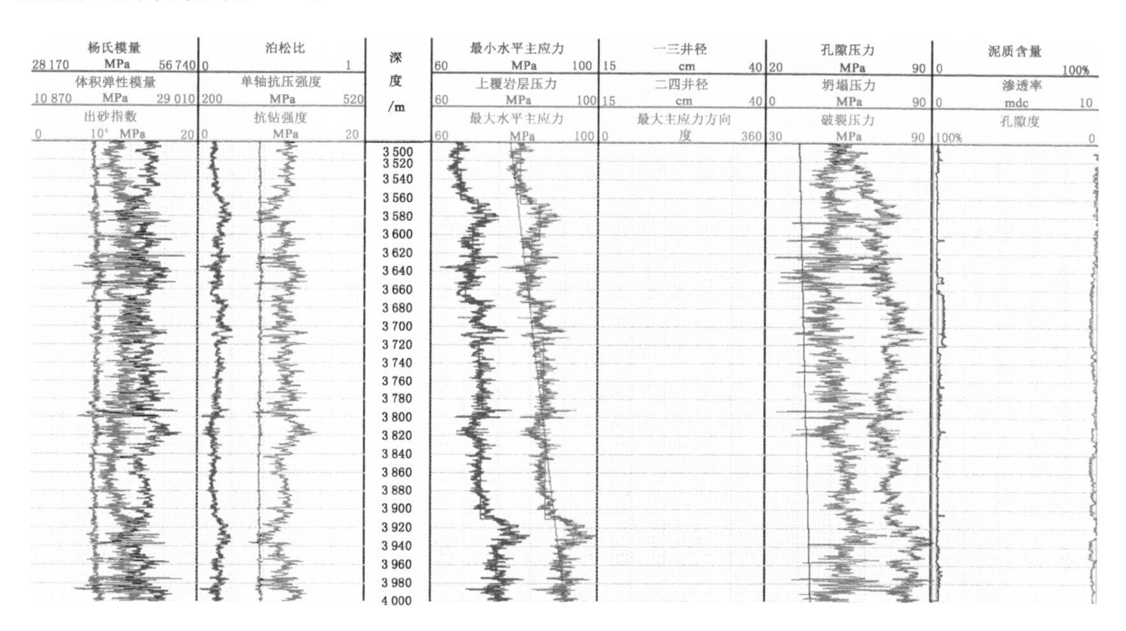

图 2-30　干热岩注入井力学参数测井解释数据分析曲线

2.3.9　压裂层段选取

为了达到热储建造的预期效果，需要根据前期资料对储层物性和地层条件进行分析，优选出最适合压裂的层段。综合分析地质、物探、钻探、测井、录井、地应力测量等技术资料，依据干热岩开发热储稳定、运行时间长、压裂施工及建造难度小的要求，选取温度、裂缝、地应力、岩石力学等关键指标，初步建立了干热岩开发储层评价指标体系及层位选取依据。

（1）储层温度

完钻后静井 10 天利用电子、光纤对干热岩注入井进行了测温，获得的曲线如图 2-31 所示。测温结果显示，钻井温度在 3 501 m 处达到了 180 ℃，井底温度为 208.8 ℃。因此压裂目标层应选择 3 500 m 以下层段，从而满足干热岩发电需求。

（2）裂隙发育特征

① 录井解释

干热岩注入井取心 6 筒，在 3 500 m 以下取心 4 筒。岩性为灰白色似斑状中粗粒花岗闪长岩。岩心见高角度裂缝发育，轴夹角在为 17°～23°，沿裂缝出现绿泥石和绿帘石化蚀变，个别裂缝被长英质脉体穿插，宽度约 2.5 cm，主体呈乳白色，在脉体与花岗闪长岩之间

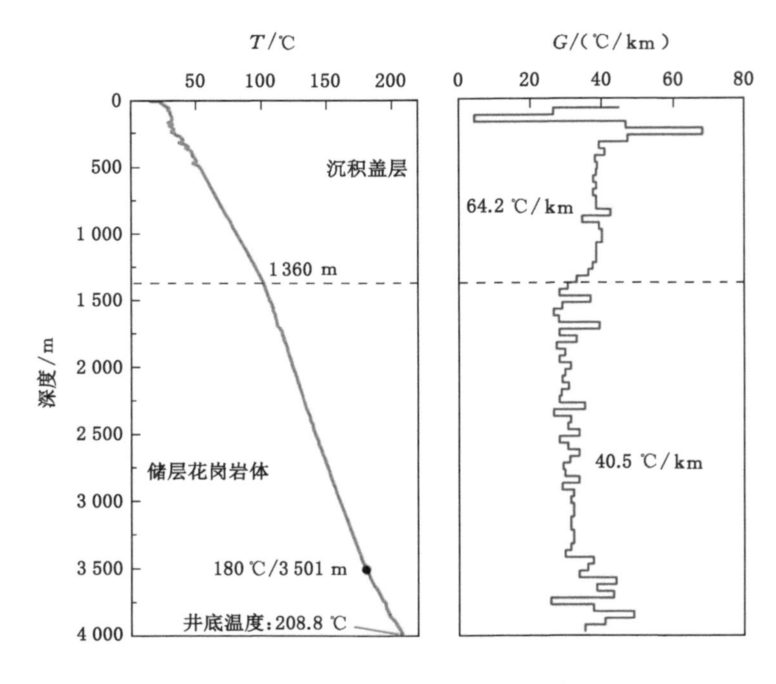

图 2-31　干热岩注入井测温曲线

有宽度不等的绿泥石壁,推测为热液充填岩石裂隙而生(图 2-32)。具体岩心特征如下:

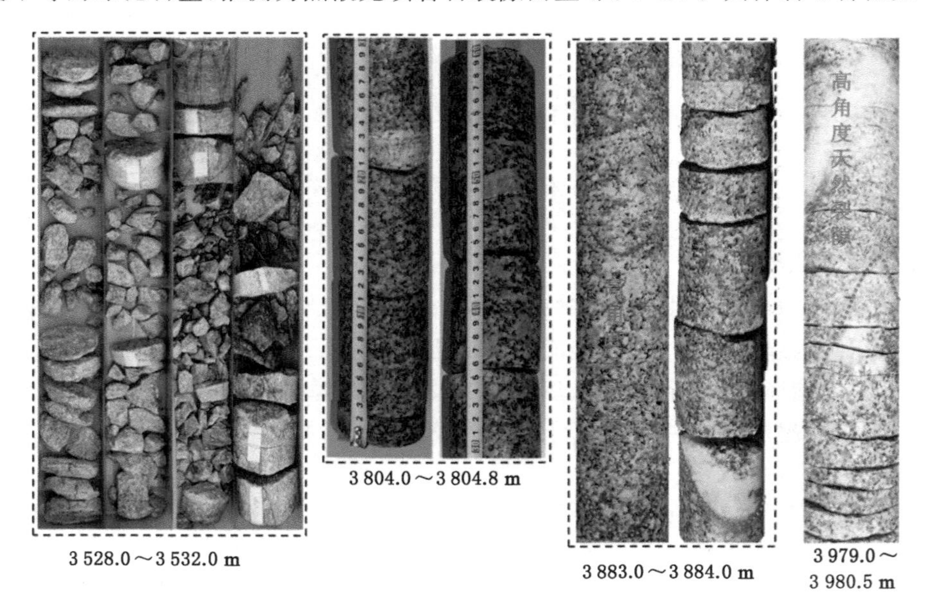

图 2-32　干热岩注入井岩心

3 528～3 532 m 段取心 4 m,获得心长 3.35 m。岩心高角度裂隙发育,沿裂隙绿泥石化明显,表明为原生裂隙。岩心整体较为破碎,碎块蚀变明显,暗示该层段可能存在古破碎带。

3 804～3 804.8 m 段取心 1 m,获得心长 0.61 m。岩心整体完整,裂隙不发育,未见明显的热液沉积和矿物蚀变现象，表明该层段岩体较为完整。

3 883～3 884 m 段取心 1 m，获得心长 1.0 m。岩心整体较为完整，岩心发育一系列平行的高角度裂隙，轴夹角约 27°，沿裂隙绿泥石化明显。

3 979～3 980.5 m 段取心 1.5 m，获得心长 1.4 m。岩心整体较为完整，裂隙呈高角度(轴夹角约 25°)弱发育，沿裂隙出现绿泥石化。

结合钻时和蚀变矿物发育特征，在压裂层段体现出两套裂隙发育段，三套裂隙较发育段：

第一套裂隙发育段：

井段为 3 513～3 538 m，厚度为 25 m，钻时为(正常钻进)31～39 min/m，相对上面地层钻时加快，热液蚀变矿物明显，以绿泥石、绿帘石为主，充填有长英质脉体，岩心破碎，高角度裂缝较发育。此为裂隙发育段。

第二套裂隙较发育段：

井段为 3 552～3 590 m，厚度为 38 m，钻时为 13～64 min/m，相对上面地层钻时加快，蚀变矿物略明显。此为裂隙较发育段。

第三套裂隙较发育段：

井段为 3 658～3 670 m，厚度为 12 m，钻时为 28～48 min/m，相对上面地层钻时加快，见少量热岩蚀变物。此为裂隙较发育段。

第四套裂隙发育段：

井段为 3 840～3 910 m，厚度为 70 m，钻时为(正常钻进)31～59 min/m 相对上面地层钻时加快，热液蚀变矿物分布明显，岩心取率较低。此为本井裂隙发育段。

第五套裂隙较发育段：

井段为 3 924～3 994 m，厚度为 70 m，钻时为(正常钻进)23～54 min/m，间断出现多个钻时加快层段，蚀变、钾化较明显。此为本井裂隙较发育段。

压裂层段蚀变矿物发育特征及裂隙发育段判断见图 2-33。

② 测井解释

本井应用了自然伽马测井、双侧向电阻率测井、声波时差、体积密度测井等常规测井方法，以及偶极子声波测井、交叉多极阵列声波测井、声成像测井、电成像测井、方位远探测声波反射波成像测井等特殊方法。较为完整地获取了地层的裂缝特征和岩石力学参数。

常规测井显示，3 630.00～3 740.00 m 井段岩性为花岗岩，自然伽马平均值为 391.5API(API 表示标准刻度井)，岩性更加致密；电阻率值高，最高值达到了侧向测井的极限值40 000 Ω · m，电阻率低值段较少，依据电阻率曲线数值的变化特征，解释 184～190 号可疑裂缝层共 9.10 m，用声波时差和密度曲线交会计算的平均孔隙度为 1.0%～1.9%，该裂缝层段深浅侧向电阻率正差异不明显，声波曲线值有小幅增大。综合评价该段为次裂缝发育段。

3 810.00～3 990.00 m 井段岩性为花岗岩，自然伽马平均值为 329.2API，岩性致密；电阻率值高，最高值达到了侧向测井的极限值 40 000 Ω · m，电阻率低值段较少，依据电阻率曲线数值的变化特征，解释 191～200 号可疑裂缝层共 10.80 m，用声波时差和密度曲线交会计算的平

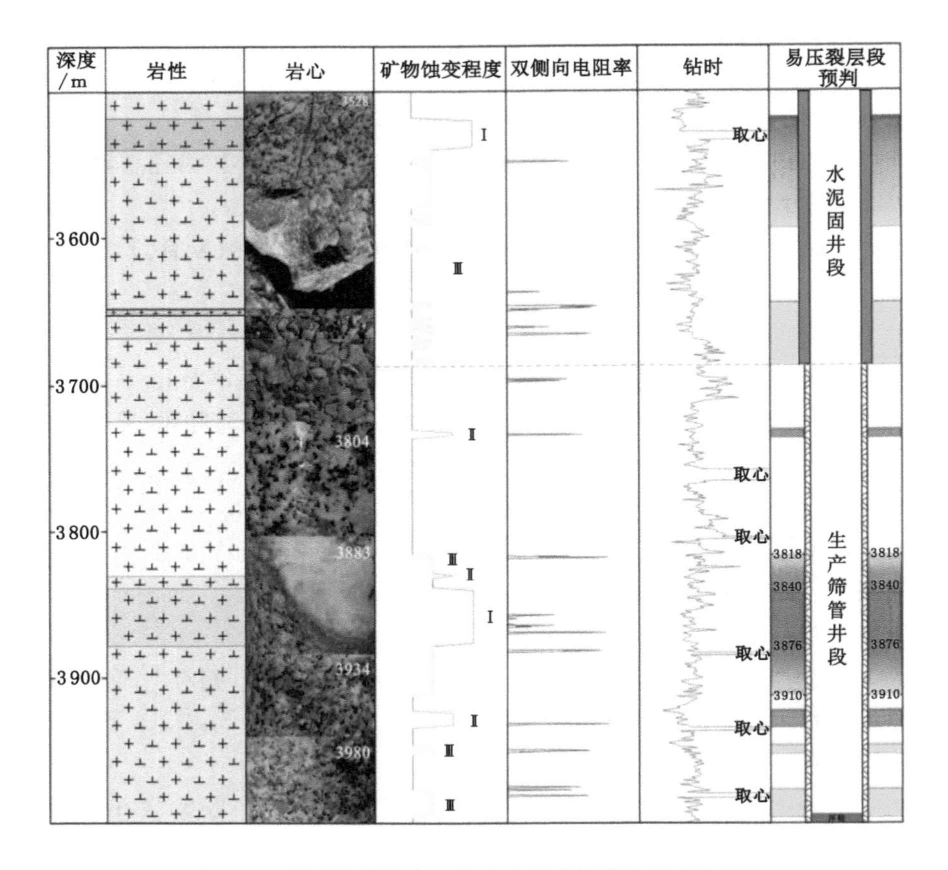

图 2-33　压裂层段蚀变矿物发育特征及裂隙发育段判断

均孔隙度为 1.1%～2.4%，该裂缝层段深浅侧向电阻率正差异明显，声波曲线值有小幅增大。综合评价该段为次裂缝发育段。成像测井显示，3 645～3 677.5 m 井段为张开型裂隙，裂隙发育；3 688～3 750 m、3 793～3 795.5 m、3 814.5～3 818 m、3 833.5～3 883 m、3 974～3 985 m 井段裂隙较发育。远探测声波显示 3 636～3 648 m 段存在一井旁反射体，方位为 N225°，倾角为 31°，竖直方向长度为 12 m。张开缝走向主要为北东-南西向（图 2-34）。

a. 裂隙张开特征

本井 3 500 m 以下井段，张开缝集中发育井段为 3 645～3 677.5 m；另外，3 688～3 750 m、3 793～3 795.5 m、3 814.5～3 818 m、3 833.5～3 883 m、3 974～3 985 m 也零星发育裂缝，其余井段部分发育高阻缝。对 3 600～4 000 m 段储层裂隙定量统计，结果显示：储层张开、半充填的裂隙共有 175 条，大部分走向为北东-南西向（图 2-35），属低倾角裂缝，3 800～3 900 m 段裂隙较为发育。

b. 地应力情况

前期测量结果：综合采用水压致裂法、ASR 法、DCDA 法、诱发花瓣线法、地球物理成像测井法等多种地应力测量方法获得开发场地浅部（呈正断型）、中部（呈走滑型）、深部（呈逆冲型）的地应力特征。应力情况见图 2-36。

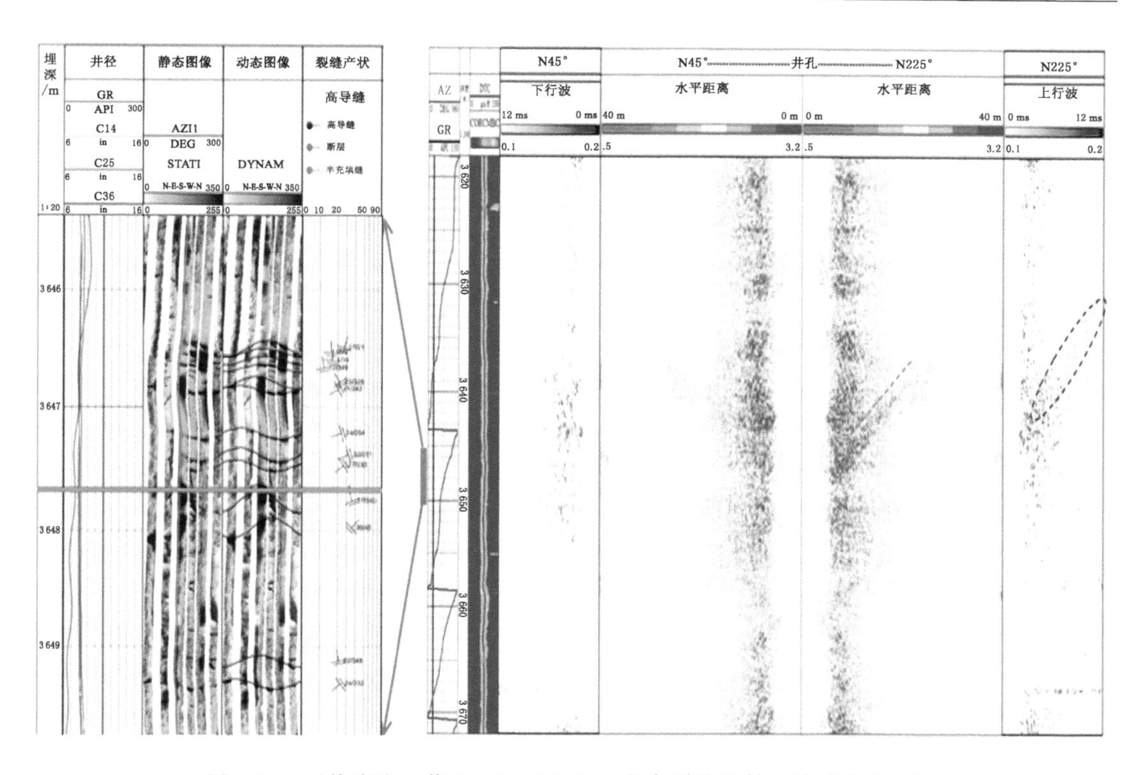

图 2-34　干热岩注入井 3 636～3 648 m 段旁裂缝反射 P 波波形响应图

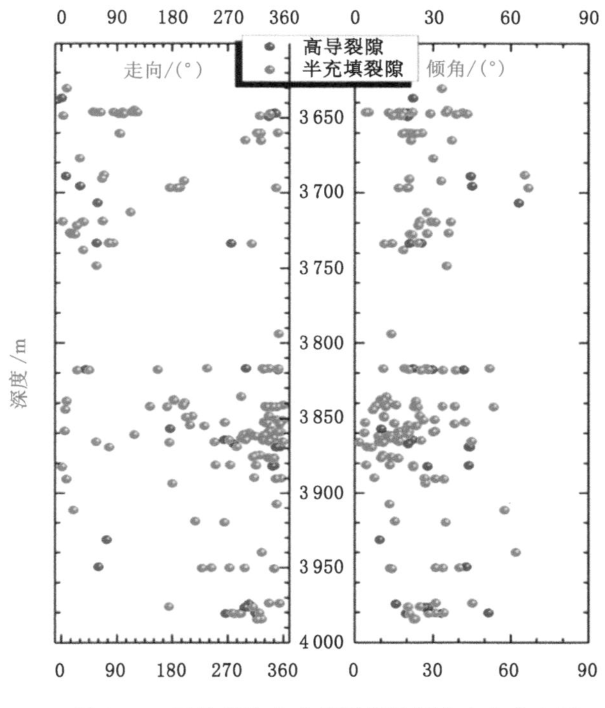

图 2-35　干热岩注入井储层裂隙倾角走向分布图

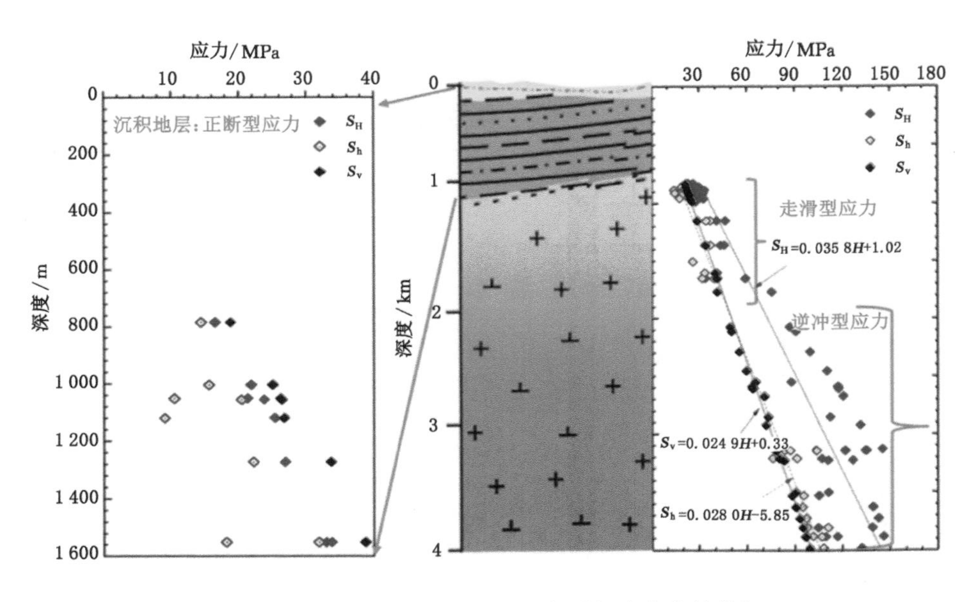

图 2-36　干热岩开发场地应力场随深度变化的特征

盆地 2 100 m 以下为逆冲型应力，即 $S_{H,max}>S_{h,min}>S_v$，与 Cooper 盆地相似。3 600 m 处最大水平主应力为 130 MPa，4 000 m 深处最大水平主应力为 144.22 MPa，最小主应力为 106.15 MPa，垂直主应力为 99.93 MPa。总体应力值较大，水平应力差较大，表明储层压裂形成复杂裂缝的难度较大，容易沿 NE 向形成优势裂缝；最小水平主应力 $S_{h,min}$ 和垂直主应力 S_v 差别较小，表明储层压裂时裂隙有可能以一定的角度向主应力方向延伸。压裂段主应力方向为 NE55.6°(图 2-37)，表明储层压裂时人工裂缝将向 NE-SW 方向扩展。

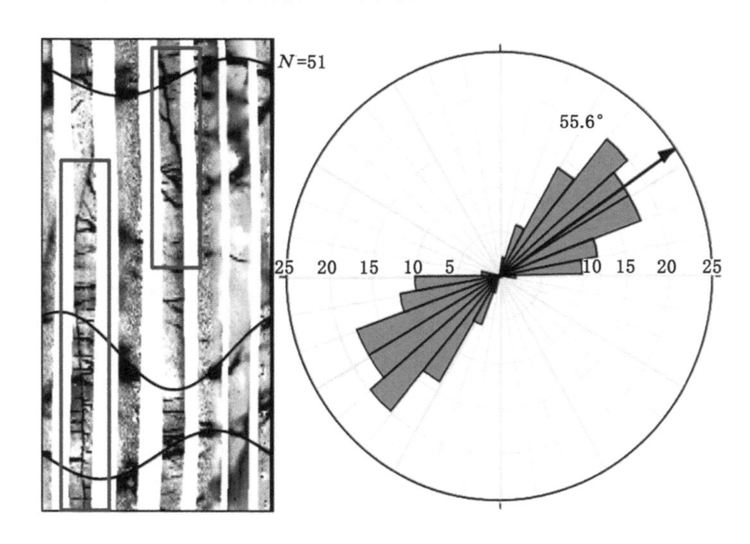

图 2-37　干热岩注入井成像测井解译出发张裂缝(左)和最大水平主应力方向统计玫瑰图(右)

综合测井结果：在综合测量井段内，从上到下最大地应力在 25～100 MPa 之间变化，最小地应力在 14～72 MPa 之间变化。主应力差较大，从 7.8 MPa 向下逐渐增大到 27.8 MPa。

地应力分析上选取了井况较好的井段，利用阵列声波处理后的成果大致判断该层位最大水平主应力方向大致为近北东-南西向；利用微电阻率扫描成像三井径法计算得到其短轴方向的主频在 50°～60°之间，表明最大地应力方向为近北东-南西向（图 2-38）。用两种方法得到的地应力方向基本相同。

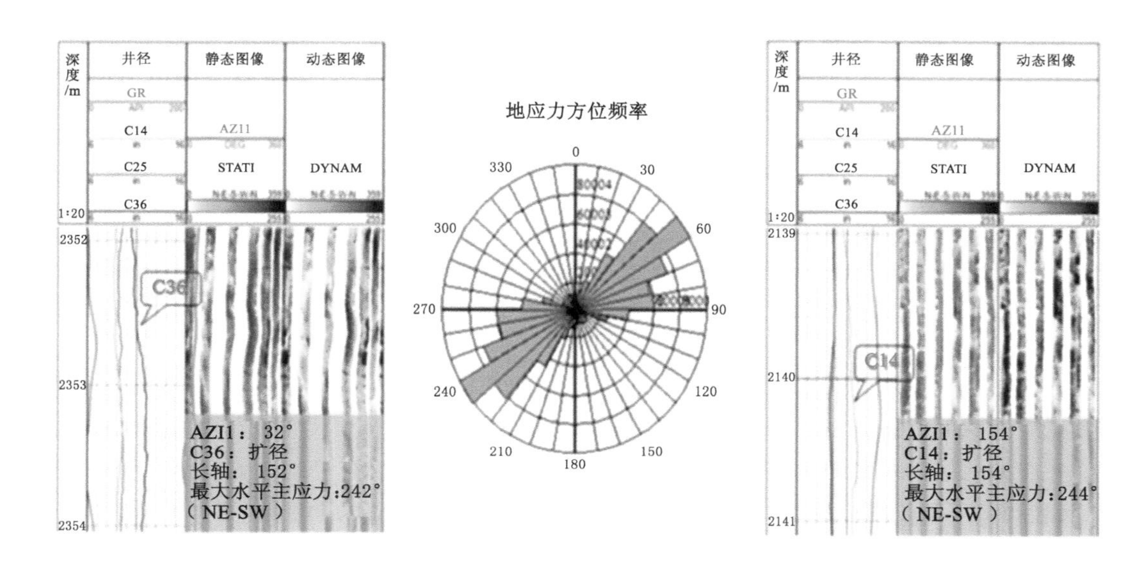

图 2-38　干热岩注入井电成像井径最大水平主应力分析图

3 600.00～3 740.00 m 井段：该段地层泊松比的值介于 0.11～0.23，上覆地层压力值介于 65.0～98.0 MPa，主应力值介于 62.0～77.0 MPa，孔隙压力值介于 40.6～41.7 MPa，脆性指数值介于 54.35～84.25 MPa，与上覆地层相对，该段地层整体可压性较强，各向异性呈增强趋势，下部层段脆性指数相对较高，各向异性较强，压裂有助于实现缝网连通。

3 810.00～3 890.00 m 井段：该段地层泊松比的值介于 0.14～0.23，上覆地层压力值介于 100.4～102.0 MPa，主应力值介于 69.4～81.76 MPa，孔隙压力值介于 42.6～43.3 MPa，脆性指数值介于 61.38～79.7 MPa，与上覆地层相对，该段地层整体可压性较强，上部各向异性较下部强，通过压裂能够实现有效缝网连通。其中，上部层段裂缝发育程度最高，可压性最强，下部层段裂缝发育程度较弱，但是通过压裂能够实现缝网连通，形成最大储集空间的释放。

3 920.00～3 990.00 m 井段：该段地层泊松比的值介于 0.12～0.18，上覆地层压力值介于 103.3～104.6 MPa，主应力值介于 69.1～77.7 MPa，孔隙压力值介于 43.9～44.4 MPa，脆性指数值介于 61.38～79.7 MPa，与上覆地层相对，该段地层各向异性最强，底层可压性自上而下呈现增大趋势，中部 3 950 m 附近机械力学参数降低明显，各向异性最强，通过压裂能够实现缝网连通，获得最大的储集空间释放。

c. 岩石力学特征

计算的花岗岩地层的岩石力学参数、压力梯度、切变破裂压力梯度、自然破裂压力梯度、应力等成果如表 2-8 所示。

表 2-8　干热岩注入井岩石力学参数

参数	泊松比	体积模量/($\times10^4$ MPa)	杨氏模量/($\times10^4$ MPa)	切变模量/($\times10^4$ MPa)	抗压强度/MPa	抗张强度/MPa	最大水平主应力/MPa	最小水平主应力/MPa	垂向应力/MPa	地层压力梯度/(kPa/m)	切变破裂压力梯度/(kPa/m)	自然破裂压力梯度/(kPa/m)
最大值	0.36	8.05	14.34	5.04	176.8	14.7	100.7	73.4	92.4	13.5	10.1	22.3
最小值	0.05	1.16	5.43	1.22	20.08	1.7	20.9	12.9	27.0	8.1	5.8	13.8
平均值	0.23	4.82	8.10	3.11	103.9	8.7	59.6	41.8	58.3	10.0	8.8	18.5

可见泊松比基本上在 0.05～0.36 之间变化，平均 0.23 左右。切变模量、体积模量、杨氏模量均随着埋深的增加无明显增大趋势，在裂缝发育井段其变化较大，主要受裂缝发育程度控制。整个井段杨氏模量变化范围在(5.43～14.34)×10^4 MPa 之间，平均在 8.10×10^4 MPa 左右，体积模量变化范围在(1.16～8.05)×10^4 MPa 之间，平均在 4.82×10^4 MPa 左右，切变模量变化范围在(1.22～5.04)×10^4 MPa，之间平均在 3.11×10^4 MPa 左右。该段最大水平主应力平均值为 59.6 MPa，地层压力梯度平均值为 10.0 kPa/m。

d. 岩石脆性特征

岩石矿物组成方面，预压裂层段(3 500～4 000 m)以灰白色中粗粒似斑状花岗闪长岩为主，似斑状中粗粒花岗结构，块状构造；斑晶主要为斜长石，白色，自形板柱状，大小在 0.7 cm×2.0 cm～1.5 cm×3.0 cm，含量在 10%～15%。基质主要由斜长石、石英、钾长石、角闪石、黑云母组成。石英，它形粒状，无色透明，油脂光泽，粒径 2～8 mm，含量在 25%～35%；斜长石，乳白色，半自形板柱状，粒径 2～6 mm，含量在 35%～40%之间；钾长石自形板柱状，粒径 3～6 mm，含量在 5%～10%之间；角闪石，墨绿色，半自形柱状，粒度为 1.0 mm×2.0 mm 左右，含量在 10%～15%之间；黑云母，鳞片状，丝绢光泽，片径 1～2 mm，含量在 1%～3%之间。整体脆性矿物含量在 80%以上，宜于压裂。干热岩注入井地层矿物组成详见图 2-39。

在 3 513～3538 m、3 840～3 910 m 段热液蚀变发育，部分黑云母发生绿泥石、绿帘石化，岩心呈青灰色，表明在该深度段曾有 2 50～350 ℃的高温热液活动，同时暗示在该深度段节理裂隙甚至岩层破碎带发育。其他如 3 552～3 590 m、3 658～3670 m、3 924～3 994 m 层段蚀变相对较弱，偶见钾化现象，是裂隙相对发育的表征。岩心资料显示，在压裂层段，高角度裂隙发育(轴夹角约 14°)，沿裂隙蚀变和长英质脉体充填程度明显变大。由于应力释放，岩心发育近水平向的裂隙，且岩心沿裂隙断开，表明该井段地应力较高。

针对目的层重点裂缝发育层段，通过偶极子声波测井计算了岩石的脆性指数(图 2-40)。

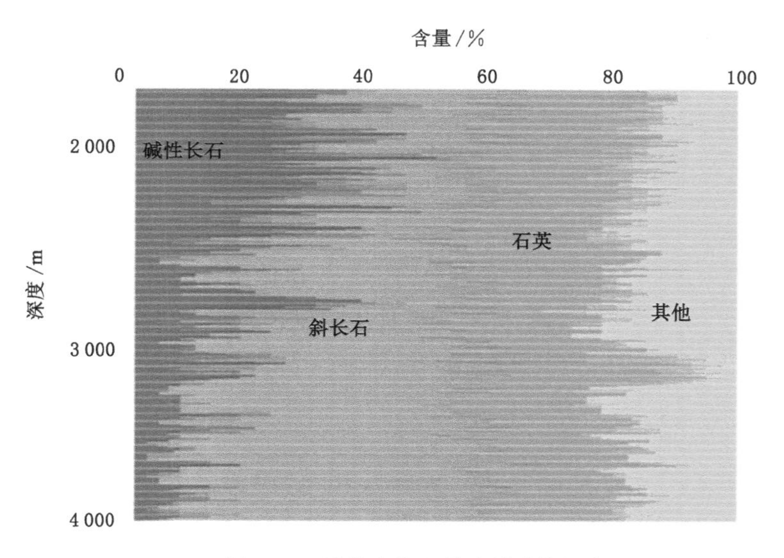

图 2-39　干热岩注入井地层矿物组成

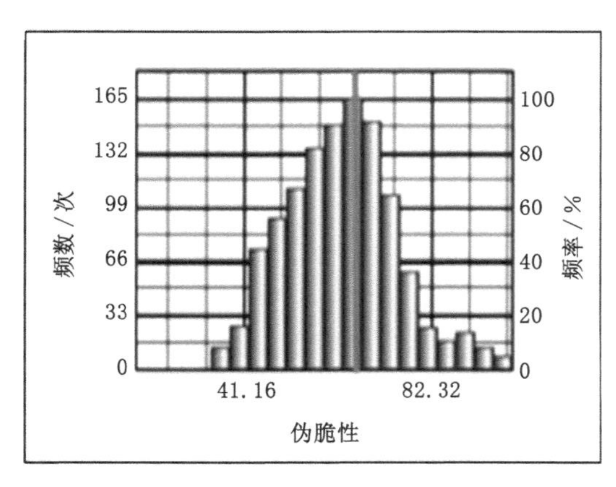

(a) 3 340.0～3 430.0 m 井段

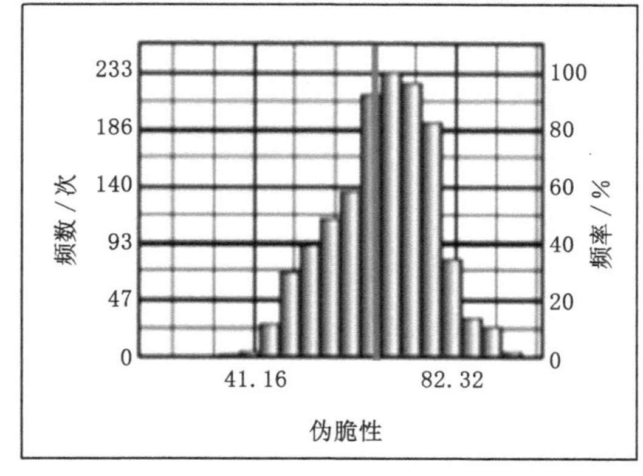

(b) 3 630.0～3 740.0 m 井段

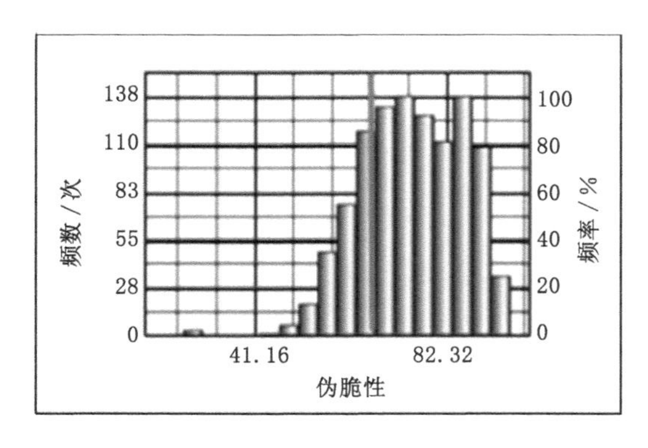

(c) 3 810.0～3 890.0 m 井段

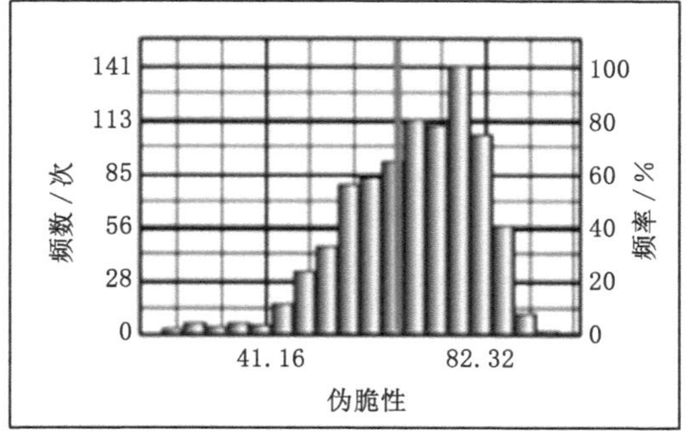

(d) 3 920.0～3 990.0 m 井段

图 2-40　干热岩注入井岩石脆性指数统计

通过脆性指数的大小来判别储层裂缝压裂后能否形成有效裂缝网络，进而达到压裂目标、实现高产。针对本井重点裂缝发育层段进行了脆性指数统计，通过分析发现：3 630.0～3 740.0 m 井段、3 810.0～3 890.0 m 井段、3 920.0～3 990.0 m 井段脆性指数较高，层段脆性指数峰值大于 60，压裂能够形成有效连通缝网。

e. 压裂层位确定

根据干热岩注入井中干热岩层的岩石岩性、岩石物性、地应力及天然裂缝特征、地层温度压力，以及邻井相同层位水力压裂试验施工和国内外相似储层压裂施工案例等综合情况，以 3 500～4 000 m 井段为热储目标层段，优选 3 个优质井段作为本井干热岩水力压裂试验及热储建造的目标层段：3 636～3 742 m，段长 106 m；3 794～3 883 m，段长 89 m；3 919～3 982 m，段长63 m。层段优选结果详见图 2-41。

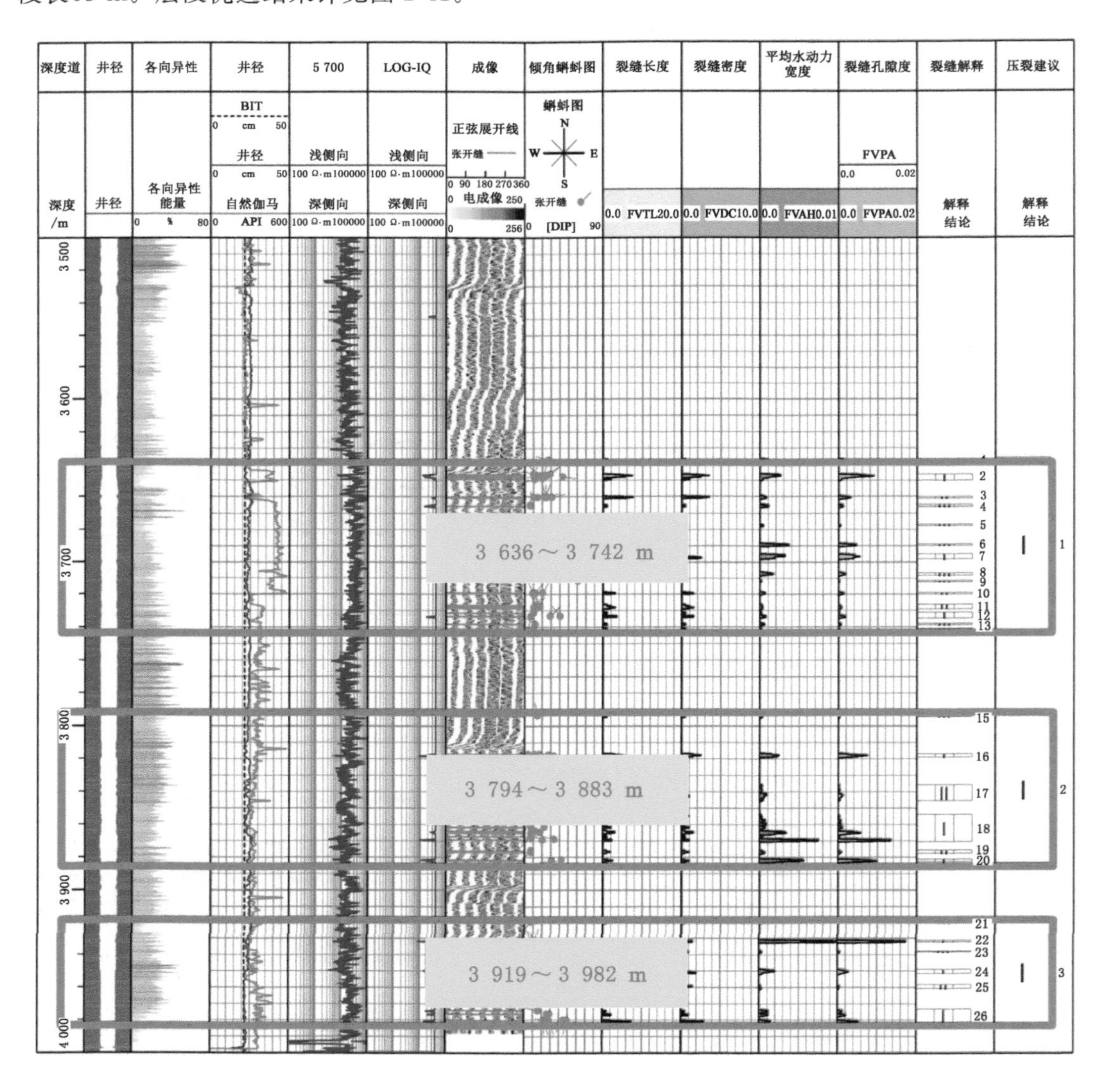

图 2-41　干热岩注入井水力压裂层段优选结果

2.4 干热岩注入井测试压裂

2.4.1 测试压裂简况

2019年11月11日至18日对干热岩注入井进行了测试压裂施工并顺利结束，累计泵入地层液量为1 491.62 m^3，最高施工排量2.5 m^3/min，最高施工压力为42.6 MPa，施工期间微地震实时监测结果均处于“绿灯区”。微地震监测解译结果显示，干热岩注入井测试压裂共形成4条呈北西走向的垂直裂缝，其中主裂缝2条，分别位于井口中心及西南侧位置，另2条位于井口北东方向。改造总体积为717 520.1 m^3。干热岩注入井测试压裂施工简况见表2-9。现场根据实际施工情况及时合理调整泵注程序及参数，基本按设计要求完成测试压裂内容，达到了测试压裂预期效果，为主压裂方案及泵注程序优化提供了合理的指导依据。

表2-9　干热岩注入井测试压裂施工简况

<table>
<tr><th rowspan="2">施工井段/m</th><th rowspan="2">测试内容</th><th rowspan="2">施工日期</th><th rowspan="2">施工时间</th><th rowspan="2">泵注排量/(m^3/min)</th><th rowspan="2">施工压力/MPa</th><th rowspan="2">停泵压力/MPa</th><th colspan="4">泵注液量/m^3</th><th rowspan="2">缝内暂堵剂用量/kg</th></tr>
<tr><th>清水</th><th>酸液</th><th>滑溜水</th><th>胶液</th></tr>
<tr><td rowspan="6">3 640～3 993</td><td>DFIT测试</td><td>11月11日</td><td>10:50—12:18</td><td>0.5～1.3</td><td>28.5～38.7</td><td>23.7</td><td>60.19</td><td></td><td></td><td></td><td></td></tr>
<tr><td>清水＋酸液＋短期/长期浸泡效果测试</td><td>11月13日</td><td>11:48—16:48</td><td>0.5～1.2</td><td>28.2～36.6</td><td>24.5/22.3</td><td>208.27</td><td>60</td><td></td><td></td><td></td></tr>
<tr><td>阶梯升排量＋连续式压裂模式测试</td><td>11月14日</td><td>13:54—18:22</td><td>1～2.1</td><td>22.4～36.6</td><td>30.6</td><td></td><td></td><td>404.7</td><td></td><td></td></tr>
<tr><td>阶梯降排量＋间歇式压裂模式测试</td><td>11月15日</td><td>10:27—17:29</td><td>1～1.7</td><td>28.6～39.6</td><td>32/35</td><td></td><td></td><td>400.58</td><td></td><td></td></tr>
<tr><td>暂堵剂＋胶液＋“缓停泵”方式测试</td><td>11月16日</td><td>11:36—17:55</td><td>1～1.7</td><td>28.2～42.6</td><td>35/37</td><td></td><td></td><td>222.82</td><td>50</td><td>150</td></tr>
<tr><td>电缆井温测试前降温泵注测试</td><td>11月17日</td><td>22:39—23:58</td><td>0.5～1.25</td><td>23.29～39.26</td><td>32.25</td><td></td><td></td><td>85.06</td><td></td><td></td></tr>
<tr><td colspan="7">合计</td><td>268.46</td><td>60</td><td>1 113.16</td><td>50</td><td>150</td></tr>
</table>

2.4.2 测试结果及认识

针对干热岩注入井测试压裂所开展的测试项目，分别从DFIT测试、清水＋酸液＋短期/长期浸泡效果测试、阶梯升排量+连续式压裂模式测试、阶梯降排量+间歇式压裂模式测试、暂堵剂+胶液+“缓停泵”方式测试、电缆井温测试前降温泵注测试等方面对测试压裂的认识进行阐述。

(1) DFIT 测试

DFIT 测试共泵注清水 60.19 m^3,施工排量 0.5~1.3 m^3/min,施工压力 28.5~38.7 MPa。DFIT 结果显示破裂压力梯度为 0.020 MPa/m,闭合压力梯度为 0.011 5 MPa/m,裂缝延伸压力梯度为 0.015 8 MPa/m,表现出相对偏低的应力特征,表明压裂层段的天然裂隙发育。

(2) 清水+酸液+短期/长期浸泡效果测试

这一阶段测试共泵注清水 208.27 m^3,酸液 60 m^3,泵注排量 0.5~1.2 m^3/min,施工压力 28.2~36.6 MPa。干热岩地层基质孔隙度和渗透率极低,表现出孔隙“不连通”,基质“不渗透”的独特物性特征,因此,天然裂隙成为压裂流体的主要流动通道,压裂流体注入量受天然裂隙发育规模的影响较大。酸液在短时间浸泡和长时间浸泡条件下都表现出对干热岩地层有效溶蚀和应力弱化有化学刺激效果,长时间浸泡效果更显著。

(3) 阶梯升排量+连续式压裂模式测试

该阶段共泵注滑溜水 404.7 m^3,泵注排量 1~2.1 m^3/min,施工压力 22.4~36.6 MPa。受极低物性和近井筒多裂缝扩展影响,井底净压力显示出相对偏高特征;施工液量的增加和排量的提高会逐渐加剧井底净压力的增大。拟合测定的净压力得到的多裂缝开缝因子为 5~10 和 8~20,显示出典型的近井筒多裂缝开启延伸扩展的形态特征,且随着液量和排量增加而增强。

(4) 阶梯降排量+间歇式压裂模式测试

该阶段共泵注滑溜水 400.58 m^3,泵注排量 1~1.7 m^3/min,施工压力 28.6~39.6 MPa,间歇式注入模式相比连续式注入模式更有利于控制施工压力上升速率和上升幅度。通过间歇停泵泄压后再次控压注入,干热岩受岩石矿物组分特征、断裂构造或裂隙发育特征、应力不平衡特征等因素影响在压裂过程中或停泵后易产生一定能级强度的微地震事件。

(5) 暂堵剂+胶液+“缓停泵”方式测试

该阶段泵注滑溜水 222.82 m^3,胶液 50 m^3,缝内暂堵剂 150 kg,泵注排量 1~1.7 m^3/min,施工压力 28.2~42.6 MPa。暂堵剂能够通过封堵初始主进液通道缓慢增加井底净压力实现裂缝转向,有利于促进横向上深度连接及沟通天然裂隙,从而提高干热岩热储建造效果,暂堵前后施工压力上升明显且微地震事件清晰地显示裂缝暂堵转向效果。耐超高温胶液相比变黏滑溜水更具有选择优势进液通道延伸拓展裂缝的能力,在处理近井筒复杂裂缝时更有优势。变黏滑溜水不仅表现出相对较高的降阻效果,而且在造缝能力和高效渗透方面具有比清水更加突出的优势,能够开启和沟通更多的天然裂隙。“缓停泵”方式相比传统瞬时停泵方式在井底所产生的“水击效应”更加缓和平稳,可避免井底产生瞬间压力激动释放,有利于控制较大能级微地震事件发生。

(6) 电缆井温测试前降温泵注测试

压后测温是检测压裂进液通道的直接手段,为了进一步降低裂缝通道的温度,在测井温前泵注了 85.06 m^3 液体,泵注排量 0.5~1.25 m^3/min,施工压力 23.29~39.26 MPa,压后带压测温显示 3 600～3 950 m 段均被压开且进液明显，与微地震裂缝监测结果的契合度较好。

2.5　热储建造规模要求

根据干热岩试验性开发工作提出的要求，通过水力压裂改造形成的人工热储规模应满足一定发电量的生产需求。因此需要通过数值模拟的方式对热储建造规模进行评价，提出明确的规模改造要求。同时为确定达到此热储建造规模所需的注入压裂液量提供依据。

基于此，通过前期研究成果以及测试压裂提供的参数，针对一注两采的开发井组模式，推演模拟 2 MW 发电量下所需的热储建造规模。具体研究思路如下：首先，根据预估采出流体性质和干热岩资源特点，设定合理的流体参数、发电效率及边界条件等，同时模型计算所需地层参数可参考前期研究以及测试压裂成果或根据进一步计算进行等效，从而完成建模。其次，利用模拟软件计算随时间变化的发电量和出口流体温度，反推热储改造范围是否满足发电任务需求。最后，根据模拟结果对热储改造范围提出要求。为提高数值模拟的准确性，本部分采用 COMSOL 和 TOUGH 两种软件进行模拟对比。图 2-42 为干热岩发电示意图。

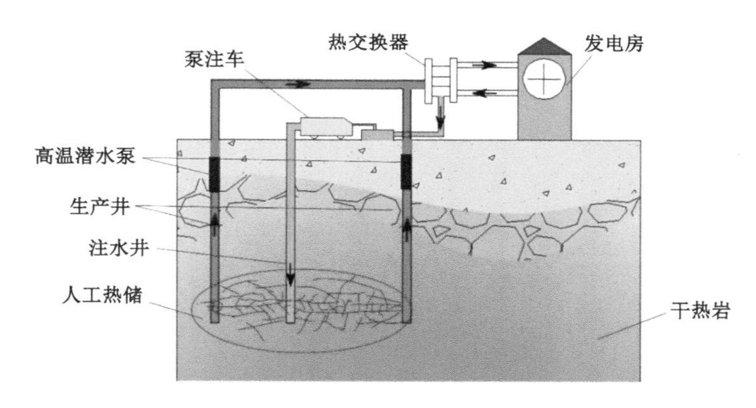

图 2-42　干热岩发电示意图

2.5.1　COMSOL 模拟

（1）建模情况

设定一注两采以注水井为中心轴对称分布，因此只须模拟一个采出井和一个注水井的情况。模拟软件使用 COMSOL 的固体与流体传热和达西定律模块，模拟范围及井位布置如图 2-43 所示，4 000 m×2 000 m×4 000 m，边界条件为上下边界恒温，初始温度和边界温度按照图 2-44 所示估算（深度 3 620 m 时实际为 190 ℃，温度梯度 0.048 K/m）。三个热储层和两口井的切面图如图 2-44 所示。其中，压裂层实际深度为 3 620～3 675 m、3 690～3 750 m、3 775～3 950 m，两井间距分为 350 m、400 m、500 m 三种情况。在不同井距下，由上至下的三个换热层宽度均为 100 m，因此模型最小改造体积为 20 300 000 m^3，最大改造体积为 29 000 000 m^3。模型参数设置见表 2-10。

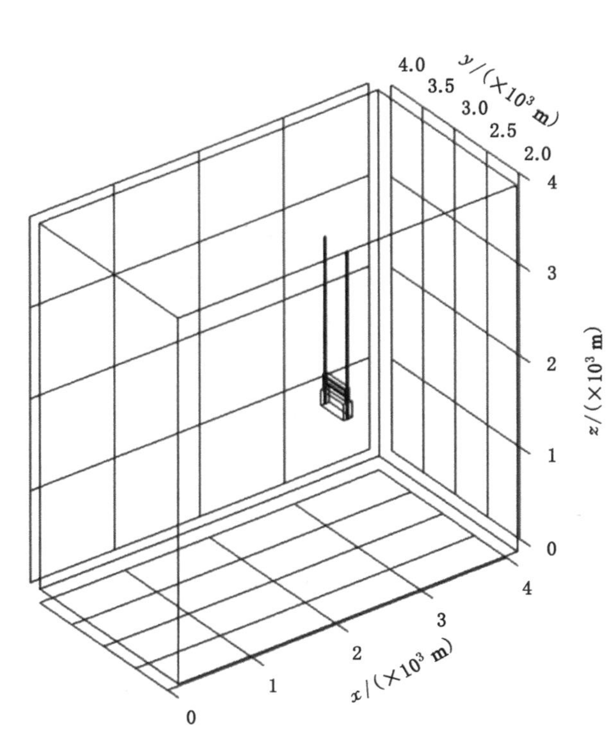

图 2-43　建模情况

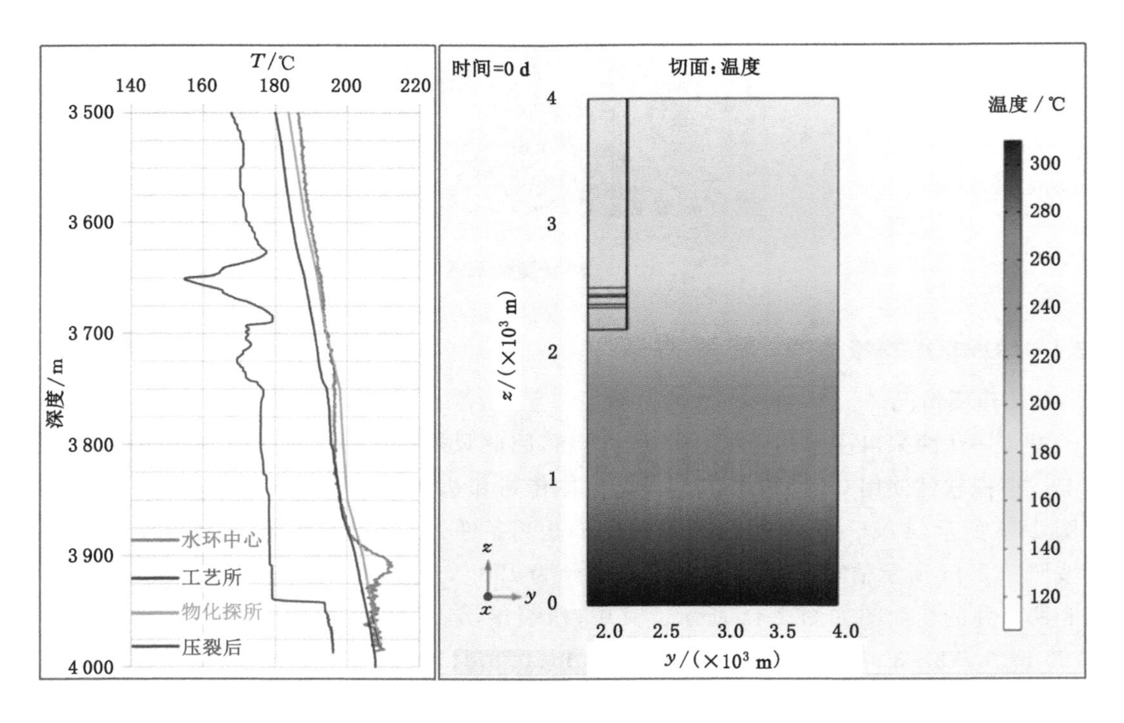

图 2-44　温度测量曲线及初始条件

表 2-10　模型参数设置

参数	第一层	第二层	第三层
宽度/m	100	100	100
深度/m	3 620～3 675	3 690～3 750	3 775～3 950
长度/m	350、400、500		
渗透率/mD	10	7	4
孔隙度/%	3.958	3	2.5
导热系数/[W/(m・K)]	2.84	2.84	3.86
比热容/[J/(kg・K)]	1 130	1 130	1 040
密度/(kg/m³)	2 670	2 680	2 610

水的黏度、比热容、密度、导热系数等参数是随温度变化的函数，使用 COMSOL 自带材料库中的参数曲线。

(2) 模拟结果

假设抽水井的水经过发电其温度回到 80 ℃并回注到注水井，发电效率为 10%，根据模型输出的结果可以计算发电功率(已换算为实际发电功率)，如图 2-45～图 2-47。出水口的温度变化见图 2-48～图 2-50。图 2-51 为模型平面图。模型基本参数设置如表 2-11 所示。

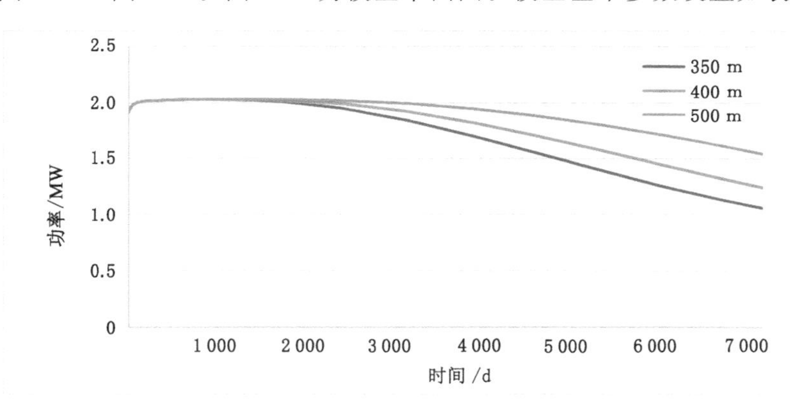

图 2-45　发电功率 (40 kg/s)

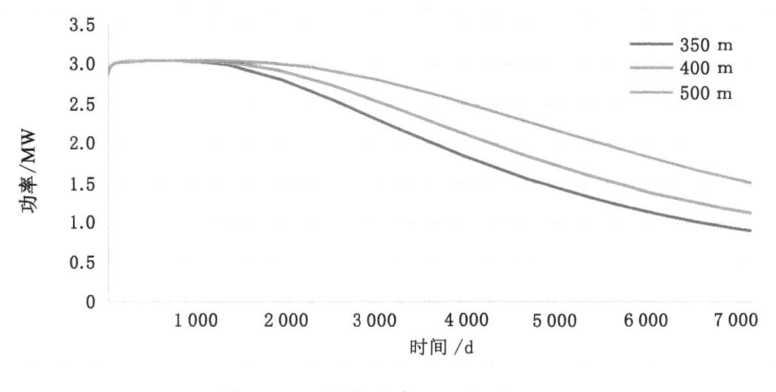

图 2-46　发电功率 (60 kg/s)

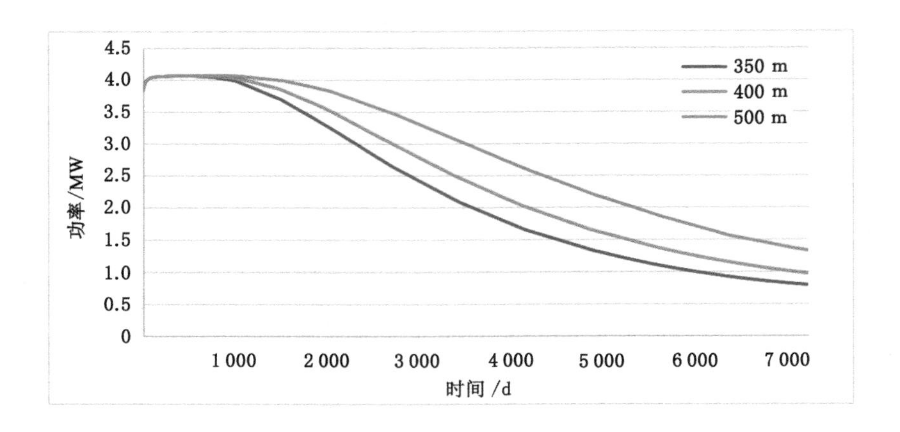

图 2-47　发电功率（80 kg/s）

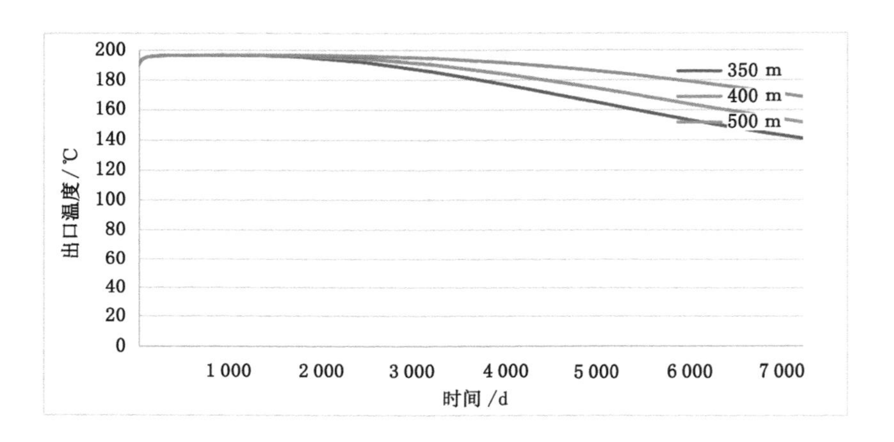

图 2-48　出口温度（40 kg/s）

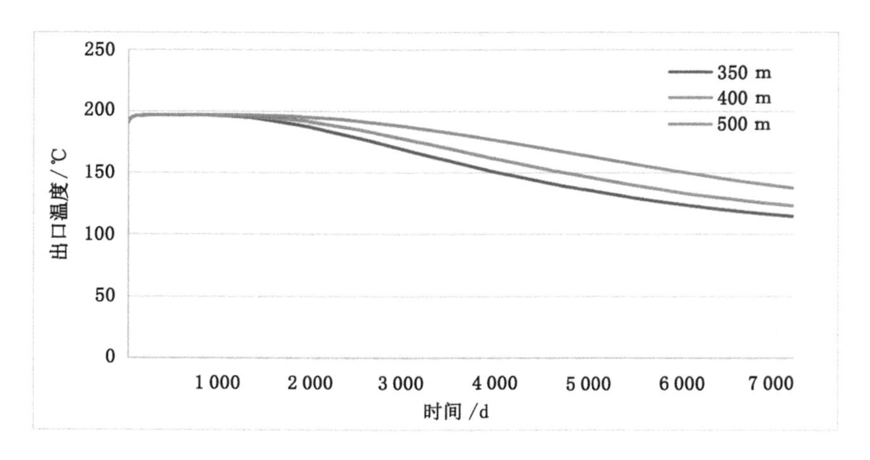

图 2-49　出口温度（60 kg/s）

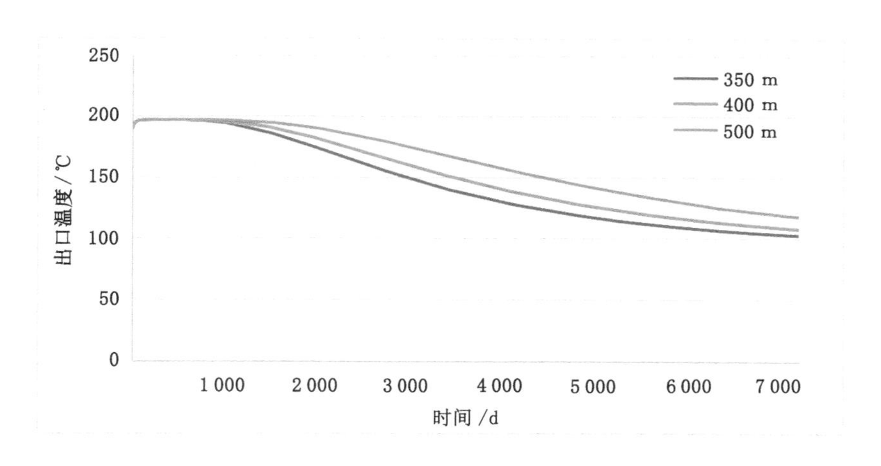

图 2-50　出口温度（80 kg/s）

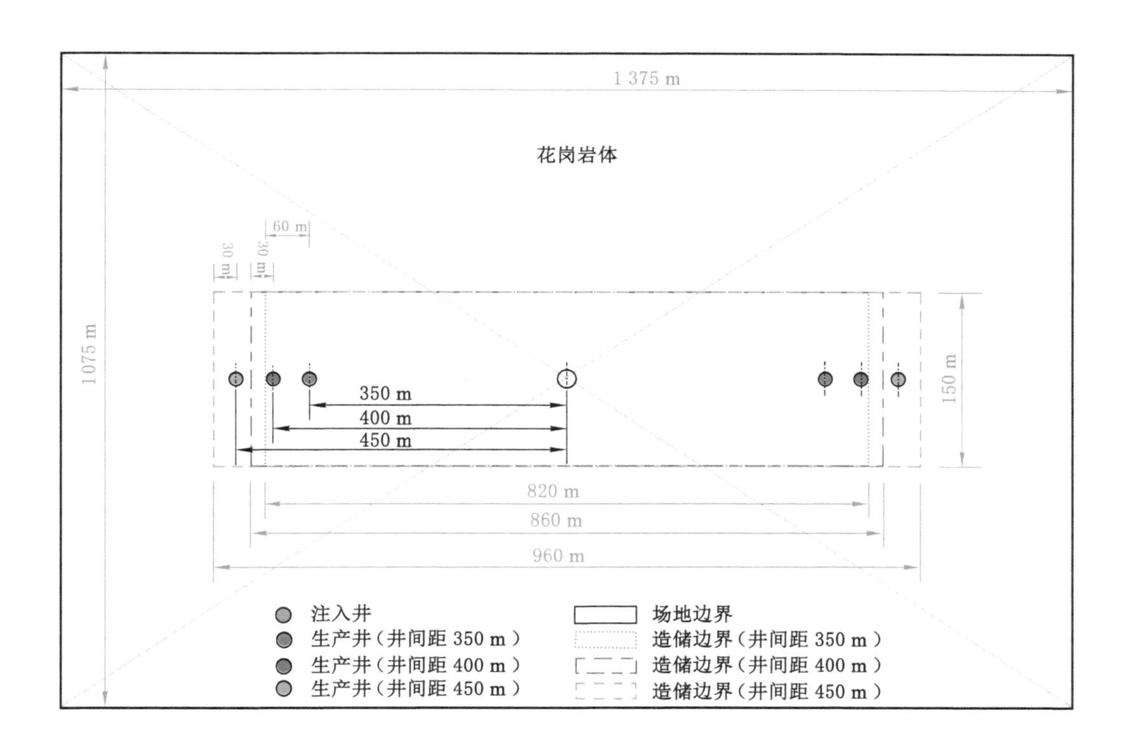

图 2-51　模型平面图

表 2-11　模型基本参数设置

参数	参数值范围
温度	$T=-0.531\times Z-5.391\ 1$
压力	$P=P_0+0.1\times P_0 Z$

表 2-11(续)

参数	参数值范围
孔隙度	3.958%(等效)
渗透率	根据注入井压力小于 50.0 MPa 设置最小值(等效)
注采井井间距	根据采热量进行设置
注入速率	根据需求设定

2.5.2 TOUGH 模拟

(1) 建模情况

干热岩开采注入层主要设计为 3 层,第一层 3 620～3 675 m,厚度 55 m;第二层 3 690～3 750 m,60 m;第三层 3 775～3 950 m,厚度 175 m;热储宽度设置为 150 m。根据开采需要设定模型范围 3 300～4 300 m,长 1 375 m,宽 1 075 m,热储层网格宽度 10 m×10 m。注入井位于模型正中间,生产井分别位于注入井两侧一定距离。在模拟过程中遵循以下约定:① 模拟年限 30 年;② 注采方式为 1 注 2 采;③ 注入方式主要采用恒速注入与变速注入 2 种;④ 在整个模拟过程中,注入井压力小于或等于 50.0 MPa;⑤ 回注液体地面温度设置为 80 ℃。

(2) 模拟结果

① 以恒速注入,满足 2 MW/s 的最小井间距

以不同恒速注入的方式,满足 30 年间瞬时发电量(10%效率)均不小于 2 MW/s,注入井井底压力≤50.0 MPa 时,模拟所需要的最小注采井井间距、最小等效渗透率、30 年后生产井井底温度、模拟过程中生产井最小井底压力。恒速注入模型结果如表 2-12 所示。

表 2-12 恒速注入模拟结果

序号	注入速率/(kg/s)	≥2 MW/s 的持续时间/a	最小井间距/m	最小等效渗透率/mD	30 年后生产井井底温度/℃	30 年间生产井最小井底压力/MPa
1	40	30.00	840	4.5	202.32	19.66
2	41	30.00	800	4.5	200.06	19.44
3	42	30.00	770	4.5	197.04	19.13
4	45	30.00	750	5.5	190.40	19.45
5	50	30.00	750	5.5	181.04	17.54
6	55	30.00	770	6.0	173.87	16.31
7	60	30.00	800	6.5	168.74	14.97
8	70	30.00	840	8.0	157.37	13.30

② 以变速注入,不同井间距满足 2 MW/s 的持续时间

以变速注入的方式,不同井间距满足瞬时发电量(10%效率)不小于 2 MW/s 的持续时间,同时满足注入井井底压力≤50.0 MPa 时,模拟所需要的最小等效渗透率、30 年后生产井井底温度、模拟过程中生产井最小井底压力。变速注入规则为:以最小注入速率为初始注入速率,当热量产出量(10%效率)<2 MJ/s 时,提高注入速率,每次增加量为 20%的初始注

入速率，并以此类推，直至注入速率达到初始注入速率的2.0倍时，不再增加，但模拟持续运行至30年。变速注入模拟结果如表2-13所示。

表2-13 变速注入模拟结果

序号	井间距/m	初始注入速率/(kg/s)	最大注入速率/(kg/s)	≥2 MW/s的持续时间/a	最小等效渗透率/mD	30年后生产井井底温度/℃	30年间生产井最小压力井底/MPa
1	350	39.4	78.8	18.16	5.5	116.64	16.83
2	400	39.4	78.8	21.25	5.5	122.58	15.91
3	450	39.4	78.8	24.40	5.5	130.57	14.74
4	500	39.4	78.8	27.75	5.5	141.32	13.38
5	540	39.4	78.8	30.00	5.5	151.43	12.08

以井间距为540 m、初始注入速率为39.4 kg/s为例，表2-14为其变速时刻。

表2-14 固定井距注入速率变化时刻

井间距	注入速率/(kg/s)	39.4	47.28	55.16	63.04	70.92	78.8
540 m	变速时刻/a	0	14.67	22.82	25.38	27.33	29.00

③ 水力压裂改造要求

综上，在注入水量恒定为40 kg/s的情况下，以2 MW发电量稳产30年以上需要较大的井距和改造体积。考虑到项目现阶段的试验性和诸多施工因素的影响，且热储后期生产中变速注入具有可行性，根据模拟结果，在此前提下以2 MW发电量稳产30年所需的合理井距为540 m(改造体积为4698×10^4 m^3)。干热岩注入井为首眼井，单井改造体积须达到井组改造体积的一半以上。因此当干热岩注入井正式压裂、重复压裂以及干热岩采出井水力压裂的裂缝改造范围分别达到350 m、100 m、100 m以上时，可达到预期工程总目标。

2.6 干热岩注入井压裂工艺

以干热岩勘查与试验性开发“三井模式”井组为要求，通过水力压裂施工，建造形成体积达到千万立方米级别的干热岩开发热储层，高度范围控制在3 600～3 980 m，平面上裂隙系统平均延展范围在350 m以上。在参考和借鉴国内外其他干热岩压裂试验施工和效果评价的基础上，根据干热岩注入井钻井、录井、测井、固井、完井及压裂层段地质特征分析等综合情况，以及结合测试压裂试验施工情况，完成干热岩注入井压裂工艺设计。

2.6.1 参考标准

严格按照国家、自然资源部、中国地质调查局的相关技术规范、规程与标准开展压裂施工，主要包括：

《酸化压裂作业技术规程》(Q/SY TZ 0029—2008)；

《油、气、水井压裂设计与施工及效果评估方法》(SY/T 5289—2016);

《石油与天然气钻井、开发、储运防火防爆安全生产技术规程》(SY 5225—2012);

《石油天然气钻井作业健康、安全与环境管理导则》(Q/SY 1053—2010);

《石油天然气作业场所劳动防护用品配备规范》(SY/T 6524—2017);

《石油企业标准配备规范 第9部分:井下作业》(Q/CNPC 8.9—2004);

《地热资源地质勘查规范》(GB/T 11615—2010);

《石油天然气工业健康、安全与环境管理体系》(SY/T 6276—2010);

《中国石油天然气集团公司石油与天然气钻井井控规定》(中油工程字[2006]247号);

《天然气井工程安全技术规范第1部分:钻井与井下作业》(Q/SHS 0003.1—2004);

《石油与天然气钻井、开发、储运防火防爆安全生产技术规程》(SY/T 5225—2005);

《井下作业安全规程》(SY 5727—2007);

《油水井压裂设计规范》(Q/SY 02025—2017);

《水基压裂液性能评价方法》(SY/T 5107—2016);

《压裂工程质量技术监督及验收规范》(Q/SY 31—2007);

《压裂设计规范及施工质量评价方法》(Q/SY 91—2004);

《油水井酸化设计、施工及评价规范》(SY/T 6334—2013);

《油气水井井下作业资料录取项目规范》(SY/T 6127—2017)。

2.6.2 压裂风险难点

干热岩注入井水力压裂热储建造试验是获得高温干热岩地热资源的有效方法,同时是一种获得成熟高效开发地热资源的探索性尝试。目前国内外通过水力压裂成功进行高温干热岩增强型地热系统(EGS)建造的成功案例并不多,成熟的水力压裂工艺更是缺乏借鉴。因此,该井在水力压裂试验施工过程中可能会存在的风险和难点有以下几点。

(1) 根据国内外干热岩压裂情况,随着泵注液量的增加以及泵注排量的变化,仍存在诱发有感地震的风险。

(2) 储层近井地带天然裂隙较发育,多缝延伸现象明显,多裂缝开启造成能量积累,井口压力升高,造成憋压现象及能量的瞬间释放,也增加了诱发有感地震的风险。

(3) 储层天然裂隙分布、角度差异较大,导致裂缝延展不均衡。纵向上在3 600 m和3 900 m处裂缝延展较充分,但其他深度段裂缝扩展受限。平面上进液通道呈条带状分布,裂缝网络构建困难。

(4) 考虑环境影响及安全性评价要求,受微震能级的阈值限制,压裂施工工艺受限,措施手段有限,给人工热储建造带来了较大困难。

(5) 压裂监测手段精度及时效性须进一步提高,实现裂缝形态的动态、定量评价,有效指导施工参数的及时调整。

2.6.3 人工热储基本建造思路(干热岩规模化水力压裂)

根据干热岩注入井钻井、录井、测井、固井、完井及压裂层段地质特征分析等综合情况,结合干热岩注入井测试压裂结果认识,确定出“连接沟通天然裂隙、增加热储建造体积、控制压力激发节奏、实现井间有效连通”的思路，具体如下：

① 注入方式：从 ϕ88.9 mm 油管注入，油套之间采用封隔器隔离。施工时根据油管施工压力对环空补压以保护井口及上部套管。

② 压裂工艺：压裂规模初步设计为 33 500 m^3，其中，首先完成 2019 年压裂任务中的 13 500 m^3 及 2020 年首次重复压裂的 10 000 m^3，共 23 500 m^3。施工完成后，停泵泄压约 30 天，释放地层应力，而后根据压力上涨、微地震能级、热储规模等实际情况，进行 2020 年第二次重复压裂施工，初步设计方量 10 000 m^3。

③ 压裂方式：根据干热岩注入井测试压裂分析认识结果，采取控制压裂激发节奏的方式开展压裂施工。考虑到“红绿灯制度”和人工热储的建造规模之间的平衡，拟定两种压裂方案。第一种方案将第一次设计的 23 500 m^3 分成 6 个组别 24 个单元进行压裂泵注施工，平均每个组别液量 3 500～4 000 m^3，平均日注液量约 1 000 m^3，排量 1～3 m^3/min；将第二次设计的 10 000 m^3 液量分成 3 个组别 9 个单元，平均每个组别液量 3 000～3 500 m^3，平均日注液量约 1 000 m^3，排量 1～3 m^3/min。若压裂过程中微地震响应明显，出现了能级相对较大的微地震，则采用第二种方案（备用方案）——将设计的 23 500 m^3 液量分成 8 个组别 40 个单元进行压裂泵注施工，平均每个组别液量 2 500～3 000 m^3，每个单元液量约 600 m^3，排量 0.5～2 m^3/min；将第二次设计的 10 000 m^3 液量分成 4 个组别 16 个单元，平均每个组别液量 2 000～2 500 m^3，平均日注液量约 600 m^3，排量 0.5～2 m^3/min。具体见表 2-15。总体上坚持“循序渐进”“稳步激发”“远离红线”的原则，阶段泵液完成后适当放喷泄压，具体组别和单元液量根据现场实际施工情况进行合理调整。

表 2-15　干热岩注入井压裂液量分布

方案	第一次设计				第二次设计			
	施工液量/m^3	排量范围/(m^3/min)	组别/个	单元/个	施工液量/m^3	排量范围/(m^3/min)	组别/个	单元/个
方案一	23 500	1.0～3.5	6	24	10 000	1.0～3.5	3	9
方案二	23 500	0.5～2	8	40	10 000	0.5～2	4	16

④ 交替注酸：采用超高温酸液优化体系对干热岩天然裂隙进行长时间浸泡的化学刺激，以弱化储层应力，有效地降低施工压力，改善热储建造流动通道导流能力。

⑤ 液体优化：主要采用清水和超高温变黏滑溜水优化体系，实现在线变黏滑溜水和在线交联胶液随配随用和即用即停的高效施工模式，可降低井筒和裂缝摩阻且增强造缝性能，压后可多次循环利用返排液。

⑥ 暂堵转向：采用超高温化学暂堵转向材料对裂缝扩展不均衡的区域进行干预，促进干热岩地层更广泛的天然裂隙开启和沟通，以最大化干热岩热储建造体积。

⑦ 施工模式：阶段内泵注过程采取“慢起步”“稳注入”“缓停泵”的施工模式，单元内不同泵注阶段采取间歇式泵注的施工模式，压力累积增涨过快过高时采取及时放喷泄压的施工模式，以控制施工压力上涨速率和上涨幅度在合理范围内。

⑧ 裂缝实时监测：采用微地震实时监测、电磁法检测等有效手段对主压裂施工全过程进行监测，以实时分析评估压裂裂缝延伸扩展位置、方向及参数等，为现场实时调整压裂施工方案和采用措施预案提供切实依据和指导。

⑨ 反馈调整机制：依据压裂监测结果和现场实际情况，在满足人工建储要求的前提下，综合考虑施工安全、压裂周期等情况，遵循“边试验、边施工、边调整”的原则，对泵注总液量、排量、压裂液液性做出实时准确的调整。

⑩ 压后测试评价：不同阶段施工结束后进行裂缝范围测试，评价热储建造改造效果及压裂施工方案的适应性。

2.6.4 裂缝参数设计

(1) 裂缝起裂及延伸分析

干热岩注入井 3 500～4 000 m 垂直井段采用筛管完井方式，地应力和岩石力学分析表明，三个压裂层段力学特征接近，间隔的遮挡作用不明显，对压裂层段缝高的遮挡作用有限。压裂层段地应力及岩石力学参数对比数据见表 2-16。

表 2-16 压裂层段地应力及岩石力学参数对比数据

序号	压裂层段/m	孔隙度/%	静泊松比	动泊松比	静杨氏模量/MPa	动杨氏模量/MPa	单轴抗压强度/MPa	内聚力/MPa	抗拉强度/MPa	最小水平主应力/MPa		
										最小值	最大值	平均值
1	3 636～3 742	3.71	0.14	0.24	47 252.45	78 226.02	367.39	68.28	16.70	67.18	75.90	71.26
2	3 794～3 883	2.48	0.11	0.22	48 308.89	80 250.58	372.38	64.77	16.93	66.83	74.91	71.20
3	3 919～3 982	3.50	0.13	0.23	46 371.30	76 551.53	356.09	62.22	16.19	73.76	83.13	77.41

微电阻率、测井结果显示，目标层最大主应力方向为 244°(NE-SW)；测试压裂、监测及压后测温结果表明，压裂过程中三个裂缝段交替起裂，与排量、液性、液量有关。最上部压裂段在小排量条件下延伸明显；大排量条件下，下部压裂段延伸明显。人工裂缝延伸的方向为 244°(NE-SW)。干热岩注入井测试压裂期间，微震监测定位负 1 级以上微震事件超过2 000个，平面上裂缝以南东-北西向为主，裂缝扩展多缝特征明显、延展效果好。深度上位于 3 900 m 和 3 650 m 附近，其中 3 900 m 南东方向能量事件聚集，表明裂缝延展明显。用电法监测了评价压裂液走向及范围，总体以北西-南东向为主，北东向少量延伸，裂缝系统呈条带状分布、非均质特征明显。最远波及范围为 200 m，75 m 范围内广泛分布。干热岩水力压裂模式见图 2-52。

(2) 压裂裂缝形态设计

利用适应的压裂工艺构建合理的裂缝形态对干热岩层热储建造和实现注采井间连通尤为重要，形成多条裂缝或沟通天然裂缝而形成的复杂裂缝有利于增强热储建造效果。

通过模拟在不同裂缝因子条件下液体进入干热岩地层后的温度变化曲线可知：在裂缝因子为 1 的条件下，注入液体进入地层后从地面温度 10 ℃上升至 180 ℃的时间为 65 min；

① 干热岩强度高，在高围压应力状态下，通过拉张性起裂构建人工裂缝需要更高的破裂压力，岩体破裂模式和机理更为复杂。

② 干热岩体内存在大量天然微裂缝（热应力作用导致），带压流体的进入将降低天然裂缝壁面所受的正应力，引发切向滑移和法向剪胀，隙间孔喉扩大，切向滑移产生裂缝自支撑效应。

③ 恰卜恰干热岩体开发层段温度高达200 ℃以上，泵入的常温清水与高温岩体接触，在岩石内产生热应力，发生热破裂现象，该应力会在岩石内部产生新的裂缝，同时打开天然裂缝并使其发生形变。

干热岩压裂施工原则

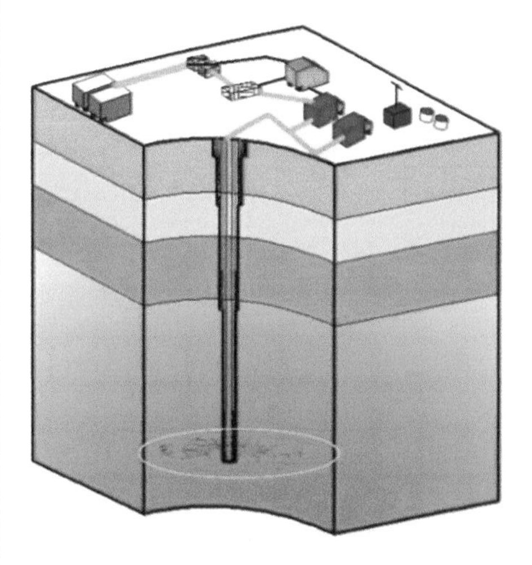

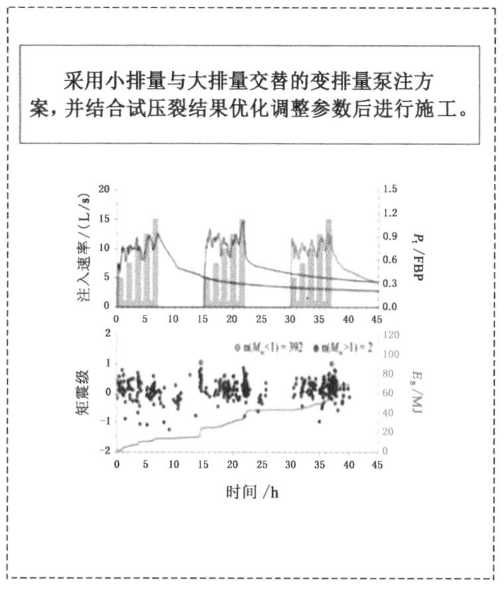

施工方法总结

图 2-52　干热岩水力压裂模式

在裂缝因子为 3 的条件下(多条裂缝或复杂裂缝),注入液体进入地层后从地面温度 10 ℃上升至 180 ℃的时间为 45 min,多条裂缝或复杂裂缝形态升温速率提高 30.77%,热储建造效果更明显(图 2-53～图 2-56)。

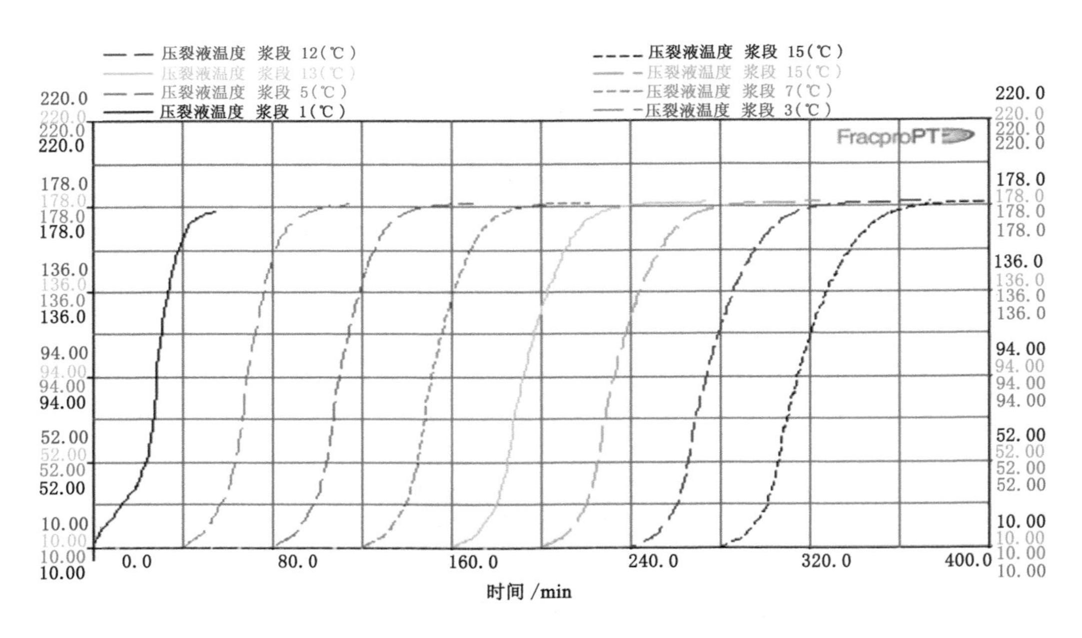

图 2-53 不同注入阶段液体进入干热岩地层后的温度变化曲线(裂缝因子为 1)

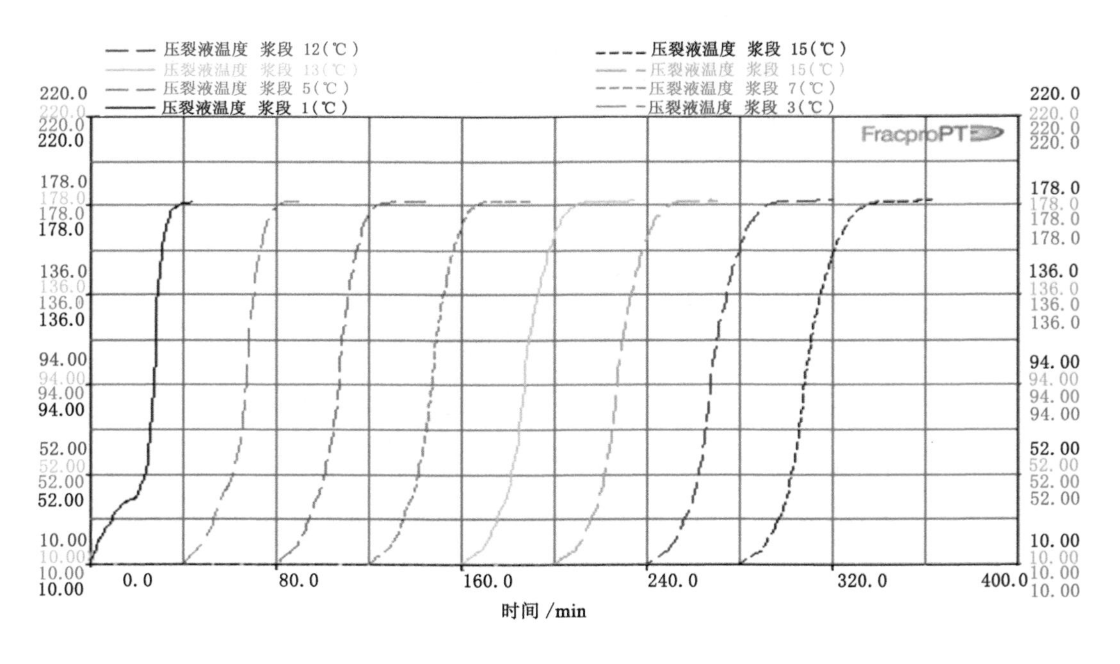

图 2-54 不同注入阶段液体进入干热岩地层后的温度变化曲线(裂缝因子为 3)

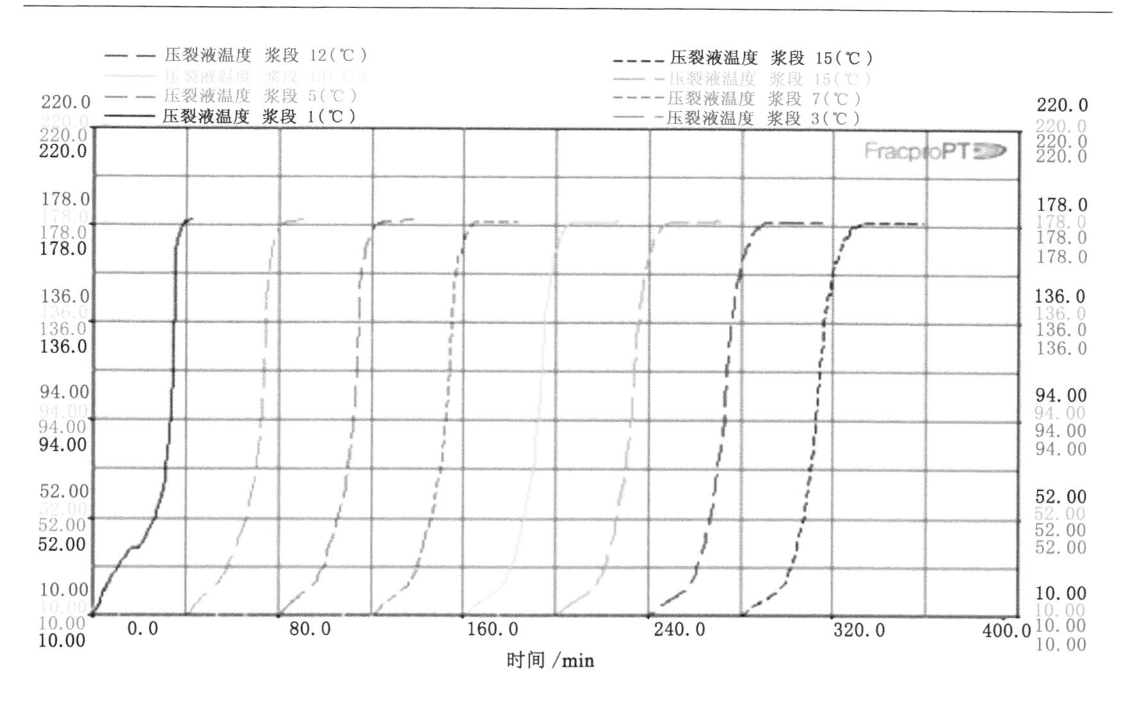

图 2-55　不同注入阶段液体进入干热岩地层后的温度变化曲线(裂缝因子为 6)

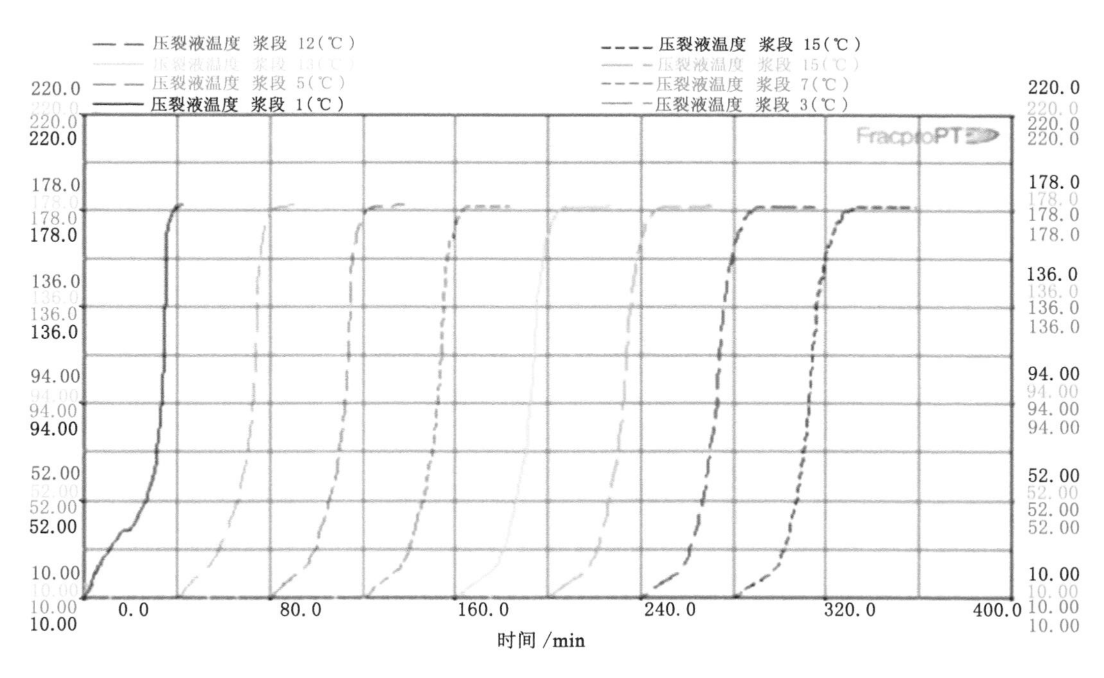

图 2-56　不同注入阶段液体进入干热岩地层后的温度变化曲线(裂缝因子为 9)

综合地质、模拟、测试结果得到:纵向上可通过变排量、多液性液体,液体胶塞注入等工艺措施实现压裂裂缝形态充分均衡起裂扩展延伸;横向上通过清水小排量、缝内转向沟通天然裂缝或形成多条裂缝形态,最大限度地增强热储建造效果和井间连通可靠性。

2.6.5 裂缝缝长优化设计

依据干热岩开发特点、裂缝延展特征，压裂裂缝缝长与干热岩地层破裂和裂缝延伸的难易程度、压裂裂缝易于形成的形态、液体进入干热岩地层后升温的时间以及在注入时间内流动的距离和地面注水压力等因素有关。因此需要重点从注入液体升温时间、注入液体流动距离及裂缝形态三个方面优化压裂裂缝缝长。按测试压裂主要采用的安全排量 1.5 m^3/min，在压裂地质模型参数 1.5 m^3/min 排量和 6 000 m^3 液量条件下，采用 Fracpro 软件模拟单层压裂不同注入阶段液体进入干热岩地层后的温度变化曲线和位置变化曲线及压裂裂缝形态剖面图(图 2-57)。图 2-58 所示为不同注入阶段液体进入干热岩地层后的温度变化曲线；图 2-59 所示为不同注入阶段液体进入干热岩地层后的位置变化曲线；图 2-60 不同注入阶段液体进入干热岩地层后的裂缝形态剖面图。

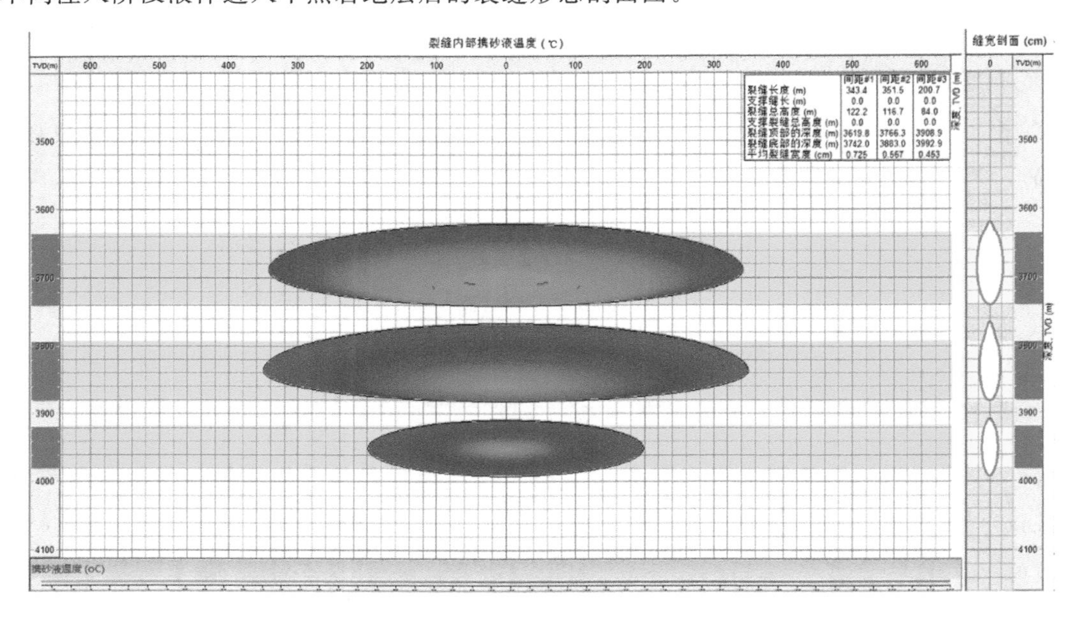

图 2-57 Fracpro 软件模拟裂缝形态示意图

根据不同阶段液体进入干热岩地层后温度、位置和裂缝形态模拟结果可知，不同阶段液体注入干热岩地层后温度从 10 ℃升温至 180 ℃需要 65 min，注入液体在缝内流动速度为 1.5 m/min，则在 1.5 m^3/min 流量注入速率下，当注入液体升温至地层温度时其在裂缝中流动最大距离为 98 m。因此，对于压裂裂缝缝长为 210 m 的裂缝来说，注入的地面液体有足够的时间升至地层温度，当其流动至采出井时能够获得最高的注采热效率。

若压裂剪切裂缝中液体流动满足达西渗流规律，当注入流量一定时，注入液体流动距离(井间连通距离)与注入液体压差成正比，也就是说，压裂缝长越长，流体流动距离越大，则需要的注入压力越大，给地面注入系统承压会带来较大负荷和能耗。根据达西定律公式，设裂缝逢高 300 m，裂缝导流能力 50 D·cm，分别计算不同流量条件下不同裂缝缝长所需注入压差，结果见图 2-61(不同流量条件下注入压差随裂缝缝长变化曲线图)。由此可见，注入压差随着注入流量增加而增加，且随着裂缝缝长增加而线性增加。因此，综合以上分析，优

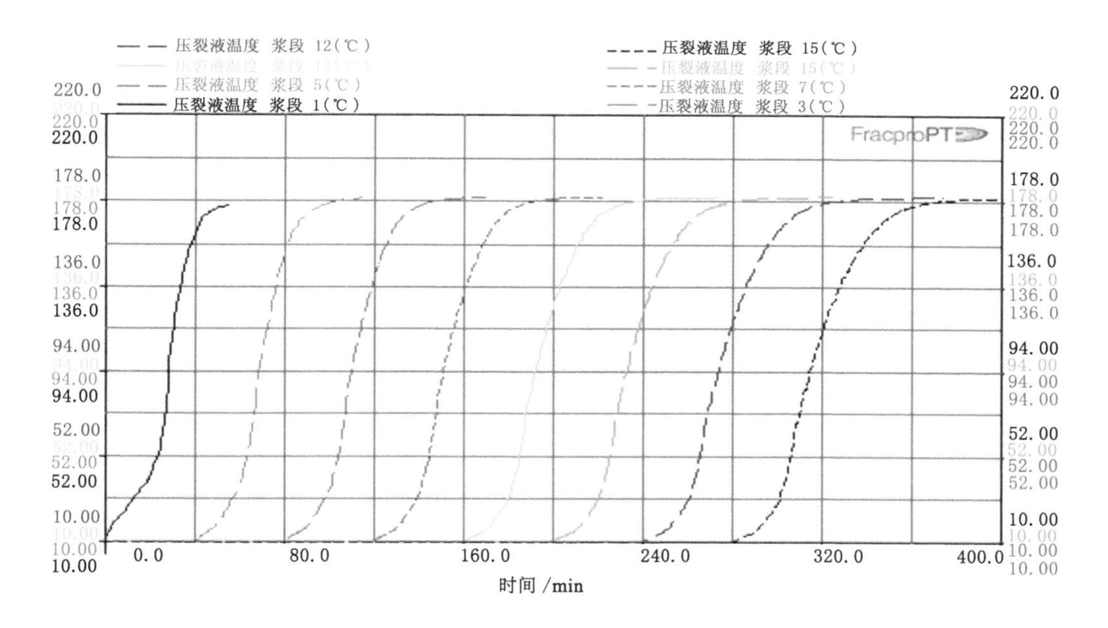

图 2-58　不同注入阶段液体进入干热岩地层后的温度变化曲线

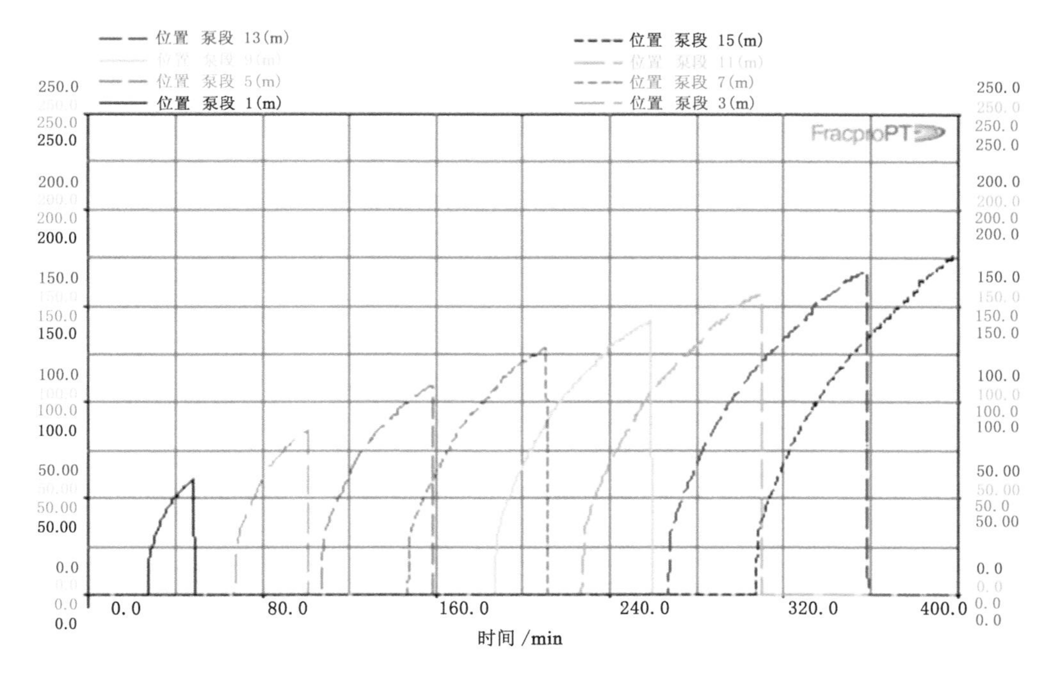

图 2-59　不同注入阶段液体进入干热岩地层后的位置变化曲线

化裂缝缝长为 200～300 m。

2.6.6　压裂规模优化设计

根据压裂地质模型参数，采用 Fracpro 软件分别对三个压裂层段在不同的压裂规模下

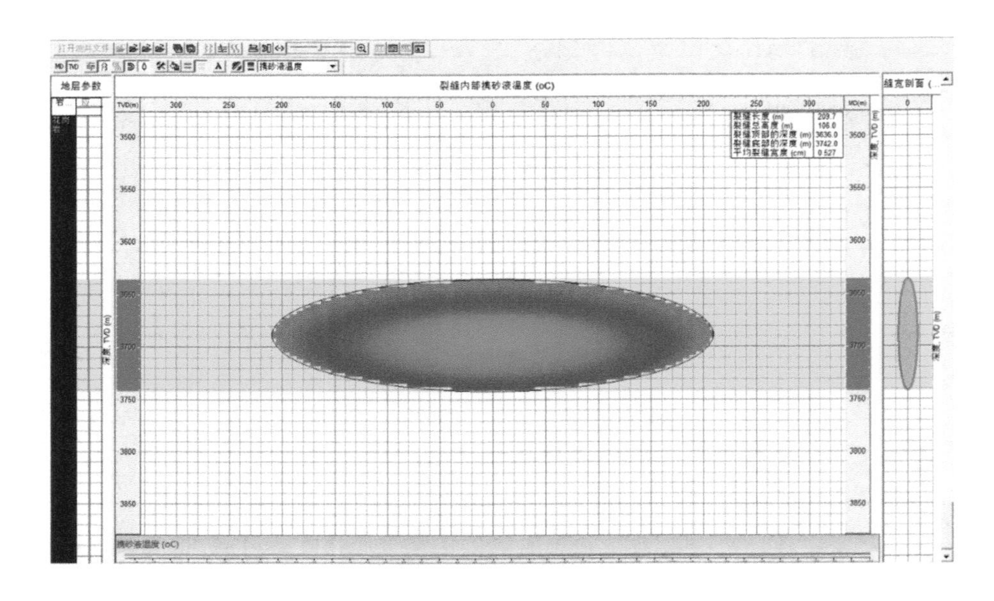

图 2-60 不同注入阶段液体进入干热岩地层后的裂缝形态剖面图

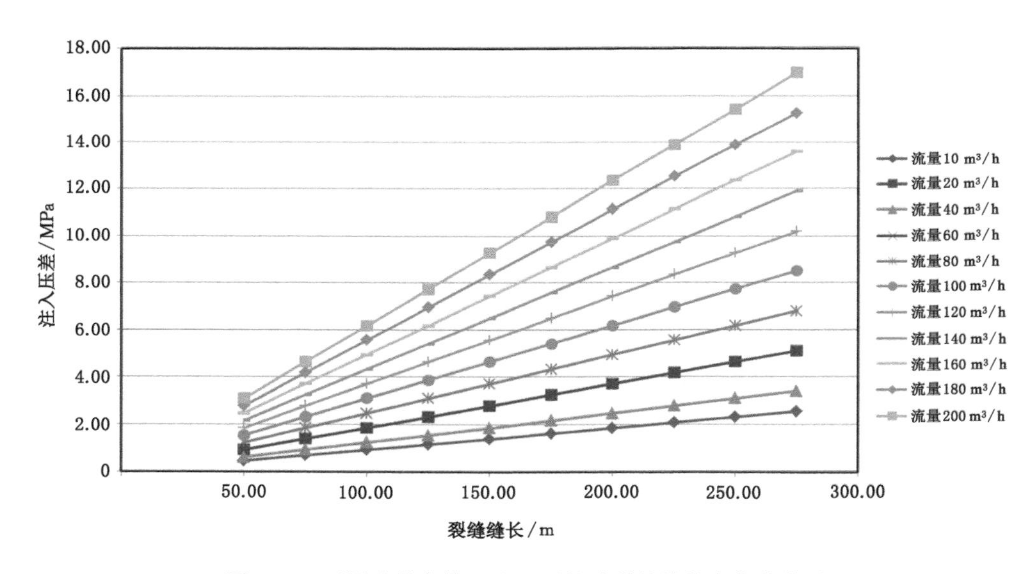

图 2-61 不同流量条件下注入压差随裂缝缝长变化曲线图

进行裂缝参数模拟；按测试压裂主要采用的安全排量 1.5 m^3/min，通过对比压裂裂缝参数优化压裂施工规模。

表 2-17 所示为压裂层段(1)在 1.5 m^3/min 排量下不同施工规模的裂缝参数模拟结果。图 2-62 为压裂层段(1)在施工规模 7 500 m^3 条件下裂缝剖面模拟图；图 2-63 为压裂层段(1)在施工规模 10 000 m^3 条件下裂缝剖面模拟图；图 2-64 为压裂层段(1)在施工排量 1.5 m^3/min 液量 12 500 m^3 条件下裂缝剖面模拟图。对比不同压裂规模下的裂缝参数可知，压裂层段(1)的压裂施工规模宜定为排量 1.5 m^3/min、液量 10 000～12 500 m^3。

表 2-17　压裂层段(1)在 1.5 m^3/min 排量下不同施工规模的裂缝参数模拟结果

液体规模/m^3	7 500	10 000	12 500
施工排量/(m^3/min)	1.5	1.5	1.5
裂缝缝长/m	310	341	355
裂缝缝高/m	144	156	162
裂缝缝宽/cm	0.77	0.82	0.84
等效裂缝因子	3	3	3

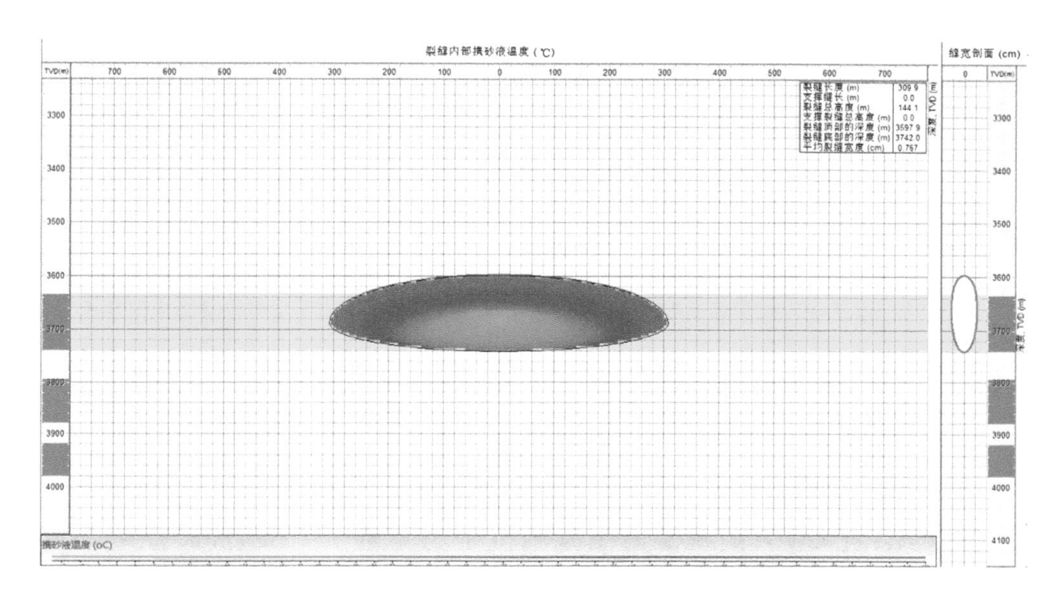

图 2-62　压裂层段(1)在施工规模 7 500 m^3 条件下裂缝剖面模拟图

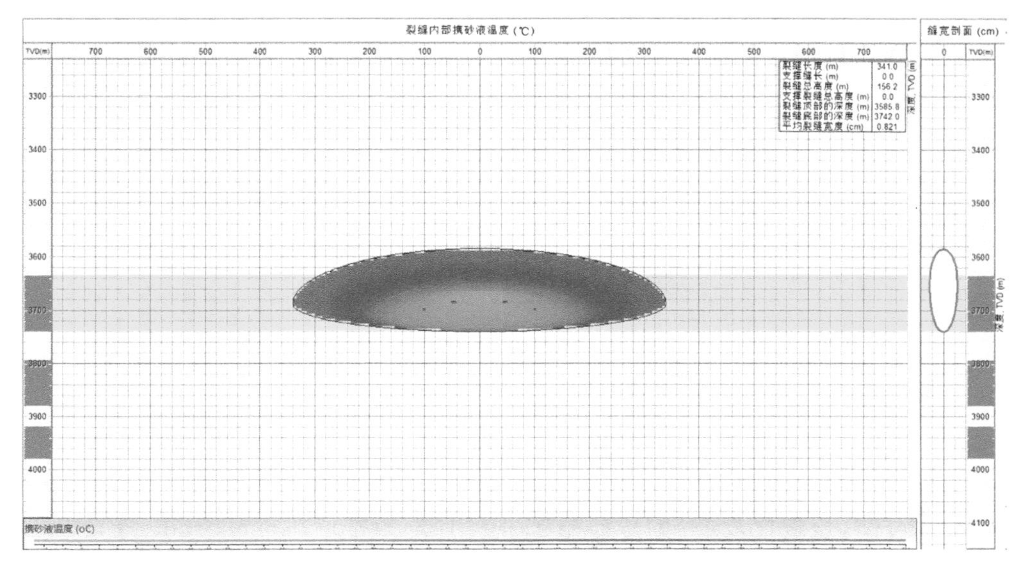

图 2-63　压裂层段(1)在施工规模 10 000 m^3 条件下裂缝剖面模拟图

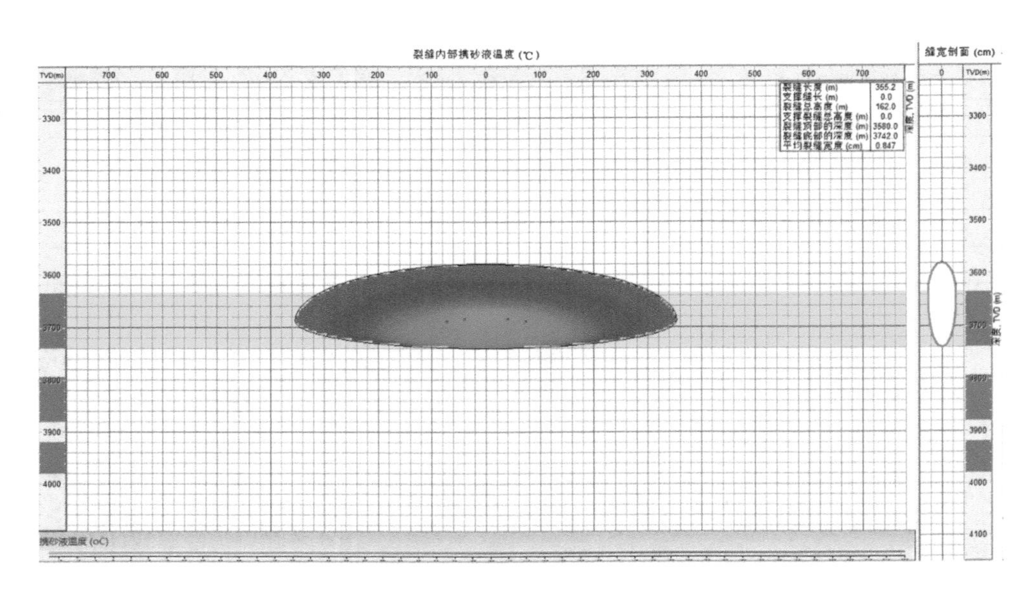

图 2-64 压裂层段(1)在施工排量 1.5 m^3/min 和液量 12 500 m^3 条件下裂缝剖面模拟图

表 2-18 为压裂层段(2)在 1.5 m^3/min 排量下不同施工规模的裂缝参数模拟结果。图 2-65 为压裂层段(2)在施工规模 5 000 m^3 条件下裂缝剖面模拟图；图 2-66 为压裂层段(2)在施工规模 7 500 m^3 条件下裂缝剖面模拟图；图 2-67 压裂层段(2)在施工排量 1.5 m^3/min 液量10 000 m^3 条件下裂缝剖面模拟图。对比不同压裂规模下的裂缝参数可知，压裂层段(2)的压裂施工规模宜定为排量 1.5 m^3/min、液量 7 500～10 000 m^3。

表 2-18 压裂层段(2)在 1.5 m^3/min 排量下不同施工规模的裂缝参数模拟结果

液体规模/m^3	5 000	7 500	10 000
施工排量/(m^3/min)	1.5	1.5	1.5
压裂缝长/m	278	323	343
压裂缝高/m	127	147	159
裂缝带宽/cm	0.80	0.90	0.95
等效裂缝因子	3	3	3

表 2-19 所示为压裂层段(3)在 1.5 m^3/min 排量下不同施工规模的裂缝参数模拟结果。图 2-68 为压裂层段(3)在施工规模 4 500 m^3 条件下裂缝剖面模拟图；图 2-69为压裂层段(3)在施工规模 6 000 m^3 条件下裂缝剖面模拟图；图 2-70 为压裂层段(3)在施工排量1.5 m^3/min 和液量 7 500 m^3 条件下裂缝剖面模拟图。对比不同压裂规模下的裂缝参数可知，压裂层段(3)的压裂施工规模宜定为排量 1.5 m^3/min、液量 6 000～7 500 m^3。

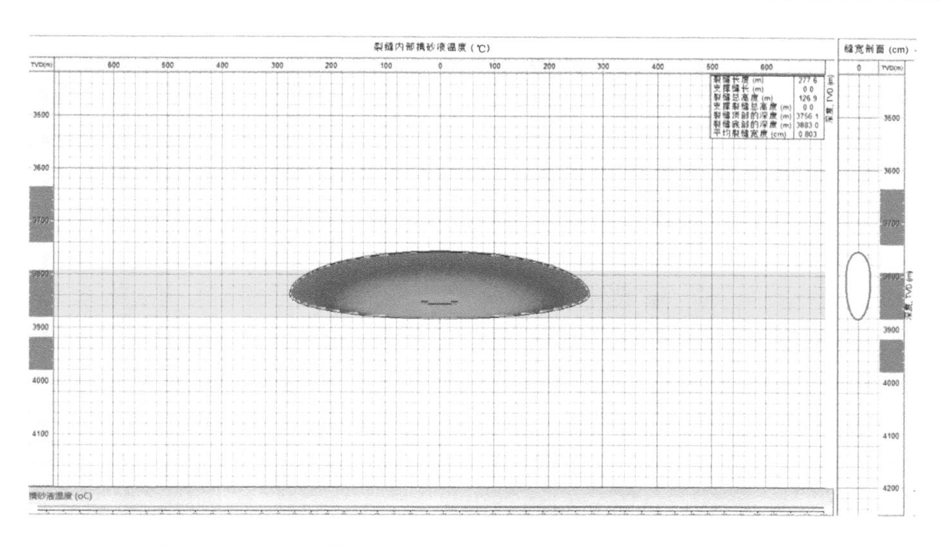

图 2-65　压裂层段(2)在施工排量 1.5 m³/min 和液量 5 000 m³ 条件下裂缝剖面模拟图

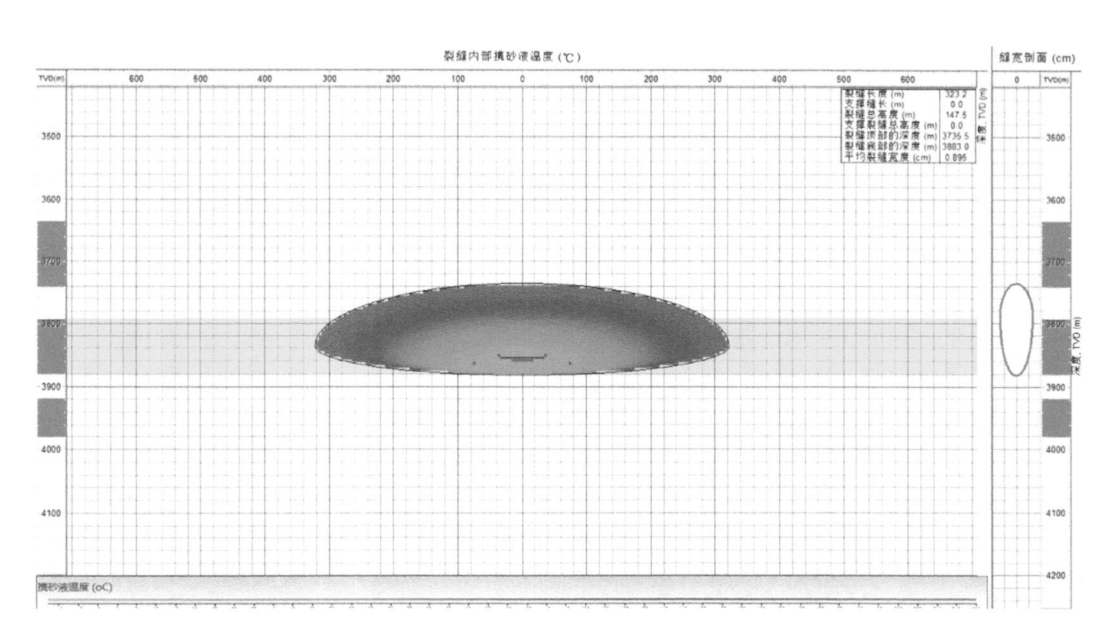

图 2-66　压裂层段(2)在施工排量 1.5 m³/min 和液量 7 500 m³ 条件下裂缝剖面模拟图

表 2-19　压裂层段(3)在 1.5 m³/min 排量下不同施工规模的裂缝参数模拟结果

液体规模/m³	4 500	6 000	7 500
施工排量/(m³/min)	1.5	1.5	1.5
压裂缝长/m	266	290	307
压裂缝高/m	114	127	138
裂缝带宽/cm	0.77	0.85	0.91
等效裂缝因子	3	3	3

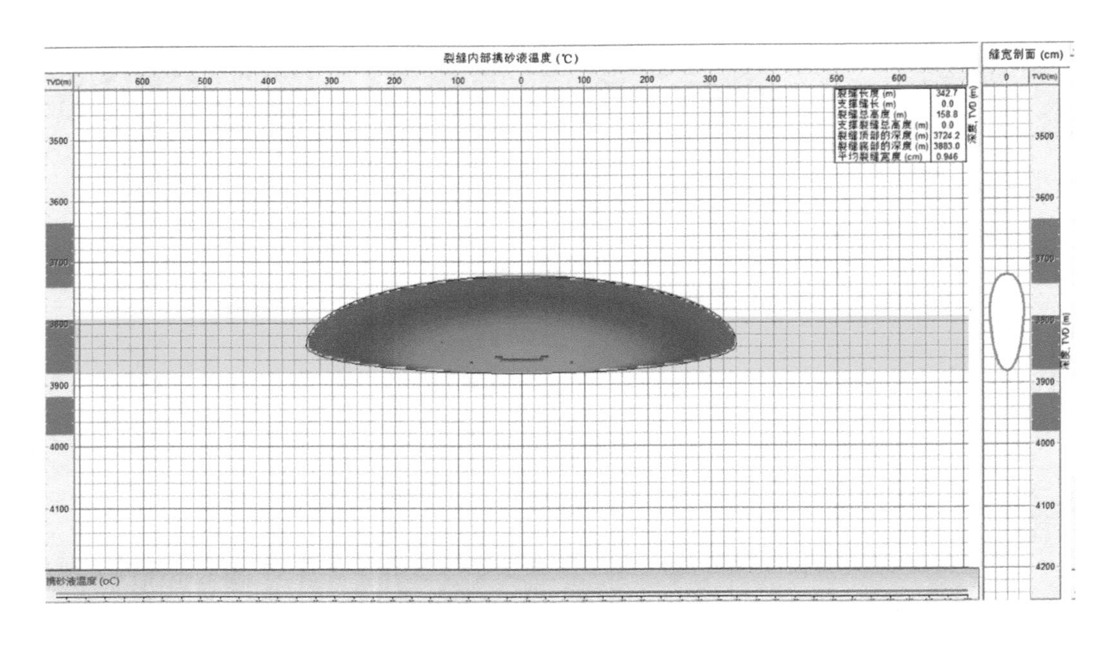

图 2-67　压裂层段(2)在施工排量 1.5 m^3/min 和液量 10 000 m^3 条件下裂缝剖面模拟图

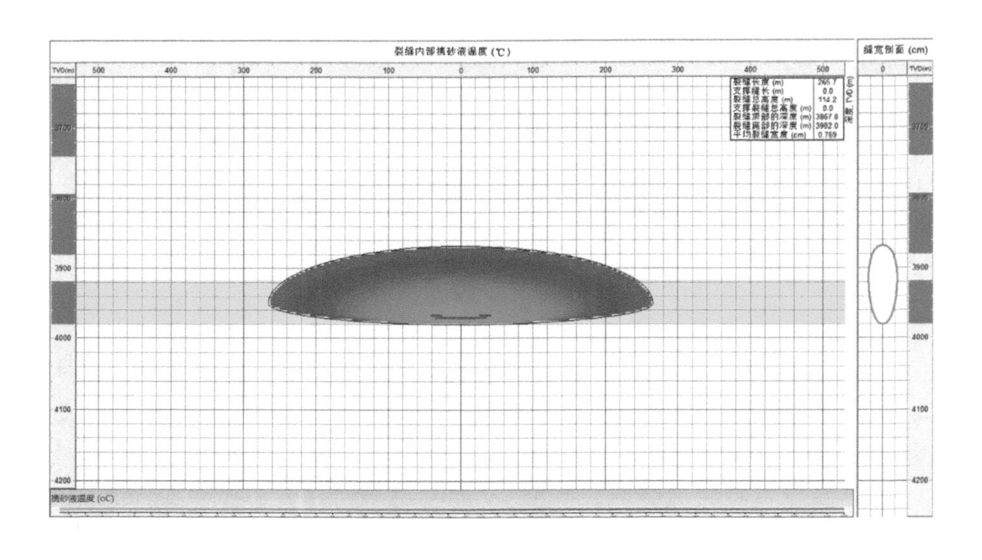

图 2-68　压裂层段(3)在施工排量 1.5 m^3/min 和液量 4 500 m^3 条件下裂缝剖面模拟图

综合三个压裂层段在不同压裂规模条件下的裂缝参数模拟结果可知：压裂层段(1)的液体规模为 10 000～12 500 m^3，压裂层段(2)的液体规模为 7 500～10 000 m^3，压裂层段(3)的液体规模为6 000～7 500 m^3；这三个压裂层段的优化液体规模为 23 500～30 000 m^3。

2.6.7　裂缝扩展路径模拟

采用 ABAQUS 软件进行水力压裂方案的设计、分析与优化，并结合实际压裂泵序表参数对压裂效果进行拟合评价。研究分析裂缝起裂机理、扩展规律及形状特征，建立相应的模

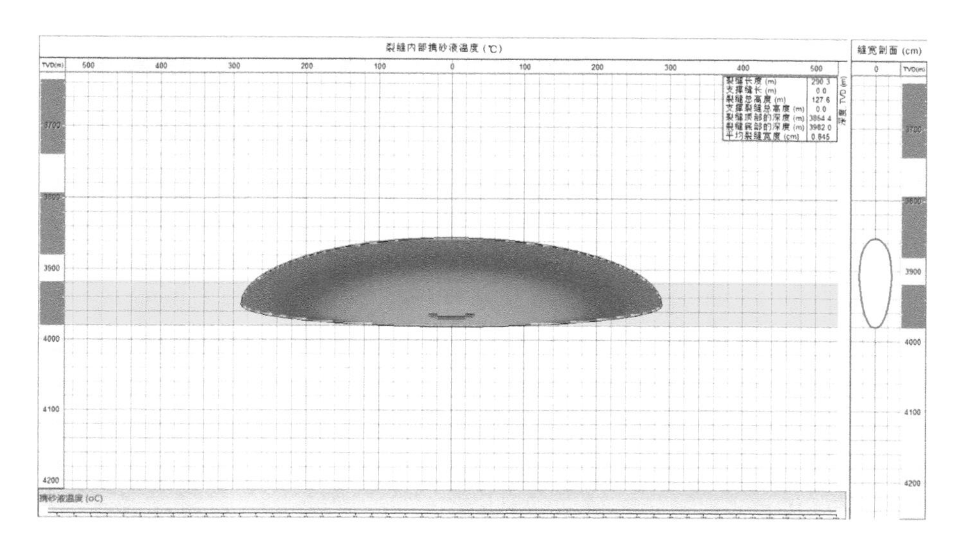

图 2-69　压裂层段(3)在施工排量 1.5 m^3/min 和液量 6 000 m^3 条件下裂缝剖面模拟图

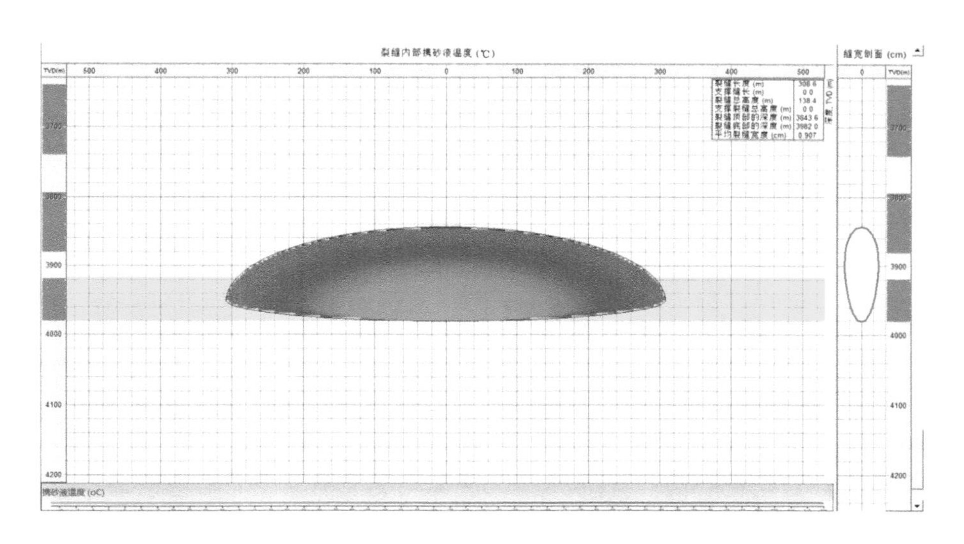

图 2-70　压裂层段(3)在施工排量 1.5 m^3/min 和液量 7 500 m^3 条件下裂缝剖面模拟图

型并进行模拟与分析，模拟水力压裂裂缝形成、延伸及扩展规律，并最终得到裂缝几何形态和导流能力等。为了更加直观地了解干热岩水力剪切压裂过程中剪切作用发生的条件，基于 XFEM 的水力裂缝扩展分析方法，通过 ABAQUS 软件模拟水力裂缝与天然结构面之间的作用关系。软件中将 Cohesive 单元内聚力模型应用于水力裂缝扩展的模拟中，选取二次应力失效准则作为断裂发生的判据。ABAQUS 软件数值模型及网格划分见图 2-71。

分别设置水力裂缝与天然结构面(天然裂缝)之间的逼近角($\theta=30°,45°,60°,90°$)，研究水力裂缝的扩展行为。当 $\theta=30°$时，应力集中的区域在天然结构面的两端，水力裂缝呈现出转向结构面方向扩展的趋势。当 $\theta=45°$和 $\theta=60°$时，水力裂缝和天然结构面相交处出现了局部应力集中的现象，表明水力裂缝有穿透天然结构面的趋势。而当 $\theta=90°$时，水力裂

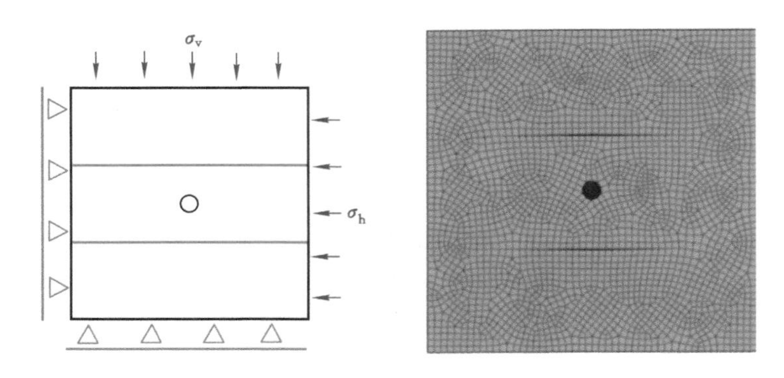

图 2-71 ABAQUS 软件数值模型及网格划分

缝穿透天然裂缝。这表明在同等条件下,随着水力裂缝与天然结构面之间逼近角的增加,水力裂缝穿透天然结构面的概率也会随之增加(图 2-72)。所以在水力裂缝与天然裂隙相交时逼近角越小越容易产生剪切滑移,形成水力剪切压裂。

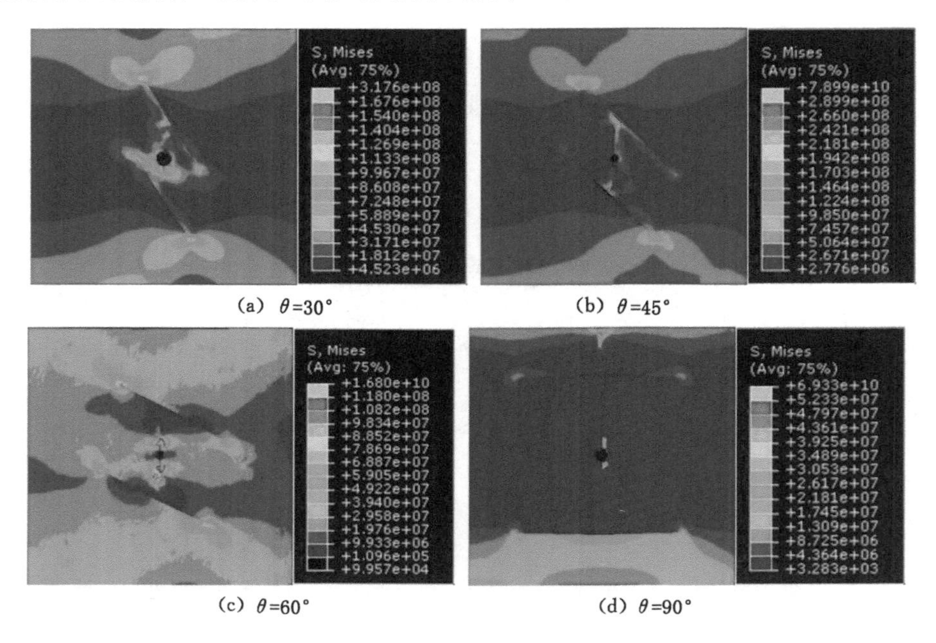

(a) $\theta=30°$ (b) $\theta=45°$

(c) $\theta=60°$ (d) $\theta=90°$

图 2-72 不同逼近角时水力裂缝与天然结构面之间的关系图

2.7 压裂管柱设计

2.7.1 压裂管柱示意图

该区域最大施工压力 80 MPa,本井测试压裂施工压力为 45 MPa,考虑到后期累计注入液量在 20 000 m^3 以上,压力可能会大幅攀升,因此本井采用通径为 ϕ130 mm、承压等级为 140 MPa的压裂井口,从侧翼注入。管柱结构为(由上至下):140 MPa 压裂井口+3−1/2″P110

油管+2 根伸缩管+1 根 3－1/2″P110 油管+水力锚+封隔器(下深 2 500 m)+3－1/2″P110 油管 1 根+球座+喇叭口(下深 2 510 m)。干热岩注入井压裂管柱示意图见图 2-73。

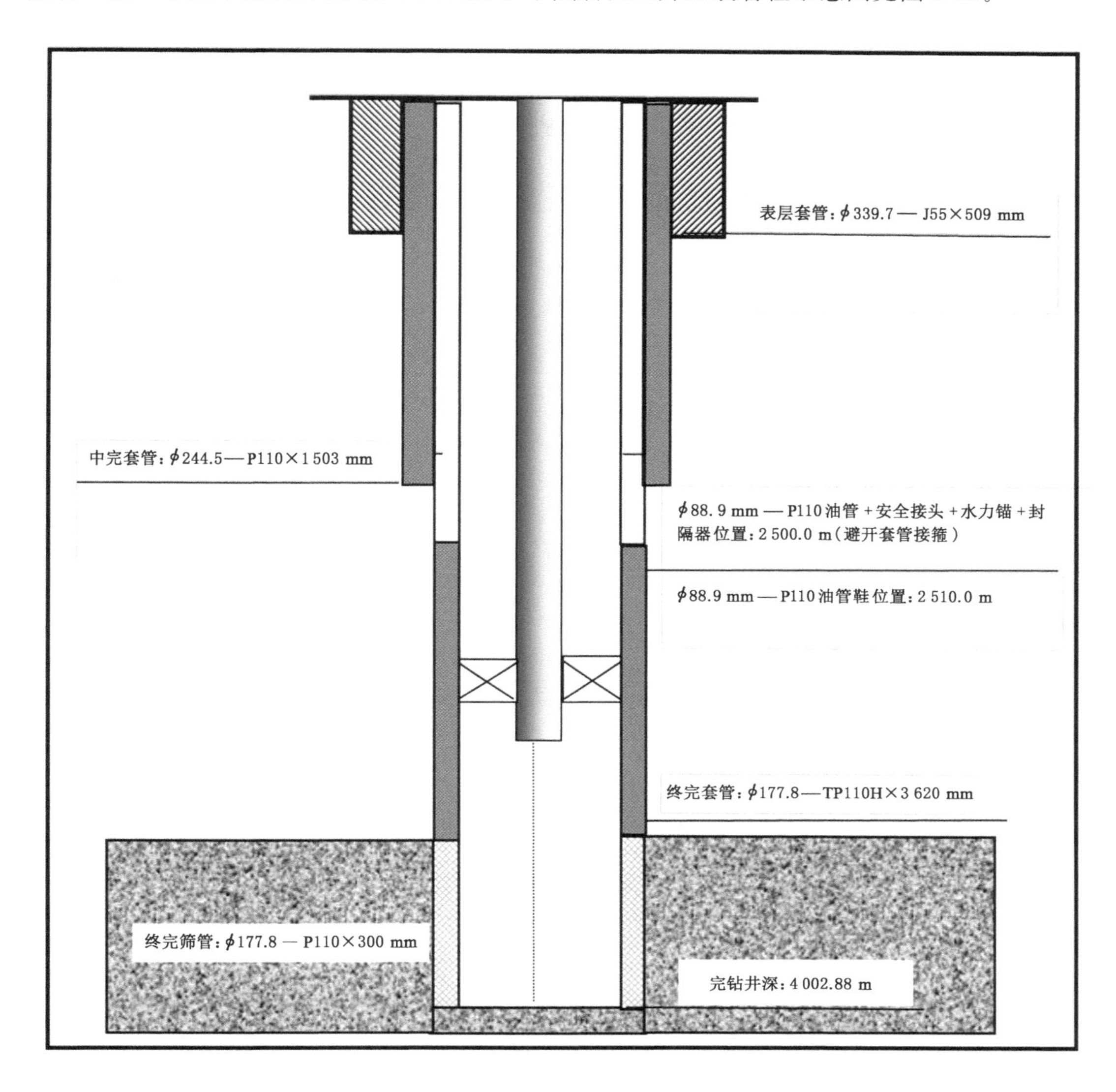

图 2-73　干热岩注入井压裂管柱示意图

2.7.2　封隔器性能参数

优选承压差 70 MPa,最高耐温 204 ℃的 PHP 封隔器 1 套,确保施工安全(图 2-74)。相关参数如下。

① 产品零件号:D317012510。

② 套管尺寸:7"。

③ 磅级范围:29～35 Lbs/Ft(152.50～157.07 mm)。

④ 主要尺寸:长度 1 797 mm,最小内径 76.2 mm,最大外径 147.62 mm。

⑤ 胶筒材质:氢化丁氰+氟橡胶。

图 2-74 封隔器

⑥ O 圈材质：AFLAS。

⑦ 密封组件耐温：最高 204 ℃。

⑧ 胶筒承受压差压力：最高 70 MPa。

⑨ 材料材质：合金钢。

⑩ 最大抗内压：70 MPa。

⑪ 最大抗外挤：70 MPa。

⑫ 打压活塞截面积：0.008 23 m^2（上活塞），0.007 7 m^2（下活塞）。

⑬ 最小坐封压力：不高于 24.5 MPa。

⑭ 解封方式：上提解封。

⑮ 解封销钉（剪切力×数量）：2.72T×12（上提解封）。

2.7.3 施工管柱强度校核

管柱组合选择：井筒准备及作业采用 ϕ73.02 mm 外加厚油管 4 200 m，压裂管柱采用 ϕ88.9 mmP110 外加厚油管 2 700 m。作业和压裂施工管柱校核见表 2-20。

表 2-20 作业和压裂施工管柱校核

外径/mm	钢级	质量/(kg/m)	壁厚/mm	管体排量L/m	内容积L/m	最小连接强度/kN		最小抗内压强度/MPa	最小抗外挤强度/MPa
						平式	加厚		
88.9	P110	13.88	6.45	1.681	4.536		1 210	91.83	83.4
73.02	P110	9.68	5.51	1.17	3.02		846	95.6	96.7

自上而下，作业顺序分别是用通井规通井、刮削，换井口，压裂管柱的强度校核。抗拉安全系数均大于 1.5，能满足施工要求。调整短节：ϕ88.9 mm P110 外加厚油管短节 0.5 m、1.0 m、1.5 m、2.0 m，累计长度为 10 m。

2.8 裂缝暂堵转向设计

通过在压裂过程中选择适当时机加入暂堵材料，在缝口或缝内形成暂时封堵，提高净压力，克服层间或缝内压裂储层非均质性和应力差异性，开启和形成多裂缝，促进裂缝复杂程度增大，从而达到增大储层泄流面积和有效改造体积（ESRV）的目的，最终实现提高干热岩地层换热面积和导热体积的目标。

2.8.1　暂堵转向工艺设计

选用承压强度 24 MPa、抗温能力 200 ℃的暂堵剂，降解时间最长 120 h，降解率可达 99%以上，能较好实现暂堵转向效果，同时不会对储层产生伤害。结合暂堵剂室内封堵试验、测试压裂暂堵结果和需要封堵的裂缝设计参数等对单次投入暂堵剂加量进行优化，一般缝内暂堵剂加量为 100～150 kg/次。采用滑溜水作为投入暂堵剂和投送暂堵剂进入裂缝的施工液体，有利于提高暂堵剂在滑溜水中形成桥堵带的速率，从而提高封堵效果。以低排量 1～2 m^3/min 向缝内投入暂堵剂，有利于提高暂堵剂加入的瞬时浓度，提高封堵效率和压力响应幅度。缝内暂堵剂的瞬时浓度一般保持在 10%～20%之间。根据天然裂缝开启压力、水平两向应力差异情况、测试压裂结果，该井缝内暂堵压力上涨 2～5 MPa，能够满足裂缝复杂化和改造体积最大化的需求。

2.8.2　暂堵材料类型优选及性能评价

暂堵剂基本性能参数情况见表 2-21。

表 2-21　暂堵剂基本性能参数情况

项目	参数
密度	1.24
外观	白色粉末
承压/MPa	24
粒径/mm	0.30～0.45
200 ℃完全降解时间/h	120

（1）降解性能评价

暂堵剂在 180 ℃、140 min 后均完全降解，降解后 pH 为 1；在 150 ℃、240 min 后均完全降解，降解后 pH 均为 1；在 150 ℃下 210 min 后基本完全降解，降解后生成二氧化碳、水和有机酸，对地层无污染，不会对地层产生二次伤害(表 2-22)(图 2-75)。

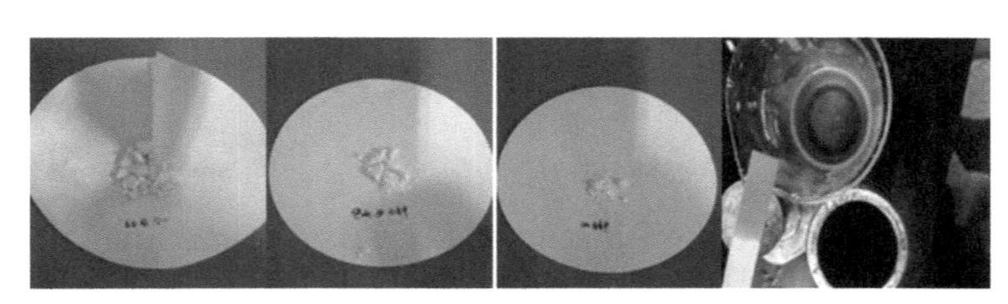

(a) 180 ℃降解试验

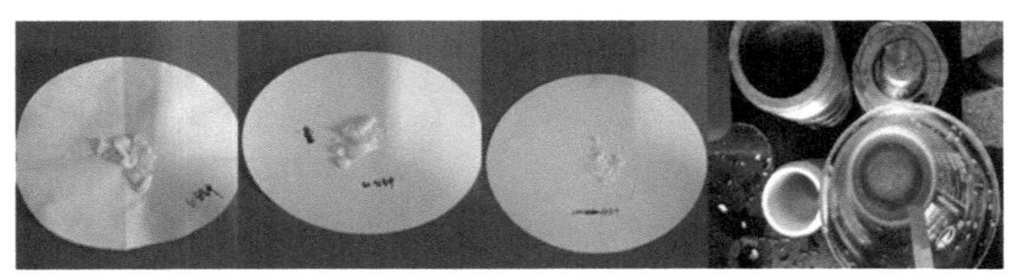

(b) 150 ℃降解试验

图 2-75　不同温度下的暂堵剂降解试验

表 2-22　暂堵剂降解时间和降解率

180 ℃		150 ℃	
降解时间	降解率	降解时间	降解率
60 min	7%	90 min	5%
80 min	33%	120 min	7%
100 min	82%	150 min	30%
120 min	98%	210 min	96%
140 min	100%	240 min	100%

(2) 暂堵强度评价

模拟 160 ℃时不同暂堵剂在不同缝宽情况下的暂堵效果。试验测定发现，不同浓度暂堵剂对不同宽度裂缝封堵性能不同，但是均能在 3%左右达到最佳效果(表 2-23)。

表 2-23　不同暂堵剂浓度下的封堵压力评价结果

缝宽/mm	暂堵剂浓度/%	封堵压力/MPa
0.5	1	18.07
	3	22.15
	5	24.53
1.0	1	14.32
	3	18.15
	5	23.12
1.5	1	13.23
	3	21.33
	5	23.24

2.8.3　暂堵剂加入后异常情况预案

(1) 暂堵剂投送到位后无压力响应

原因分析：缝端微裂缝发育导致缝内封堵净压力增加的同时微裂缝开启滤失泄压或暂堵材料用量不够，或可能是投送排量不够。

措施方案：适当追加暂堵剂用量并适当提高暂堵剂投送排量；或停泵 30 min 后继续起泵施工，执行后续泵注程序。

(2) 暂堵剂投送到位后会导致高压异常

原因分析：一次或二次投送暂堵剂后，暂堵剂在主裂缝内发生堵塞导致施工排量受限，施工压力异常高。

措施方案：降排量试挤，若压力和排量仍无法满足后续暂堵剂添加条件，停泵 30～60 min 后再试挤；若仍挤不通，可停泵并控制油嘴放喷返排一定量后再试挤。

2.9 压裂材料优选

2.9.1 耐高温酸液体系优选

(1) 主体酸液配方优选

目标储层岩心 XRD 全岩分析结果显示:钾长石(11.1%～18.9%)、钠长石(32.1%～39.6%)、石英(31.3%～41.5%)、金云母(9.24%～16.8%)、绿泥石(2.0%～3.36%),以长石和石英为主,黏土含量低,未见碳酸盐矿物,主体酸液采用土酸,主体酸液筛选结果如表 2-24 所示。

由岩屑溶蚀率测试结果来看,HF 含量越高,岩屑的溶蚀率越高,而 HCl 的含量对溶蚀率无明显影响,与全岩分析结果相吻合。HCl 在酸液体系中的主要作用是保持较低的 pH 值,抑制二次沉淀的产生,且有机酸 HEDP 相对 HCl 而言效果较差一些,综合考虑有机酸对缓蚀剂的选择性较强,本次研究优选主体酸液配方为 6%HF+6%HCl 的土酸。

表 2-24 主体酸液配方筛选试验结果

岩样名称:碳酸岩岩心		温度:室温		溶蚀时间:4 h	
酸液配方	岩屑质量/g	酸液加量/mL	滤纸质量/g	溶蚀后岩屑+滤纸质量/g	溶蚀率/%
3%HF+12%HCl	6.0	60	0.549 8	4.52	33.83
6%HF+6%HCl	6.0	60	0.545 1	3.58	49.41
3%HF+5%HEDP	6.0	60	0.548 8	5.15	23.31
3%HF+10%HEDP	6.0	60	0.553 7	4.97	26.40
5%HF+5%HEDP	6.0	60	0.550 3	4.73	30.34
5%HF+10%HEDP	6.0	60	0.556 4	4.51	34.11
5%HF+10%HEDP+3.5%HCOOH	6.0	60	0.560 7	4.74	30.35

主体酸液配方对岩块的溶蚀效果较好,岩块的溶蚀率为 12.9%～17.7%,溶蚀前后岩块形貌及溶蚀率如图 2-76 及表 2-25 所示。

表 2-25 岩块溶蚀试验结果(溶蚀温度为 180 ℃,溶蚀时间为 6 h)

岩样深度/m	溶蚀前质量/g	溶蚀后质量/g	质量差/g	溶蚀率/%
3 530	21.266 0	18.088 6	3.177 4	14.941 2
3 934	22.664 9	19.734 5	2.930 4	12.929 2
3 980	19.257 9	15.850 1	3.407 8	17.695 6

(2) 耐高温缓蚀剂优选

静态缓蚀率测定须在 200 ℃条件下测定 4 个小时,缓蚀剂加量为 5%,缓蚀效果评价分别采用了标准的 N80 钢片和 P110 钢片,评价结果如表 2-26 所示。

(a) 岩样深度为 3 530 m

(b) 岩样深度为 3 934 m

(c) 岩样深度为 3 980 m

图 2-76　岩块高温高压溶蚀前后对比图

表 2-26　耐高温缓蚀性能评价结果

缓蚀剂组合	N80 钢片			P110 钢片		
	试验前质量/g	试验后质量/g	腐蚀速率/[g/(m^2·h)]	腐蚀前质量/g	腐蚀后质量/g	腐蚀速率/[g/(m^2·h)]
HCl+HF+CAI-1	7.251 6	7.119 5	24.462 9	7.603 9	7.454 4	27.685 19
HCl+HF+CAI-2	7.112 4	7.027 1	15.796 3	7.461 0	7.385 2	14.037 04
HCl+HEDP+CAI-1	7.023 4	6.654 1	68.388 9	7.504 9	7.109 8	73.166 67

从表中数据可以看出，两款耐高温缓蚀剂的在 HCl+HF 中的缓蚀效率均非常好，可以达到一级水平，但对有机酸的缓蚀效果较差；CAI-2 缓蚀剂的缓蚀效果最佳，可以达到 14.037 04 g/(m^2·h)，完全满足酸化施工中对缓蚀剂的性能要求。图 2-77～图 2-79 为

200 ℃静态腐蚀试验后的钢片外观形貌。

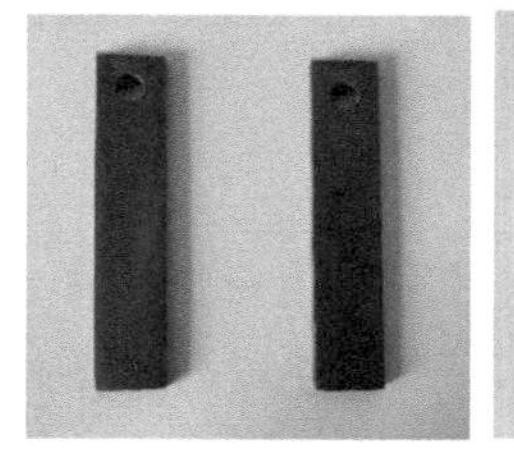

图 2-77　HCl＋HF＋CAI-1（左 N80，右 P110）

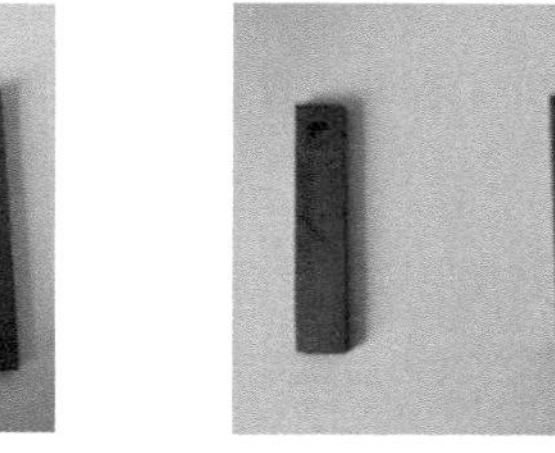
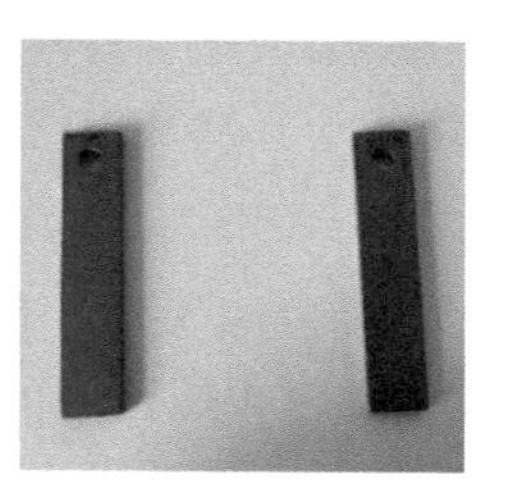

图 2-78　HCl＋HF＋CAI-2（左 N80，右 P110）

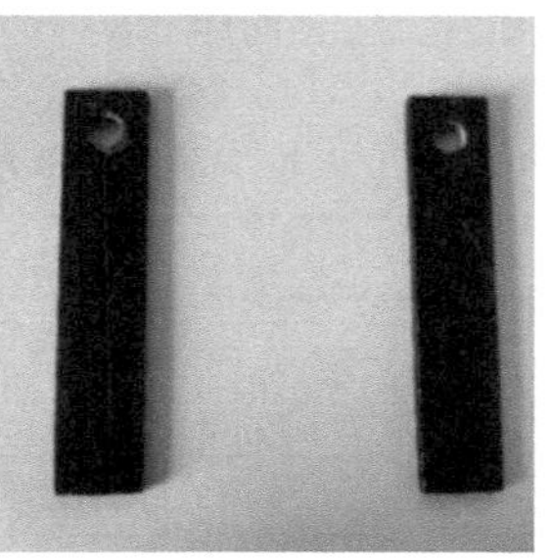

图 2-79　HCl＋HEDP＋CAI-1（左 N80，右 P110）

（3）耐高温铁离子稳定剂优选

在压裂过程中，随着酸的浓度逐渐降低，铁盐的含量逐渐增加。为防止铁盐水解产生的沉淀堵塞地层，必须使用铁离子稳定剂。通过室内试验，从 5 种铁离子稳定剂中优选了 1 种性能优异的铁离子稳定剂，其中铁离子稳定剂加量为 1%。

对铁离子稳定能力进行了对比，结果显示：GXT-TWD ＞PYK-2＞TWD-150＞PYK-1＞RD-TWD；铁离子稳定剂 GXT-TWD 在常温 30 ℃时的铁离子稳定能力平均达到了 269.36 mg/mL，120 ℃条件下的该铁离子稳定能力平均达到了 286.2 mg/mL，200 ℃条件下的该铁离子稳定能力平均达到了 270.96 mg/mL。

（4）耐高温助排剂优选

为提高残酸的返排效率，需要加入助排剂，降低表面张力，减少地层伤害。为此，筛选评价了 3 款性能较好的助排剂并且对其耐温性进行了评价，评价过程中采用的助排剂加量参照石油工业的行业标准，加量均为 0.1%，相关试验结果如表 2-27 所示。

表 2-27　助排剂评价优选试验结果

样品名称	常温		135 ℃加热后	
	表面张力/(mN/m)	界面张力/(mN/m)	表面张力/(mN/m)	界面张力/(mN/m)
空白	72	32	72	32
Z-3	43.52	16.14	49.83	16.73
Z-gu	23.61	5.87	34.75	5.74
Z-GXT	17.42	2.47	18.37	2.12

试验结果表明：样品 Z-GXT 的效果最好，应作为本次交联酸液体系的助排剂。

综上，干热岩注入井酸处理的液体体系配方为：6.0% HF＋6.0% HCl＋5.0%缓蚀剂(CAI-2)＋1.0%铁离子稳定剂(GXT-TWD)＋1.0% 助排剂(Z-GXT)。

2.9.2 变黏滑溜水体系

干热岩注入井钻遇最高储层温度约 209 ℃，为超高温地层，高温对压裂用滑溜水体系的黏度保持率和减阻率的影响极大。为此，需要从减阻剂的分子结构入手设计耐高温的减阻剂，从减阻剂的减阻原理出发设计减阻性能好的减阻剂分子。

(1) 水质分析

项目研究前期收集了压裂配液用水的水样，进行水质分析，以指导减阻剂性能评价及后期施工配液，分析结果如表 2-28 所示。

表 2-28 配液用水水质分析结果

样品编号	试样名称	离子组分及含量/(mg/L)							
		F^-	Cl^-	NO_3^-	SO_4^{2-}	Na^+	K^+	Mg^{2+}	Ca^{2+}
1	1	0.39	26.9	11.0	38.6	21.0	2.1	3.0	46.7
2	2	0.38	26.9	10.9	38.3	20.6	1.9	3.1	47.0

由水质分析结果可以看出，干热岩注入井压裂配液用水的矿物离子含量较低，水质较好，有利于压裂配液。

(2) 减阻性测试

优选原则：根据《水基压裂液性能评价方法》(SY/T 5107—2016)等油气开发行业标准，压裂液等减阻效果须达到 70%(均未限定使用环境条件)，在本项目初步优选阶段，以减阻率 70%为重要参考标准优选高性能减阻剂。

(3) 黏度、表面张力、抗剪切性能测试

主要性能测试仪器设备：高黏度测试采用六转速黏度测试仪；配制的减阻剂测试样品黏度采用乌氏黏度计测量；液体表面张力测试用表面张力测试仪测定；液体其他相关流变性能如耐温耐盐、变剪切等采用 HAKE MARS Ⅲ 高温高压流变仪测试。

(4) 滑溜水性能评价结果

根据滑溜水减阻率与耐温性评价结果得出，本次压裂施工采用的滑溜水体系为 0.1%减阻剂＋0.05%渗吸增效剂，减阻率可以达到 70%以上，200 ℃、170 s^{-1} 条件下剪切 80 min 后，黏度可以保持在 10 MPa·s 左右(图 2-80 和图 2-81)。

2.9.3 交联滑溜水体系

考虑天然裂缝漏失或破碎带漏失，采用高黏液体来降低漏失、实现裂缝转向。本次研究在滑溜水减阻剂分子结构设计中专门引入了可交联的羧基和酰胺基，并研发了配套的耐高温交联剂体系，在必要时可以通过增加减阻剂用量和交联剂形成冻胶体系，图 2-82 所示为 0.3%的减阻剂和 0.01 的交联剂所形成的冻胶体系。

另外，对该压裂液体系的破胶性进行了测试，测试结果如图 2-83 所示，从该图中可以看出，破胶液是呈红褐色的透明液体，且测试到的残渣含量几乎为 0，说明该体系具有很好的

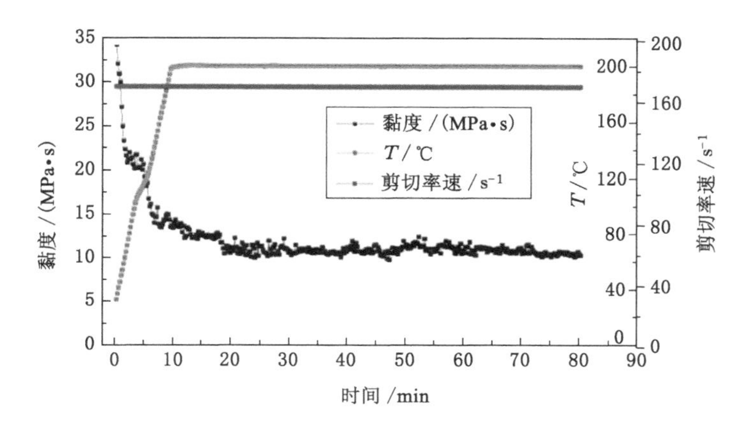

图 2-80　0.15%xc-1A+0.05%助排剂流变测试

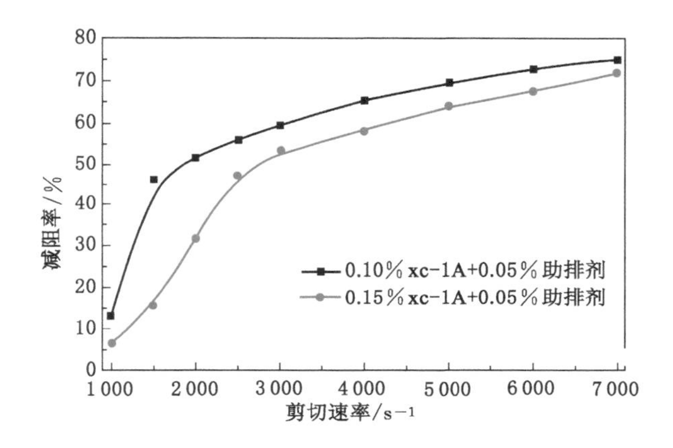

图 2-81　不同浓度减阻率测试

图 2-82　交联冻胶体系

破胶效果，有助于压裂后返排，以及降低支撑裂缝的渗透率伤害。

基于上述研究，得出本次干热岩注入井压裂施工中可能采用的交联冻胶体系为(0.15～0.3)%减阻剂+(0.05～0.1)%渗吸增效剂+0.25%高浓度交联剂，现场也可根据实际情况

图 2-83 交联冻胶破胶液

增加减阻剂的用量。

2.9.4 敏感性评价

全岩分析中敏感性矿物含量较低，所以主要采用岩屑测膨胀率的手段评价敏感性，评价结果分别采用 6% 的 NH_4Cl 溶液、蒸馏水和煤油进行对比试验，试验结果如图 2-84 所示，从图中可以看到采用三种介质进行膨胀率测试，结果无明显变化，说明目的层岩石为弱(无)水敏和弱(无)盐敏，酸化、压裂施工中储层对外来流体不敏感。

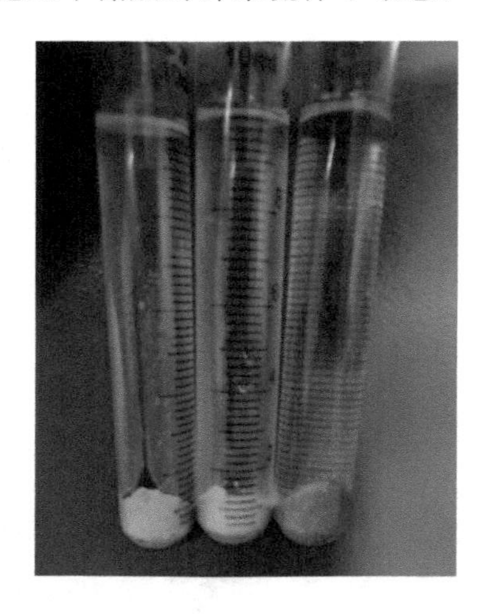

图 2-84 岩屑膨胀率测试结果

2.10 压裂泵注程序设计

2.10.1 难点和风险

干热岩注入井干热岩水力压裂热储建造试验是获得高温干热岩地热资源的有效方法。目前国内外通过水力压裂成功进行高温干热岩增强型地热系统(EGS)建造的成功案例并不多，可借鉴的成熟的水力压裂工艺更缺乏。经综合分析，该井在水力压裂过程中存在的风险和难点有：

（1）根据国内外干热岩水力压裂情况，该井压裂施工注入阶段及停泵后存在出现较大震动的施工风险。

（2）根据干热岩注入井测试压裂情况，储层近井地带天然裂隙较发育，多缝延伸现象明显，易引发缝内净压力上涨而导致的应力失衡、能量瞬间释放产生的强烈震动。

（3）储层天然裂隙分布及角度差异较大，裂缝延展不均衡。纵向上部分层段裂缝延展较充分，其他部位裂缝扩展受限。平面上进液通道呈条带状分布，裂缝网络构建困难。

（4）考虑环境影响及安全性评价要求，受微震能级的阈值限制，压裂施工工艺受限，措施手段有限，给人工热储建造带来了较大困难。

（5）压裂监测手段精度及时效性须进一步提高，实现裂缝形态的动态、定量评价，有效指导施工参数的及时调整。

2.10.2　设计思路

根据干热岩岩体特征，结合测试压裂结果认识，确定“连接沟通天然裂隙、增加热储建造体积、控制压力激发节奏、实现井间有效连通”的思路。为确保人工改造热储能在横向和纵向上均匀、达到地质和开发目标，采用正式压裂和重复压裂相结合的模式施工。具体思路如下：

① 正式压裂：基于高温硬岩水力压裂、微震监测、地应力测量等工程技术手段，完成正式压裂施工工作量23 500 m^3。获取人工裂缝空间展布方向（预计裂缝延展距离在350 m以上）。

② 重复压裂：考虑释放应力，以免压裂规模较大引起较大的诱发地震，结合三井试验井组储层建造需求，在干热岩注入井正式压裂后并在评价改造效果和体积的基础上，通过重复压裂（10 000 m^3）、持续扩大裂缝体积（预计裂缝延展距离在450 m以上），达到最终目标。

③ 压裂排量：确定为0.5～3.0 m^3/min；施工现场根据实际施工压力情况采取稳步提高的方式进行合理控制。

④ 压裂模式：采取控制压裂激发节奏的方式开展压裂施工，在压裂过程中开展排量和单段液量的放大试验，若压裂效果理想、诱发地震能量小，则采用较小排量、中规模段塞式混合压裂方式——将设计总液量分成6个组别24个单元进行压裂泵注施工；平均每个组别液量3 500～4 000 m，平均日注液量1 000 m^3，排量1～3 m^3/min。具体组别和单元液量根据现场实际施工情况进行合理调整。

若施工初期微震反应强烈、能量释放规律不明显，则采用备用方案：以测试压裂参数为依据，以小排量、长周期的剪切压裂为主，采用间歇式、多液性、多手段的工艺措施，实现裂缝系统稳步扩展。将设计总液量分成8个组别40个单元进行压裂泵注施工；平均每个组别液量2 500～3 000 m^3，平均日注液量600 m^3，排量0.5～2 m^3/min。

⑤ 交替注酸：采用超高温酸液优化体系，对干热岩天然裂隙进行长时间浸泡的化学刺激，以弱化储层应力，有效地降低施工压力，改善热储建造流动通道导流能力。

⑥ 液体优化：主要采用清水和超高温变黏滑溜水优化体系，实现在线变黏滑溜水和在

线交联胶液随配随用和即用即停的高效施工模式，以降低井筒和裂缝摩阻且增强造缝性能；压后可循环利用返排液。

⑦ 暂堵转向：采用超高温化学暂堵转向材料对裂缝扩展不均衡的区域进行干预，促进干热岩地层裂隙更广泛开启和沟通，以最大化干热岩热储建造体积。

⑧ 注入方式：用 ϕ88.9 mm 油管注入，油套之间采用封隔器隔离。施工时根据压力环空补压以保护井口及上部套管。

2.10.3 规模设计

干热岩注入井 3 500～4 000 m 垂直井段地应力和岩石力学分析表明，三个压裂层段力学特征接近，间隔的遮挡作用不明显，对压裂层段缝高的遮挡作用有限。压裂层段地应力及岩石力学参数对比数据见前文中的表 2-15。

干热岩注入井测试压裂期间，微震监测定位负 1 级以上微震事件超过 2 000 个，平面上裂缝以南东、北西为主，裂缝扩展多缝特征明显、延展效果好。深度上位于 3 900 m 和 3 650 m 附近，其中 3 700 m 南东方向能量事件聚集，表明裂缝延展明显。微地震监测分布如图 2-85 所示。

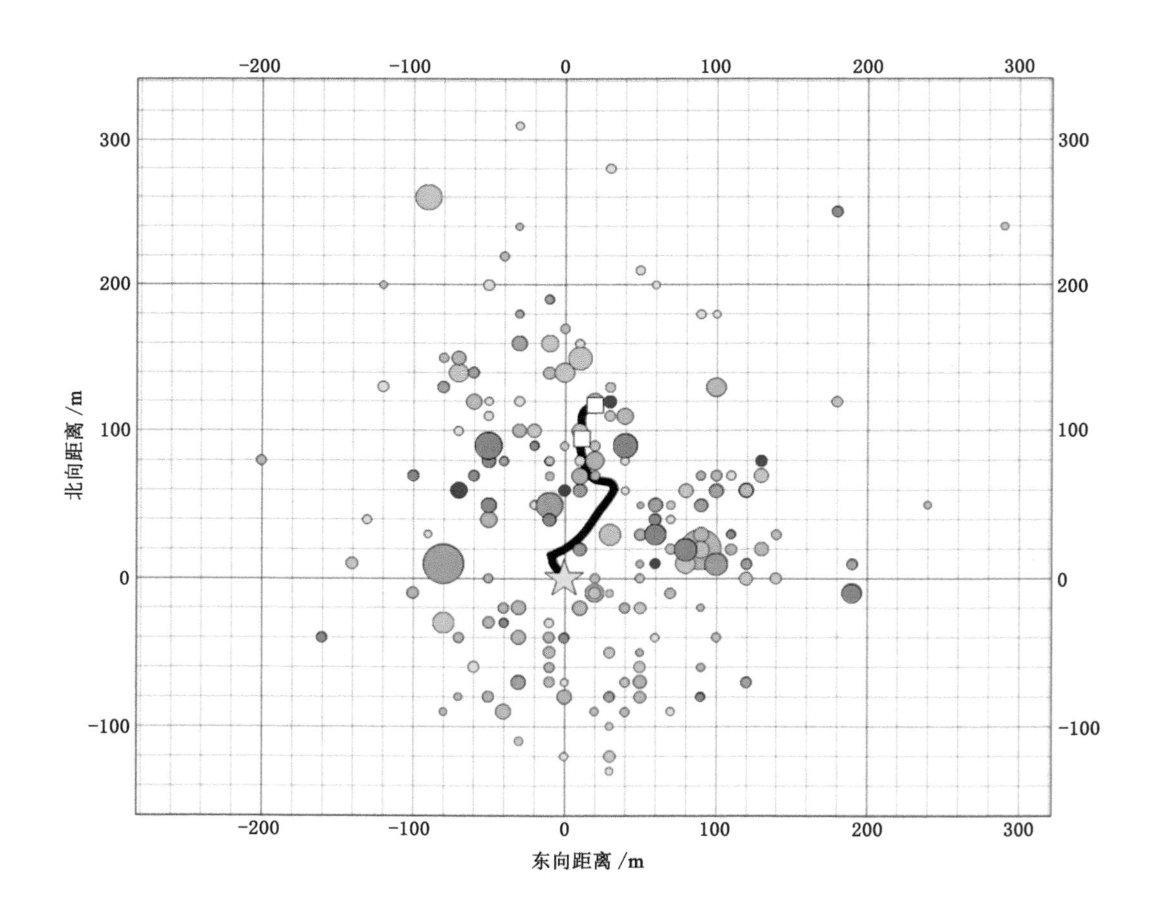

图 2-85　干热岩注入井测试压裂微地震监测分布(俯视面)

电法监测评价压裂液走向及范围，总体以北西、南东向为主，北东向少量延伸，裂缝系统呈条带状分布、非均质特征明显。最远波及范围 200 m，75 m 范围内广泛分布。时频电磁监测结果如图 2-86 所示。

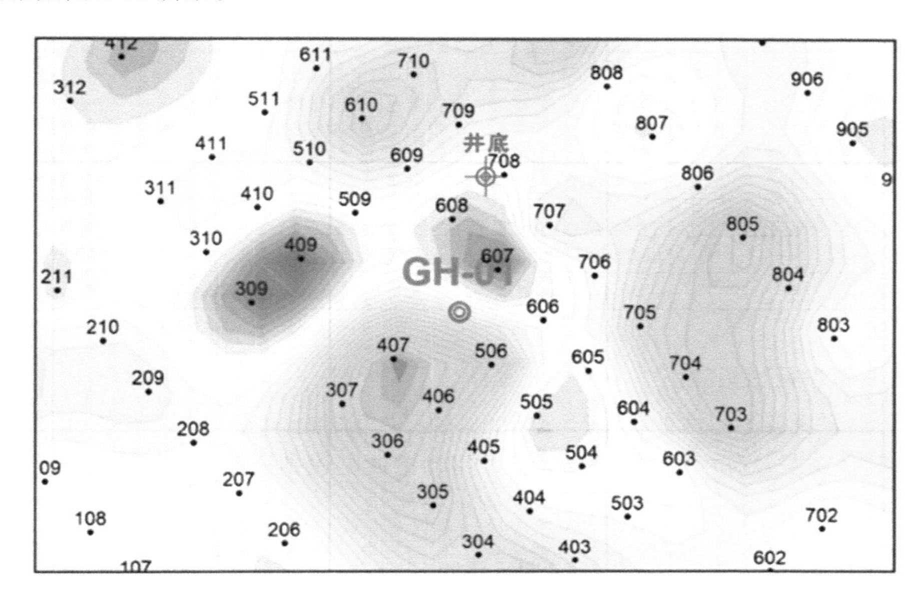

图 2-86 干热岩注入井测试压裂时频电磁监测结果

2.10.4 施工压力预测

邻井施工地面破裂压力为 59 MPa（井底破裂压力为 93 MPa），破裂压力梯度为 0.025 MPa/m，施工延伸压力为 94.8 MPa（井底压力），延伸压力梯度为 0.0263 MPa/m。本井测试压裂延伸压力梯度为 0.020～0.026 MPa/m，若按滑溜水施工设计排量 0.5～3 m^3/min 计算（表 2-29 和表 2-30），则预测地面施工压力 45～70 MPa，考虑诱发地震风险控制和安全系数，则采用 105 MPa 以上标准压裂井口，试压 90 MPa，限压 85 MPa 施工。

表 2-29 干热岩注入井不同液体压裂施工压力预测表（一）

延伸压力压裂梯度/(MPa/m)	清水在不同施工排量 Q(单位为 m^3/min)下的施工压力/MPa						
	Q=0.5	Q=1	Q=2	Q=3	Q=4	Q=5	Q=6
0.020	39.5	42.4	53.4	70.3	92.9	120.9	154.2
0.021	43.2	46.1	57.1	74.0	96.6	124.6	157.9
0.022	47.0	49.9	60.9	77.8	100.4	128.4	161.7
0.023	50.7	53.6	64.6	81.5	104.1	132.1	165.4
0.024	54.5	57.4	68.4	85.3	107.9	135.9	169.2
0.025	58.2	61.1	72.1	89.0	111.6	139.6	172.9
0.026	62.0	64.9	75.9	92.8	115.4	143.4	176.7
总摩阻/MPa	1.2	4.1	15.1	32.0	54.6	82.6	115.9

表 2-30 干热岩注入井不同液体压裂施工压力预测表(二)

延伸压力压裂梯度/(MPa/m)	变黏滑溜水在不同施工排量 Q(单位为 m^3/min)下的施工压力/MPa						
	$Q=0.5$	$Q=1$	$Q=2$	$Q=3$	$Q=4$	$Q=5$	$Q=6$
0.020	38.6	39.5	42.8	47.9	54.7	63.1	72.3
0.021	42.3	43.2	46.5	51.6	58.4	66.8	76.0
0.022	46.1	47.0	50.3	55.4	62.2	70.6	79.8
0.023	49.8	50.7	54.0	59.1	65.9	74.3	83.5
0.024	53.6	54.5	57.8	62.9	69.7	78.1	87.3
0.025	57.3	58.2	61.5	66.6	73.4	81.8	91.0
0.026	61.1	62.0	65.3	70.4	77.2	85.6	94.8
总摩阻/MPa	0.3	1.2	4.5	9.6	16.4	24.8	34.8

2.10.5 异常情况措施预案

由于干热岩压裂为国内首次,无经验可循,遵循“边试验、边施工、边调整”的原则,围绕热储建造目标,施工过程中根据实际情况,采用动态调整原则完成压裂施工。表 2-31 所列为异常情况预案。

表 2-31 异常情况预案

序号	施工异常情况	可能原因分析	措施预案
1	施工压力异常高	① 岩石物性差且致密程度高 ② 裂缝延伸困难	挤酸进行浸泡,增加酸液备用量; 切换高黏液体
2	施工压力异常低	① 天然裂缝异常发育 ② 压遇断层或次级断裂破碎带 ③ 地层岩石破裂延伸压力梯度低 ④ 压裂液漏失严重	适当提高排量; 切换高黏液体; 采用 70/140 目石英砂封堵漏失区域; 采用缝间暂堵转向开启新的裂缝并扩展延伸
3	横向上裂缝扩展延伸受限	① 净压力偏低 ② 裂缝延伸困难 ③ 压裂液滤失较大 ④ 压裂液漏失严重	适当提高排量; 切换高黏液体; 采用缝内暂堵转向开启新的裂缝并扩展延伸以促进形成多条剪切裂缝
4	纵向上裂缝扩展不充分不均衡	① 净压力偏低 ② 裂缝延伸困难 ③ 压裂液滤失较大 ④ 压裂液漏失严重	适当提高排量; 切换高黏液体; 采用暂堵转向开启新的裂缝并扩展延伸,提高纵向上充分均衡的改造效果
5	裂缝导流能力受限	① 无支撑剂有效铺置并支撑 ② 剪切裂缝闭合程度高 ③ 地层闭合压力大 ④ 单一性裂缝形态	采用适量自悬浮超低密度陶粒进行裂缝支撑; 采用自生酸或酸性液体交替注入增强剪切缝的酸蚀效果; 采用缝内暂堵转向促进形成多条剪切裂缝

第 3 章　干热岩水力压裂模拟试验

基于现场压裂施工的室内水力压裂试验已被证明是探究水力裂缝形态特征、起裂和扩展规律的有效手段，可为现场压裂施工提供一定依据。物理模拟试验是探索物理过程机理的主要手段之一，尤其对于水力压裂，这是因为裂缝形态在现场压裂过程中往往难以直接观测。然而，受实验室条件及岩石样品本身缺陷的影响，模拟试验与现场压裂存在一定的差异。此外，水力裂缝的形态模式复杂，影响因素较多，且目前水力裂缝扩展准则无法全面、准确地表征裂缝的扩展过程。因此，必须考虑现场压裂原型与试验中物理模型之间的相似性来建立相似准则，以提高物理试验的准确度。柳贡慧等建立了水力压裂模拟试验中的相似准则，并给出相似比例系数。郭天魁在此基础上结合相似第二定理，推导出了射孔井水力压裂模拟试验相似准则。这些准则都为射孔井水力压裂物理模拟试验的开展奠定了基础。

相似第二定理表明，若现象相似，只需要把物理量之间的关系方程转换为无量纲方程式的形式，则方程式中的各项就是相似准则。

在水力压裂物理模拟试验中，裂缝扩展的控制方程可用下列公式表示：

① 弹性平衡方程为：

$$\Delta p(x,y)=p(x,y)-\sigma_{zz}^{0}(x,y,0)=E_{e}\int_{A}\{\frac{\partial}{\partial x}[\frac{1}{R}\frac{\partial w(x,y)}{\partial x}]+\frac{\partial}{\partial y}[\frac{1}{R}\frac{\partial w(x,y)}{\partial y}]\}\mathrm{d}x\mathrm{d}y \tag{3-1}$$

式中：E_{e} 表示等效弹性模量，p 表示缝内液体压力，R 表示被积函数积分点(x,y)与压力作用点(x_0,y_0)之间的距离，w 表示裂缝宽度，σ_{zz}^{0}表示水力裂缝壁面上的应力分布。

② 连续方程为：

$$\frac{\partial q_x}{\partial x}+\frac{\partial q_y}{\partial y}+\frac{\partial w}{\partial t}+\frac{2K_{L}\dfrac{(p-p_{f})}{\sigma_{zz}^{0}(0,0)-p_{f}}}{\sqrt{t-\tau(x,y)}}-q_{I}=0 \tag{3-2}$$

式中：K_{L} 表示综合滤失系数，p_{f} 表示孔隙压力，$q_x(q_y)$ 表示单位长度上的体积流量，q_{I} 表示水力裂缝单位面积的体积注入速率，τ 表示压裂液与水力裂缝壁面任意位置的接触时间。

③ 压力梯度方程为：

$$\begin{cases}\dfrac{\partial p}{\partial x}+\eta\dfrac{q_x}{\omega^3}=0\\[2ex]\dfrac{\partial p}{\partial y}+\eta\dfrac{q_y}{\omega^3}=\gamma\end{cases} \tag{3-3}$$

式中：η 为黏度系数，γ 为由压裂液重力产生的单位体积的体积力。

④ 水力裂缝扩展判据为：

$$w_c = \frac{K_{IC}}{2\pi E_e}\left[\frac{2a(s)}{\pi}\right]^{1/2} \tag{3-4}$$

式中：K_{IC}为临界强度因子，w_c为裂缝扩展所需的临界裂缝宽度，$a(s)$为裂缝半长。

若分别用“′”和“″”表示原型及模型中的物理量，则依据相似准则，式(3-1)～表(3-4)中两个相似现象中的各个物理量可表示为：

$$\begin{cases} \frac{p''}{p'}=c_p,\frac{\sigma''^0_{zz}}{\sigma'^0_{zz}}=c_{\sigma^0_{zz}},\frac{E''_e}{E'_e}=c_{E_e},\frac{x''}{x'}=c_l,\frac{y''}{y'}=c_l,\frac{w''}{w'}=c_l,\frac{a''}{a'}=c_l,\frac{p''_f}{p'_f}=c_{p_f},\frac{\eta''}{\eta'}=c_\eta \\ \frac{R''}{R'}=c_l,\frac{q''_x}{q'_x}=c_q,\frac{q''_y}{q'_y}=c_q,\frac{t''}{t'}=c_t,\frac{K''_L}{K'_L}=c_{K_L},\frac{K''_{IC}}{K'_{IC}}=c_{K_{IC}},\frac{Q''}{Q'}=C_Q,\frac{\gamma''}{\gamma'}=c_\gamma,\frac{\omega''_c}{\omega'_c}=c_l \end{cases} \tag{3-5}$$

其中，c_x 为同名物理量的比值。

则射孔井水力压裂模拟试验的相似准则可表示为：

$$\begin{cases} \frac{c_{\sigma_H}}{c_{\sigma_t}}=\frac{c_{\sigma_h}}{c_{\sigma_t}}=\frac{c_{\sigma V}}{c_{\sigma_t}}=\frac{c_p}{c_{\sigma_h}}=\frac{c_{E_e}}{c_{\sigma_h}}=\frac{c_{p_f}}{c_{\sigma_h}}=c_v=1 \\ \frac{c_{K_p}c_Q}{c_p c_d^4}=\frac{c_p}{c_l c_{K_p}}=1,\frac{c_l^3}{c_Q c_t}=\frac{c_{K_L}\sqrt{c_t}}{c_l}=\frac{c_{q_l}c_t}{c_l}=1 \\ \frac{c_\gamma c_l}{c_p}=\frac{c_\eta c_Q}{c_l^3 c_p}=1,\frac{c_{K_{IC}}^2}{c_l c_E^2}=1 \end{cases} \tag{3-6}$$

上述分析表明，对现场的压裂施工参数进行同等比例的缩小是射孔井水力压裂模拟试验设计的最优法则。式(3-6)虽然可为射孔井水力压裂模拟试验的参数优选提供依据，但试验仍需结合实验室条件及岩石试样的实际开展。

3.1　水力压裂模拟试验研究方法综述

经过数十年的研究，水力压裂过程中所涉及的裂缝扩展模型、数值分析方法等理论，物理模拟试验以及现场压裂工艺都经历了长足的发展。

3.1.1　水力裂缝模型及扩展理论的发展现状

(1) 水力裂缝模型的发展

国外学者对于裂缝模型的研究可追溯到20世纪五六十年代。1961年，Perkins等建立了裂缝的平面应变理论模型。1969年，Geertsma等修正了Khristianovic提出的裂缝模型，建立了KGD模型。1972年，Nordgren在考虑了压裂液的滤失后对上述模型进行了修正，建立了经典的PKN模型。两种模型均遵从流体仅在缝长方向流动的原则。Rahim等通过对比缝高方向的应力强度因子及岩石断裂韧性之间的差异，得出裂缝高度并将其应用于PKN和KGD模型中，进而求得裂缝的长和宽。

此后，裂缝模型经历了从二维发展到拟三维再到三维的过程。其中，拟三维裂缝模型在处理岩石断裂力学问题时展现出了独特的优势，进而被广泛地研究，以 FracproPT 为代表的水力压裂商业软件应运而生。Simonson 等改进了拟三维裂缝模型，将其应用于油气田水力裂缝扩展问题的研究中，并用三个案例验证了模型的准确性。Olson 建立了非平面裂缝的扩展模型，分析了裂缝扩展路径的影响因素，指出在近井筒端应尽可能地避免非平面裂缝的出现。Nghiem 等建立了一种可同时求解裂缝流动方程、储层流动方程以及涉及断裂力学方程的裂缝模型。随着 21 世纪初页岩气勘探开发热潮的到来，水力裂缝模型成了诸多学者研究的热点。Savitski 等分析了饼状裂缝在非渗透弹性岩石中的延伸规律，并指出断裂韧性是控制裂缝传播路径的主要因素。Van Den Hoek 等针对几种特殊工况优化了水力裂缝的模型，使该模型可依据返排岩屑的数据了解水力裂缝的形态。Tamagawa 等基于静态和动态数据建立了拟三维的离散缝网模型(其中涉及两个不同孔径的流动模型)，并将模型的数值解应用于水力裂缝形态的优化设计中。Cherny 等基于赫谢尔-巴尔克莱流变模型和雷诺方程建立了一种三维全耦合的水力裂缝延伸模型，并模拟了水力裂缝扩展初期的形态。

在国内，陈志喜等在考虑了储层与隔层间的地应力差、岩石断裂韧性、压裂液的重度等因素的基础上，研究了层状介质中水力裂缝的垂向扩展机理。Zhang 等在考虑了层状岩石性质及地应力的基础上，建立了一种全新的拟三维裂缝扩展模型，并根据断裂韧性准则求得裂缝的缝高。Weng 等通过建立复杂裂缝模型并配合数值模拟的手段，指出地应力的各向异性和结构面的剪切滑移是影响储层中裂缝网络形成的关键因素。Zhang 等建立一种复合的裂缝形态预测模型，分析了储层中水力裂缝的延伸规律。

(2) 基于能量法解决裂缝扩展问题

能量耗散是物质破坏的本质属性。基于能量转化及耗散原理的岩石破坏研究已成为诸多学者探索岩石物理力学性质的主要手段之一。岩石的破坏实际上是各种缺陷引起的，在外力作用下微裂隙起裂、延伸、沟通，至形成宏观裂缝，在此过程中伴随着能量的耗散与释放。Griffith 早在 1920 年就采用能量手段解决岩石中的裂纹扩展问题，他采用对裂纹周围的应变能密度做全场积分的方法，得出弹性势能与裂缝表面能之间的关系，并指出当弹性势能的释放率大于表面能的增加率时，裂缝扩展。Irwin 在此基础上考虑了材料的塑性对裂纹扩展的影响，并将简单裂纹分为了三种类型(如图 3-1 所示)：Ⅰ型裂纹(张开型)、Ⅱ型裂纹(错开型)、Ⅲ型裂纹(撕开型)。Kemeny 基于应变能等效原理及岩石断裂力学，建立了单轴压缩条件下含随机天然裂缝岩石的本构模型，并将其应用于含Ⅱ型裂纹岩石的破坏过程研究中。Basista 等从能量转化的角度对滑移型裂纹的扩展过程进行了更为细致的研究，他认为裂缝滑移过程的能量耗散可分为：① 没有拉伸作用的初始裂缝扩展阶段，② 拉伸作用引起的能量耗散阶段。

谢和平等分别从力学和热力学的角度探讨了能量释放和耗散，与岩石强度和整体破坏性之间的联系，并通过单轴压缩试验描述了不同种类岩石的破坏特征。赵忠虎等在此基础上，分别从宏观和微观的角度研究了岩石应变硬化和应变软化过程，指出岩石压缩破坏过程中弹性势能、损伤耗散能、表面能、辐射能是主要的几种能量形式。陈旭光等在分析了各种能量之间转化关系的基础上，给出了岩石单轴压剪破坏下的裂缝表面能、由摩擦引起的塑性势能及动能的计算公式。衡帅等基于岩石单轴和三轴压缩过程中的全应力-应变关系曲线，

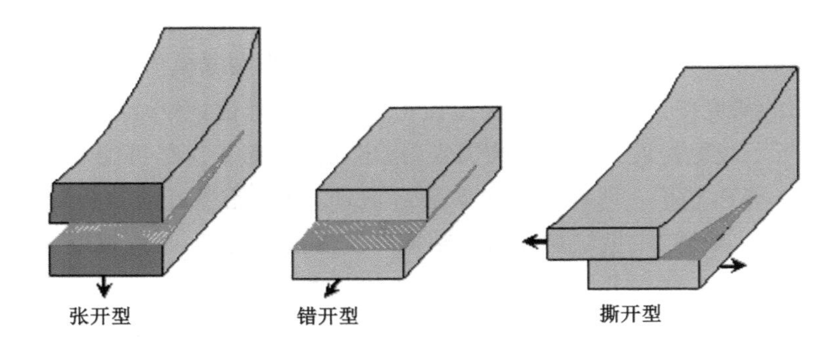

图 3-1 裂纹的三种基本类型

采用能量耗散原理对岩石破坏前后力学特征的脆性指数进行了定义，并对不同条件下岩石的脆性特征进行了评价。此外，张树文、张志镇、周辉等分别从不同的角度研究了能量耗散与岩石破坏之间的关系。可见，能量法已经成为解决岩石破坏问题的一种有效手段。

然而，采用能量法分析水力压裂相关问题的报道不多。Taleghani 基于能量释放率给出了水力裂缝穿透天然裂缝的判别准则。赵翠玉将熵理论和能量原理应用于水力裂缝起裂及延伸规律的研究中，并建立了水力裂缝起裂的熵变方程及起裂模型。赵熙采用 ANSYS+FRANC3D 的数值模拟法，分析了水力裂缝尖端能量积聚和释放的特征，并借助岩石断裂力学与光弹性试验验证了其计算的准确性，为研究岩石材料变形破坏的机制提供了一种新的参考方法。李正军开展了水力压裂过程能量转化规律的研究，指出岩体损伤与裂缝扩展是外载做功与压裂重力势能转化的结果。

3.1.2 水力压裂数值模拟试验研究现状

与裂缝模型共同发展的是数值模拟技术，主要的研究方法有扩展有限元法、边界元法、有限差分法和离散元法等方法。

(1) 扩展有限元法(Extended Finite Element Method，XFEM)

扩展有限法自 1999 年被首次提出以来，在裂纹扩展路径分析及带有孔洞和夹杂非均质的材料模拟中展现出了独特的优势。Gordeliy 等基于扩展有限元法，研究了弹性介质中水力裂缝尖端应力集中及边界效应对裂缝扩展的影响。Sheng 等基于扩展有限元法在各向异性的介质中建立了水力裂缝的扩展模型，研究了分段压裂过程中地应力参数对裂缝形态的影响。Shi 等建立了储层中水力裂缝与天然裂缝之间的相互作用模型，并采用 Renshaw 和 Pollard 准则对水力裂缝能否穿过天然裂缝进行了判断。Keshavarzi 等研究了水力裂缝和天然裂缝的相互作用机理，他们认为地应力场和天然裂缝的走向是影响水力裂缝形态的主要原因，裂缝净液压力与其偏转程度呈负相关。Zou 等建立了非常规油气储层中水力裂缝的起裂及转向模型，并基于 ABAQUS 数值模拟软件研究了在储层力学各向异性及断裂韧性各向异性的共同作用下水力裂缝的形态特征。王瀚等模拟了螺旋射孔压裂中裂缝沿高度方向的起裂和扩展过程并进行了现场验证，得到的井口泵压曲线与现场施工测得的泵压曲线吻合良好。扩展有限元法自提出以来经历了飞速的发展，目前已成为解决不连续力学问题的有效方法之一。它不仅保留了传统有限元法(Finite Element Method,FEM)对整个问题区域进行分解计算的优势,建模时还无须考虑裂缝附近区域的边界跳跃。

(2) 边界元法(Boundary Element Method)

边界元法通过在定义域的边界上划分单元,用满足控制方程的函数去逼近边界条件。Olson基于边界元法对比了直径和水平井压裂的裂缝形态[图3-2 (a)],指出相对静液压力系数和水力裂缝与天然裂缝之间的逼近角是影响裂缝形态的重要因素。随着岩石断裂力学的发展,缝间应力干扰问题成了诸多学者关注的重点。Sesetty等采用边界元位移不连续法,研究了裂缝扩展路径及宽度与缝内压力之间的关系。Shi等基于边界元法建立了多裂缝同步扩展模型,研究了地应力场、射孔数量、井筒走向等参数对复杂裂缝网络起裂及延伸的影响,指出水力裂缝同步扩展过程中应力间的相互作用对增大裂缝复杂程度具有一定的促进作用。程万综合了边界元法及线弹性断裂力学研究了水平井压裂的应力场分布,建立了三维空间中水力裂缝穿过天然裂缝的判别模型。赵玉龙利用连续线源函数和边界元法求解了不同井型的渗流数学模型,并研究了水力裂缝形态对气井生产的影响。

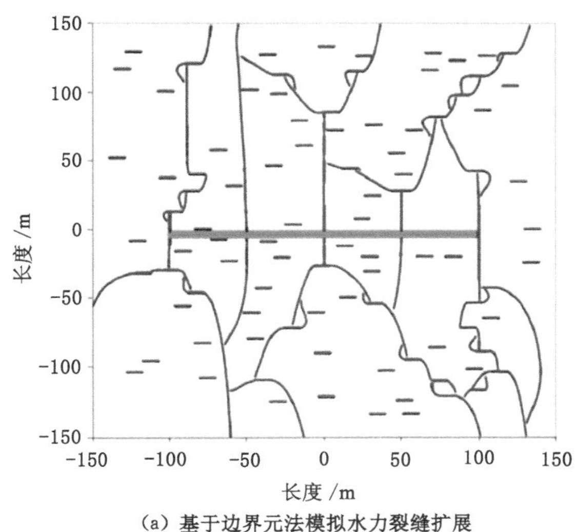

(a) 基于边界元法模拟水力裂缝扩展

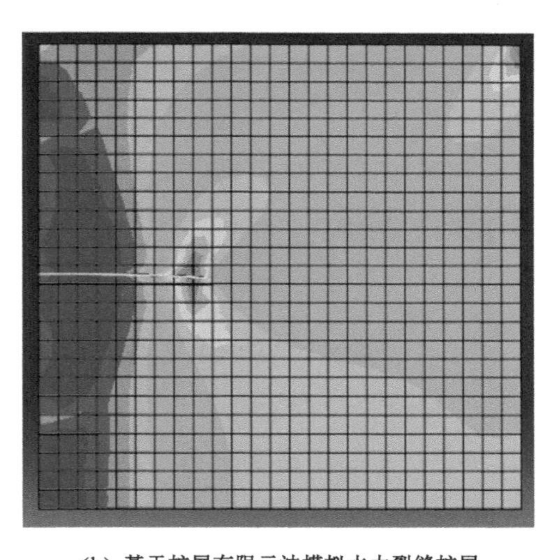
(b) 基于扩展有限元法模拟水力裂缝扩展

图3-2 边界元法和扩展有限元法模型对比

(3) 有限差分法(Finite Difference Method)

有限差分作为一种新型的数值计算方法,因其对复杂网格系统的适用性,在计算流体力学和油藏数值模拟中得到了广泛的应用。Yang用压力迭代有限差分法改进了纳维-斯托克斯方程(Navier-Stokes equations)的数值解,并分析了雷诺数和压力波动频率对单裂缝流体流动特征的影响。Ferla等借助AVO (Amplitude Variation with Offset)建立了石油和沥青在不同形态裂缝中的声波响应模型。Yan等结合有限差分和有限体积法(Finite Volume Method)改进了嵌入式离散裂缝模型,使其能更好地处理复杂的裂缝形态及渗透率张量,并通过物理模拟试验及数值模拟验证了模型的准确性。Jia等对不同维度下裂隙性储层流体的流动特性进行模拟,指出裂缝界面上流体的压力和速度是不连续的,裂缝是储层流体快速流动的通道。Liu 等结合拉普拉斯变换(Laplace Transform)有限差分模型和边界元模型，建立了离散裂缝系统中的流体流动特性模型，并总结出了 6 种流动模式：线性裂缝流、双线性流、内区线性流、内区拟稳态流、外区域拟径向流、外区边界控制流。

(4) 离散元法(Discrete Element Method)

离散元法在模拟非连续介质问题中同样展现出了独特的优势，具代表性的有通用离散单元法程序(Universal Distinct Element Code，UDEC)、三维离散单元法程序(3 Dimension Distinct Element Code，3DEC)、颗粒流(Particle Flow Code，PFC)等。Thallak 等采用离散元法建立了流畅耦合的裂缝模型，并模拟了分段压裂中水力裂缝的扩展过程，指出裂缝的扩展受裂缝尖端应力场分布的影响，远场主应力并非裂缝扩展的主导因素。Nagel 等在总结前人关于压裂液流动特性研究成果的基础上，模拟了地应力走向、压裂液黏度及岩石力学性质对水力裂缝形态及储层有效渗透率的影响。陈旭日等基于 3DEC 建立了考虑流固耦合的体积压裂的数值模型，并研究了射孔簇间距对裂缝形态的影响。离散元模型见图 3-3。

(a) 基于水力压裂过程的离散元模型　　(b) 储层的离散元计算模型

图 3-3　离散元模型

3.1.3　水力压裂物理模拟试验研究现状

储层岩石物理力学性质，层理和天然裂隙等结构面的分布，以及水力裂缝形态和扩展路径的多样性等均是数值模拟所难以实现的。水力压裂物理模拟试验作为研究水力裂缝形态及行为特征的有效手段，经过几十年的发展，已成为探究裂缝扩展问题的有效手段之一。为提高储层改造效果，国内外学者开展了大量以现场压裂为依据的水力压裂物理模拟试验。

Warpinski 等基于矿场试验研究了地质非连续体、岩石渗透率、裂缝的摩擦性质及压裂液黏度等对裂缝扩展路径的影响。Fisher 等将水力裂缝分为双翼对称缝、复杂多裂缝、极为复杂的裂缝网络，并通过压裂诊断技术证实了 Barnett 页岩储层中是极为复杂的裂缝网络。Beugelsdijk 等和 Cipolla 等分别采用物理试验和分析测井数据的手段研究了水力裂缝与层里面等天然缺陷之间的关系。陈勉等首次采用大尺寸真三轴水力压裂试验机研究了模拟地应力、断裂韧性及天然裂缝等因素对水力裂缝扩展的影响，其结果表明，岩石的断裂韧性对裂缝起裂的影响与模拟地应力呈负相关关系，天然裂缝会诱导裂缝发生转向。周健等在此基础上研究了随机的天然裂缝系统、模拟地应力等参数对水力裂缝形态的影响，并总结出了三种裂缝模式：① 多分支裂缝，② 放射状裂缝，③ 多分支垂向裂缝。Deng 等采用同样的方法研究了预置横切裂缝的角度和长度及泵注量对裂缝形态的影响，并将物理模拟试验结果与数值模拟结果进行对比。Fatahi 等基于人工水泥试样研究了水力裂缝和天然裂缝之间的相互作用关系（图 3-4）。Huang 等基于含预置结构面的人工水泥试样开展了水力压裂物理模拟试验，并总结了中水力裂缝的几种扩展模式：① 沿层理面延伸，② 首先沿层理延伸，其次转向最大主应力方向延伸，③ 穿过层理面并沿最大主应力方向延伸。

图 3-4　人工混凝土试样中水力裂缝与随机天然裂缝之间的关系

由于大尺寸的岩石露头试样相对较少，且在采样过程中要消耗大量的人力物力财力，上述物理模拟试验研究多基于人工混凝土试样。然而，此类试样的物理力学性质仍与天然岩石试样存在较大差异。为了更加准确地模拟储层水力裂缝的形态特征，诸多学者开展了基于岩石露头试样的水力压裂物理模拟试验研究。野外试样如图 3-5 所示。

图 3-5　可用于室内水力压裂物理模拟试验的野外大块岩石露头

Guo 等通过水力压裂物理模拟试验研究了水平地应力差、压裂液泵注排量和黏度对裂缝扩展的影响，指出水平地应力差过高，或是压裂液排量及黏度过大都不利于形成裂缝网络。Zou 等研究了层理等天然缺陷，以及竖直地应力差等参数对水力裂缝扩展的影响，并将工业 CT 扫描法应用于水力裂缝形态的观测中（图 3-6）。Naoi 等研究了在模拟地应力的作用下，水力裂缝的扩展路径与声发射（Acoustic Emission，AE）定位之间的关系，并推导出了声发射事件与水力裂缝形态之间的内在联系。Zhang 等在室内实现了超临界二氧化碳压裂物理模拟试验，探究了层理面、压裂液性质及水平地应力分布等参数对裂缝扩展路径的影响，并重点对比了水力压裂与超临界二氧化碳压裂试验中裂缝形态间的差异。侯冰等受储层改造体积（Simulated Reservoir Volume，SRV）的启发，采用裂缝沟通面积（Simulated Reservoir Area，SRA）评价室内水力压裂物理模拟试验效果，并基于试验探讨了复杂裂缝网络的形成机理，结果表明：高脆性、高逼近角、大排量、低黏度、地应力差是形成缝网的有利条件。Cheng 等通过分析三维空间下水力裂缝尖端及作用在天然裂缝面上的应力场，建立了水力裂缝穿透天然裂缝的判别准则，并通过开展室内水力压裂物理模拟试验验证了其准确性。侯振坤、衡帅、Ma 等基于真三轴岩土工程模型试验机、水力伺服泵、声发射三维空间定位技术、工业 CT 扫描技术等方法，建立一套水力压裂物理模拟与水力裂缝表征方法（如图 3-7 所示），并通过水力压裂物理模拟试验研究了层理、岩石脆性等储层地质因素对水力裂缝形态的影响规律。

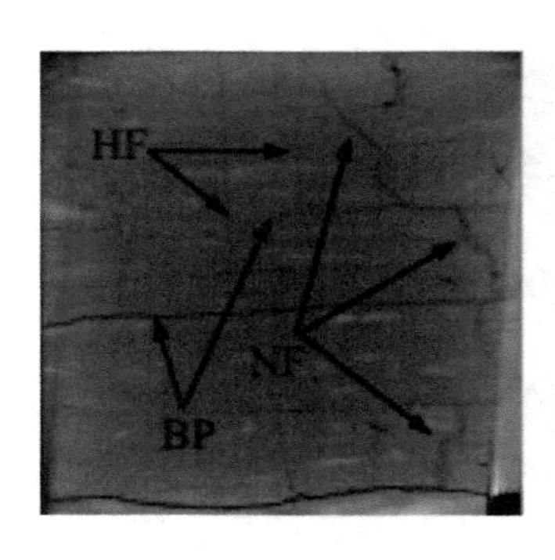

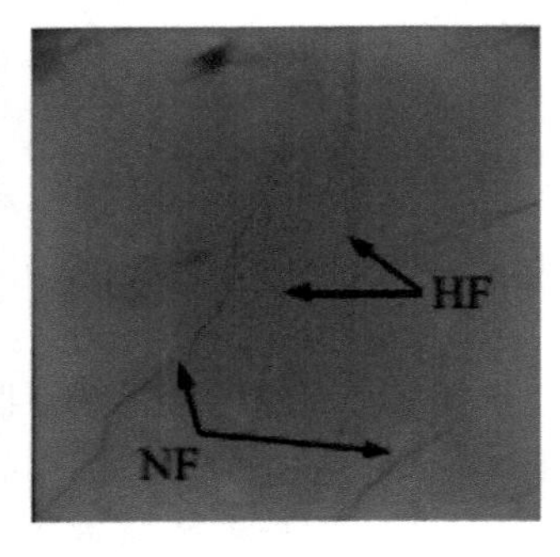

图 3-6　岩石试样中水力裂缝的 CT 扫描图（HF 表示水力裂缝，NF 表示天然裂缝）

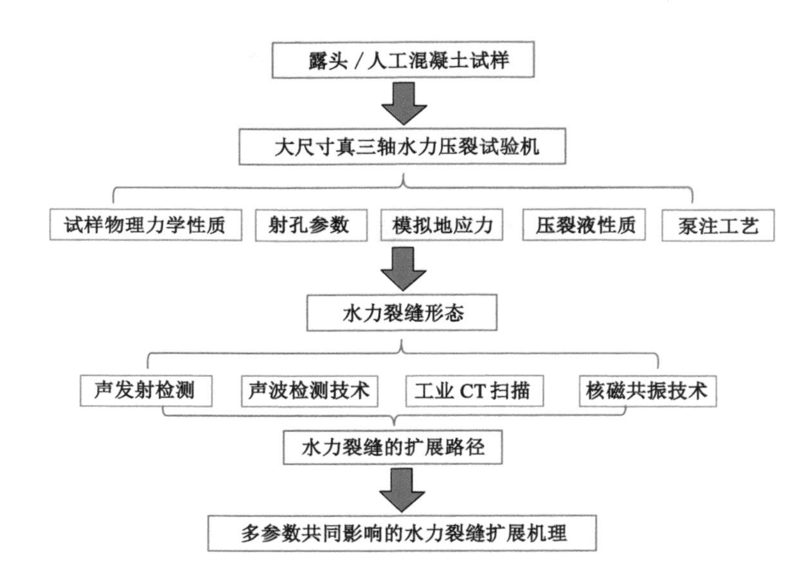

图 3-7　水力压裂物理模拟与压裂缝表征方法示意图

3.1.4 射孔及泵注工艺的发展研究现状

作为控制水力裂缝形态及扩展路径的主要工程参数，射孔及压裂液的泵注工艺是诸多学者研究的焦点。

(1) 射孔技术的发展现状

水力压裂过程中，射孔是沟通井筒和地层的通道，是水力压裂造缝的关键。早在1973年Daneshy就通过理论分析及物理试验证明了射孔完井的有效性，他基于线弹性岩石力学理论研究了螺旋射孔、单翼及双翼定向射孔压裂中井筒周围的应力场分布，并采用人工石膏试样开展物理试验，研究了射孔类型与试样破裂压力、裂缝形态之间的关系。在此后的30年里，Ahmed等、Willingham等、Ketterij等、Lu等分别基于压裂施工数据、理论模型分析、物理模拟试验等手段，对布孔位置、射孔附近的砂堵情况、射孔与裂缝形态的关系及射孔参数优化进行了研究。随着21世纪初"页岩气革命"的到来，射孔压裂完井技术在非常规油气藏开发中再次得到了广泛应用。Peirce等和Fallahzadeh等在三维空间中建立了水平井分段分簇压裂裂缝相互作用的力学模型，并优化了射孔间距。Dong等以线弹性断裂力学和流体力学为理论依据，在考虑了地应力及孔隙压力的情况下，建立了单个射孔眼作用下的水力裂缝扩展模型，指出射孔方位角对裂缝起裂具有重要影响。姜浒等基于有限元数值模拟和水力压裂物理模拟试验对定向射孔压裂中水力裂缝起裂和延伸规律进行了探究，并优化了方位角等参数。薛世峰等、单清林等通过引入损伤变量来描述岩体破坏后力学参数的变化规律，并建立了螺旋射孔井有限元数值模型。井筒上的射孔眼如图3-8所示。

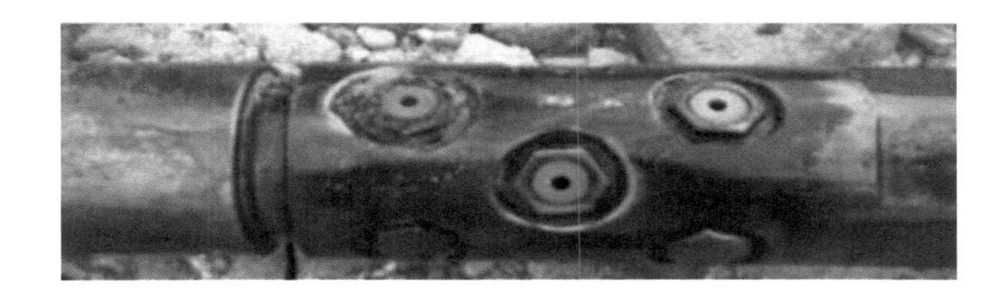

图3-8 井筒上的射孔眼

近些年来，定面射孔在深部裂缝性储层的压裂改造中扮演着愈发关键的作用。刘合等基于渗流力学、线弹性岩石断裂力学等理论，建立了三维空间中，定面射孔井筒周围流固耦合模型，并研究了井筒方位角和倾斜角以及夹角、直径、深度等射孔参数对地层起裂压力的影响。在储层改造过程中，针对储层的地质特征制定射孔压裂方案已成为目前射孔技术发展的主要趋势之一。

(2) 泵注工艺及压裂液体系的发展现状

体积压裂的主要特征之一是采用高排量、大液量、低黏压裂液的泵注工艺在主裂缝的侧向强制形成次生裂缝，从而达到增大裂缝复杂程度的目的。诸多学者结合我国国情开展了泵注工艺及压裂液体系的研究。郭建春等基于水力压裂物理模拟试验，得出低排量有利于层理和天然裂缝开启、高排量易形成长宽缝的结论。结合不同泵注工艺的造缝机理，阶梯式地提高泵注排量已成为增加水力裂缝复杂程度的有效手段。与之相配套的清水、滑溜水等低黏压裂液配合胍胶等携砂液的压裂液体系也已成为深部能源开发所采用的关键技术之一。

3.1.5 水力压裂研究方法发展趋势总结

射孔压裂完井技术，经过几十年的发展，已被证明是一种有效的增产手段。而水力压裂主要研究方法——理论模型建立、数值模拟试验及物理模拟试验在结合了岩石断裂力学、渗流力学之后，逐渐发展为一套成熟的体系。水力裂缝模型的总体发展趋势可归纳为：① 维度发展：二维裂缝模型→拟三维裂缝模型→全三维裂缝模型；② 从平面模型到非平面模型的发展：二维平面裂缝模型→二维非平面裂缝模型→三维裂缝模型；③ 裂缝条数的发展：单一裂缝模型→多裂缝模型→缝网模型。数值模拟技术随着裂缝模型的发展逐渐丰富起来，最为常见的主要为扩展有限元、边界元、有限差分、离散元等方法，几种数值模拟方法在不同的方面展现出了独特的优势。物理模拟试验已逐渐接近实际储层的水力压裂情况，主要体现在模拟参数的进一步完善，模拟地应力、热力学和流固耦合、支撑剂泵注等功能的实现，各参数的量级及精度的提高等方面，水力压裂主要研究方法发展趋势示意图见图 3-9。

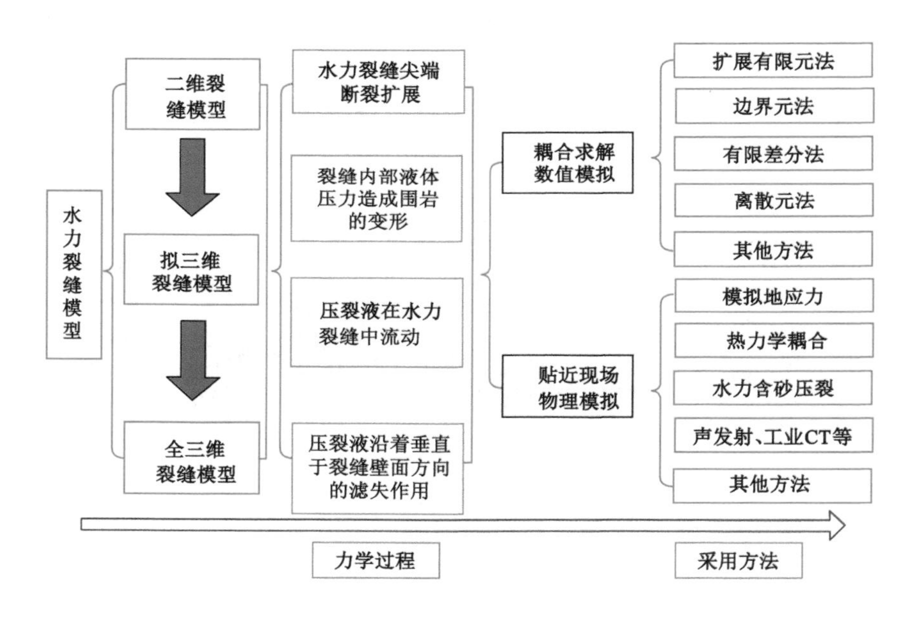

图 3-9 水力压裂主要研究方法发展趋势示意图

水力压裂物理模拟试验是探究水力裂缝形态特征、起裂和扩展规律的有效手段，可为现场压裂施工提供一定依据。2000 年，自陈勉等基于大尺寸真三轴模拟试验系统首次开展人工混凝土试样的压裂试验以来，水力压裂物理模拟试验随着能源开发行业的发展，成了诸多学者研究的焦点。近些年来，基于原岩露头和人工混凝土试样的裂缝行为分析、试验方法表征等方面展开的研究层出不穷。侯振坤、衡帅等建立了一套岩石水力压裂物理模拟与水力裂缝表征方法。为弥补野外露头试样尺寸的缺陷，高帅、王维采用水泥砂浆包裹岩石的方式开展水力压裂物理模拟试验。Zhang 等为了提高压裂试验的精度，结合试验室的实际条件及试样的规模，对大尺寸真三轴模拟试验系统的相关参数予以优化。张广清、Tan、Cheng 等也分别基于岩石露头试样和人工混凝土试样，开展水力压裂物理模拟试验，对水力裂缝扩展路径控制、压裂参数优化等方面进行了研究。然而，上述研究均忽略了射孔参数对裂缝形态及扩展路径的影响，仅通过在模拟井筒底端设置裸眼段的方式完成压裂液的泵注，而这与现场的压裂施工存在较大差异。

3.2　室内水力压裂改造模拟系统

美国 Colorado School of mines 于 2013 年对裂缝启裂开展了室内物理模拟研究，其研究对象为边长为 30 cm 的 Colorado 正方体玫瑰红花岗岩，该研究使用的压裂液包括水、盐水等多种流体。该研究结果表明，受到压裂后，岩石形成了主裂缝和一些微裂缝，其只有排量达到特定值且经长时间的压裂才会发生破裂。同时，流体排量对破裂压力影响较大；在压裂过程中，岩石表现出较为明显的塑性特征；其破裂压力远远大于最大水平主应力。

热-力-水耦合的数值模拟和 EGS 油藏的热能开采数值模拟研究类似。基于模拟地层中的应力情况（至少为最大水平主应力的一半），在液体注入和热能采出的过程中，调查探索裂缝尺寸分布对能量的响应特征。在模拟时，将地层划分为预设裂缝网络的岩块集合，液体只能在裂缝中流动，同时，假设岩石无法渗透并且具有弹性。中国科学院地质与地球物理所联合研制的高能加速器 CT 多场耦合岩石力学试验室系统（图 3-10）属世界首台高能加速器 CT 可旋转式岩石力学刚性试验机，可以用大尺寸试样模拟深部地层高温高压环境、观测岩石损伤破裂和气液运移过程。其中，CT 系统探测器采用双探测器系统（包括线阵探测器和面阵探测器），最大扫描范围为 240 mm，密度分辨率为 1%。该可旋转试验机可以在对岩石加载的同时进行高精度旋转。

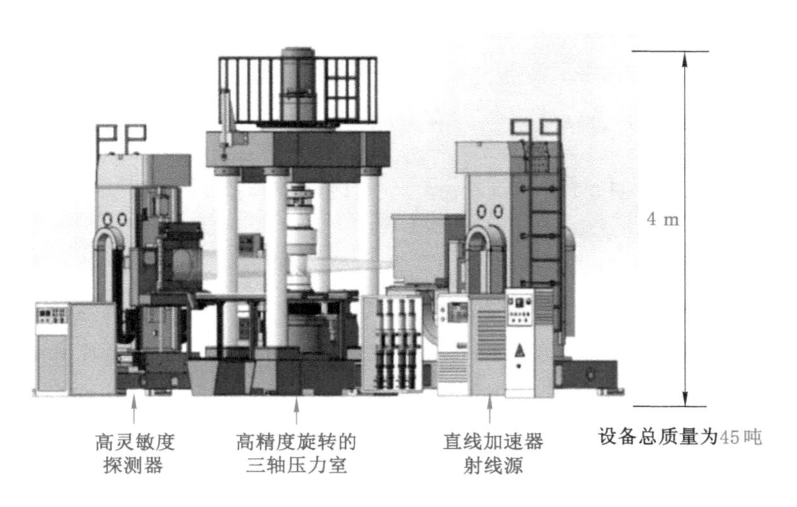

图 3-10　高能加速器 CT 多场耦合岩石力学实验室系统

为了研究压裂过程中高温热能、流体流动、岩石应力应变和化学多场耦合之间的相互作用机制，吉林大学等院校采用数值模拟方法从不同方面研究了热-流-固-化多场耦合机制。此外，2013 年吉林大学还开发了可用于 EGS 领域的多相多场耦合数值分析软件，这对研究 EGS 干热岩型地热能开发过程中水岩作用对热储层特征的影响有巨大帮助。研究结果表明，水岩作用对裂隙孔渗影响较小，裂隙特征变化不明显。

中国石油大学(北京)陈勉教授早在 2000 年就采用大尺寸真三轴水力压裂物理模拟试验机开展压裂试验，该压裂模拟试验系统包括大尺寸真三轴试验架、MTS 伺服增压器、稳压源、油水隔离器和其他辅助装置。试验架通过钢板向试样的侧面施加刚性载荷，液压由多通道稳压源提供，各通道的压力可以单独控制(图 3-11)。MTS 增压泵配备程序控制器，可对液体进行恒定排量的泵送，也可按预设的泵送程序进行泵送。但该系统缺乏水力裂缝检测模块且年代相对久远，精度及额定压力都无法保证。

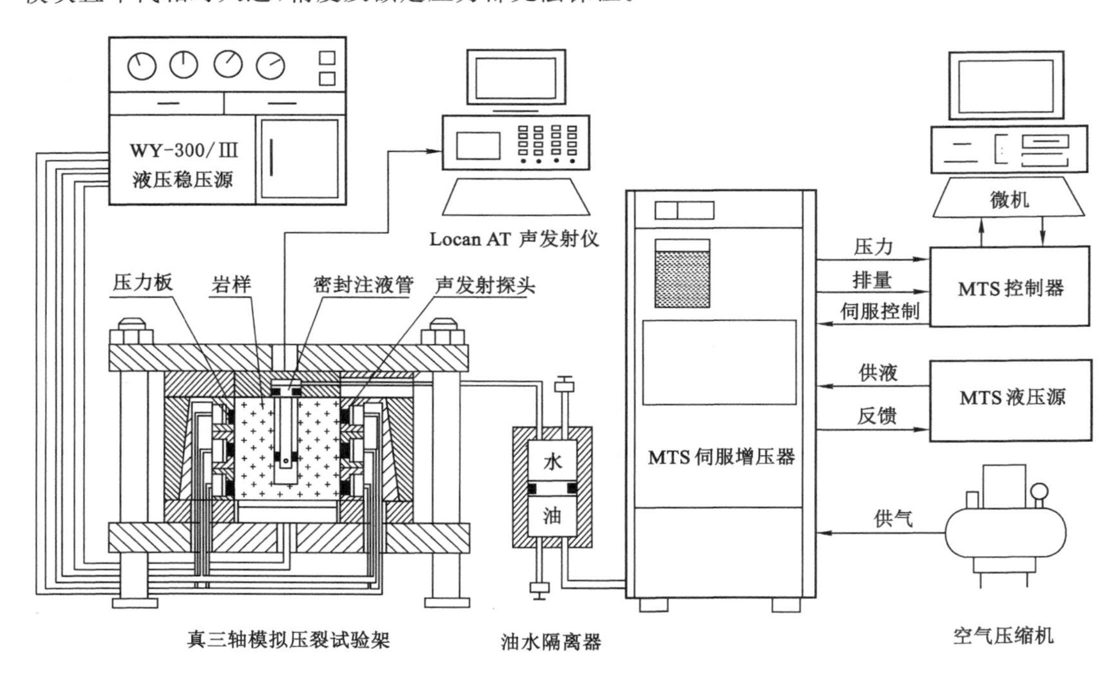

图 3-11　中国石油大学(北京)压裂模拟试验流程

中国科学院武汉岩土力学研究所岩土工程多场耦合效应组团队攻克一系列技术难题，研制了高温全刚性真三轴试验系统，该系统主要由以下 3 个子系统构成：全刚性力学加载系统、高温温控系统、数采分析系统。该模拟器适配尺寸大，最大尺寸可达 400 mm×400 mm×400 mm；加载载荷大，3 个方向最大载荷均可达 3 000 kN；增压活塞最高输出压力为 100 MPa，分辨率为 0.05 MPa；配备了位移传感器，分辨率为 0.04 mm；增压器有效容积为 800 mL；电液伺服阀的额定流量为 9 L/min，并配有 DISP 声发射测试系统。该系统尺寸较大，操作复杂，需要 6 人同时操作，且额定压力及声发射监测精度有限。

四川大学能源储备与 CCUS 国际合作研究基地研制了综合岩石力学试验系统。该系统最大围压、轴压分别为100 MPa、200 t，最高温度为200 ℃，最大可施加水/气压100 MPa。该系统测量精度为0.1%，可进行试件直径为25 mm到100 mm的单轴、三轴应力应变全过程试验以及循环加卸载及水力压裂等试验，还配备有声发射系统(图3-12)。

图3-12　综合岩石力学试验系统(四川大学)

再如河北新奥科技发展有限公司高温岩石真三轴实验室。该公司建成了高温岩石真三轴实验室(300 ℃、100 MPa)，最高工作温度可达400 ℃；配套耐温300 ℃声发射监测系统。该实验室能模拟温度300 ℃，围压100 MPa的环境(图3-13)。在这个试验平台开展了一系列岩石的压裂及破坏特性研究，并进行高温环境下岩石热冲击压裂试验和暂堵分段压裂试验。

中国地质大学(武汉)自主研发了真三轴水力压裂改造模拟系统(图3-14和图3-15)，系统主要包括真三轴模块、高压水力伺服泵、全信息声发射分析仪及控制计算机。其中，真三轴模块[图3-15 (a)]包括试样放置室、用于对试样进行加压的方形压块以及与方形压块连接以驱动其对试样进行加压的液压电动泵[图3-15 (g)]。方形压块设有三个，分别在水平、垂直和竖直三个方向挤压试样[图3-15 (b)]，每一个方形压块对应设置一个液压电动泵，三个方向上的油路相互独立互不影响。三个压块的对立面固定，用这样的方式对试样施加三向围压以模拟地应力，三个方向上的额定压力均为35 MPa。试样放置室的腔室尺寸为边长325 mm的立方体空间，以放置300 mm×300 mm×300 mm的立方试样。高压水力伺服泵可通过耐压钢管与试样连接，完成泵注，其最大排量为18 mL/min，额定泵压为160 MPa[图3-15 (c)]，试验过程中可实时显示泵体压力。此外，泵体与预置在试样中的模拟井筒通过耐压钢管螺纹连接，能够较长时间连续不断地提供高压流体。高压水力伺服泵置于水力压裂改造模拟系统的控制柜内，可通过该柜体配合计算机对包括泵体在内的整个系统进行控制。

图 3-13 综合岩石力学试验系统(河北新奥)

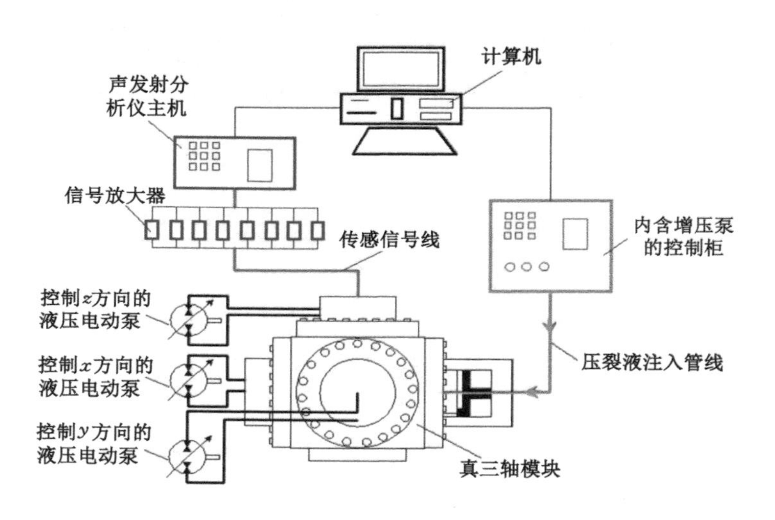

图 3-14 水力压裂改造模拟器示意图[中国地质大学(武汉)]

声发射模块包括声发射探头[图 3-15 (d)]、全信息声发射分析仪主机以及连接探头和主机的信号放大器[图 3-15 (e)]。声发射探头分布于试样放置室内的两个垂直端面的顶角处,每个端面布置 4 只,探头尺寸为 ϕ10 mm×8 mm。所述声发射探头、声发射分析仪主机及信号放大器均通过传感信号线连接。分析仪主机采样速度为 10 MHz,输入信号范围为 100 dB (±10 V),连续数据通过率大于 262 MB/s,所述信号放大器带宽为 20～1 500 kHz。信号放大器的放大倍数可设置为 20、40 或 60 倍。在水力压裂过程中,岩石破裂伴随的声发射信号经放大器传至分析仪主机,处理后的信号[图 3-15 (f)]被传入计算机,声发射事件即可据此在计算机屏幕上显示,从而实现对水力压裂过程的实现监控。

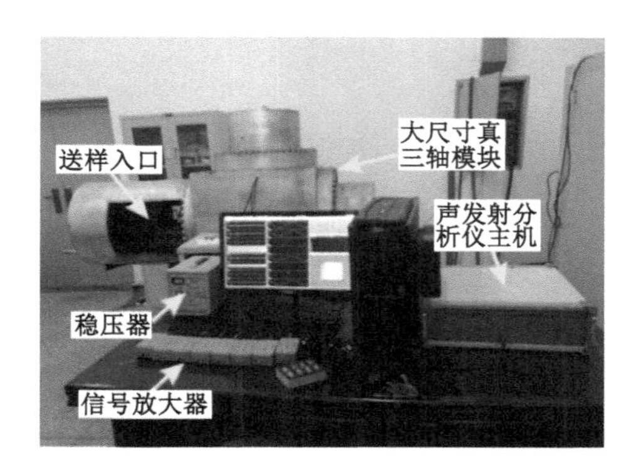

(a) 大尺寸真三轴模块、全信息声发射分析仪、计算机

(b) 试样围压加载方式

(c) 内含高压水力伺服泵的控制柜

(d) 声发射探头

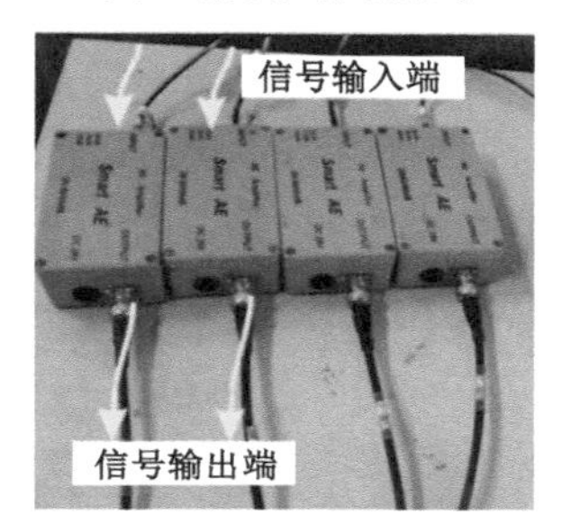

(e) 信号放大器

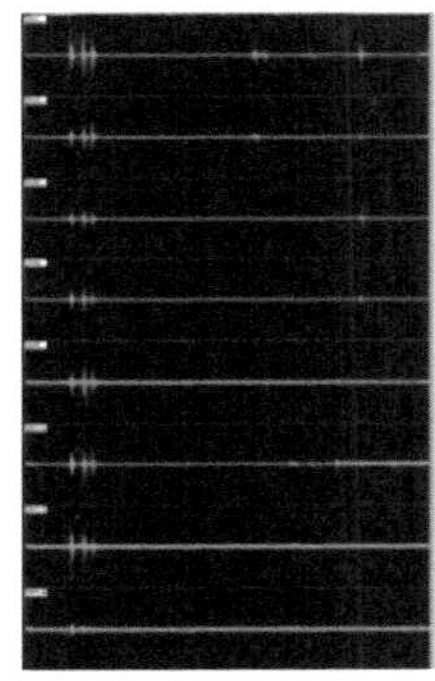

(f) 完整声波信号

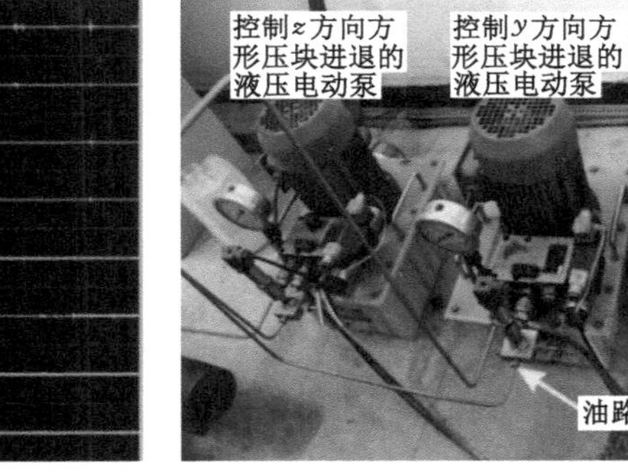

(g) 可控制试样三向围压的液压电动泵

图 3-15 水力压裂改造模拟系统[中国地质大学(武汉)]

3.3 干热岩(花岗岩型)水力压裂物理模拟试验

3.3.1 试样来源

本研究采用的大尺寸露头试样取自青海省海南藏族自治州共和县东乡卡村。取样地点位于干热岩资源较为丰富的共和盆地,具体位于河谷内,从大量散落的大尺寸露头中选择与热储层岩心物理力学性质相近的试样(图 3-16)。

图 3-16　大尺寸露头试样取样点现场照片

取样时选取风化相对较弱的大块露头花岗岩作为研究试样。取样点构造位置北缘为青海南山南缘隐伏断裂，西南缘为哇玉香卡-拉干隐伏断裂，过达连海发育北东向共和-狼山隐伏断裂。试样新鲜面呈灰白色，中粗粒花岗结构，块状构造，个别斜长石斑晶发育较好，鳞片状黑云母呈丝绢光泽。部分试样有较大尺度石英脉穿插，不同属性岩石分界面较为明显。野外采取的典型露头岩样见图 3-17。

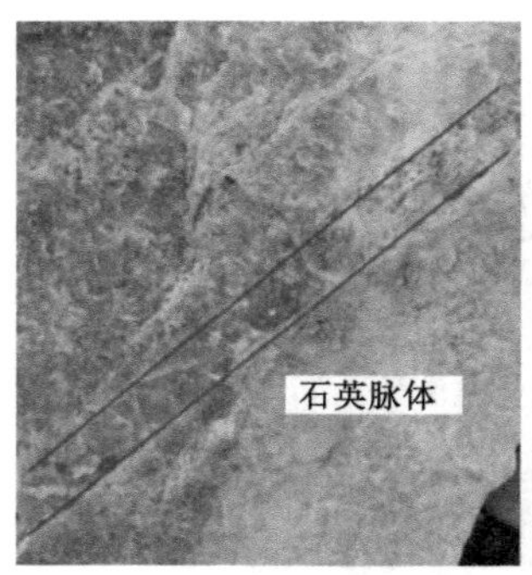

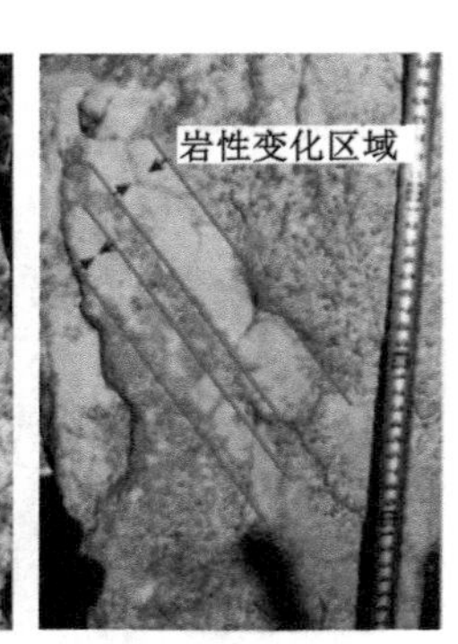

图 3-17　野外采取的典型露头岩样

岩心试样取自位于青海省海南藏族自治州共和县塔拉滩的我国首例干热岩探采结合的干热岩注入井，干热岩注入井目的层(埋深 3 500 m)以下部分岩心形态如图 3-18～图 3-21 所示，岩心描述如下：

3 528～3 532 m 段，取心长度为 335 cm，岩心高角度裂隙发育(轴夹角约 14°)，沿裂隙绿泥石化明显，表明为原生裂隙(图 3-18)。由于应力释放，岩心发育近水平向的裂隙，且岩心沿裂隙断开，表明该井段地应力较高。岩心整体较为破碎，碎块蚀变明显，暗示该层段可能存在古破碎带。

3 804～3 804.8 m 段，取心长度为 61 cm，岩心整体完整，裂隙不发育，未见明显的热液沉积和矿物蚀变现象，表明该层段岩体较为完整(图 3-19)。由于云母含量较低，推测该层段岩石强度较大。随着置放时间增加，应力释放，水平裂隙逐渐增多，表明该井段地应力较高。

3 883～3 884 m 段，取心长度为 100 cm，岩心整体较为完整，裂隙弱发育。主要见长英

图 3-18　干热岩注入井岩心(3 528～3 532 m 段)

图 3-19　干热岩注入井岩心(3 804～3 804.8 m 段)

质脉体穿插,宽度约为 2.5 cm,主体呈乳白色,在脉体与花岗闪长岩之间有宽度不等的绿泥石壁,推测为热液充填岩石裂隙而生(图 3-20)。岩心发育一系列平行的高角度裂隙(轴夹角约 27°),沿裂隙绿泥石化明显。由于取心后应力释放,岩心发育近水平向的裂隙,表明该井段地应力较高。

图 3-20　干热岩注入井岩心(3 883～3 884 m 段)

3 979～3 980.5 m 段,取心长度为 140 cm 岩心整体较为完整,裂隙呈高角度(轴夹角约 25°)弱发育,沿裂隙出现绿泥石化(图 3-21)。岩心见长英质脉体穿插,宽度约 2.7 cm,主体呈乳白色。由于取心后应力释放,岩心发育近水平向的裂隙,岩心沿裂隙断开成数十块应力饼,其宽度为 1～2 cm,部分层段破碎成碎块,表明该井段地应力较高。

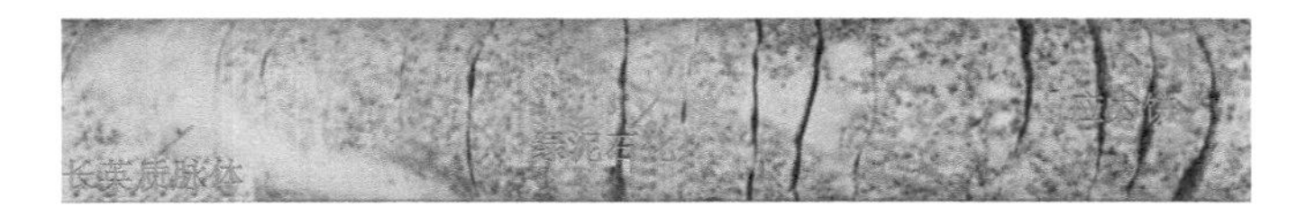

图 3-21　干热岩注入井岩心(3 979～3 980.5 m 段)

从取心情况看,岩心的完整和破碎程度均表现出较大的差异性,说明纵向上蚀变花岗岩发育的非均质性较强,主要表现出天然裂缝发育程度的差异;岩心从井底至地面在温度和应力极大差异条件下,可观察到明显的新的裂缝形成,且常见近水平缝。因此,在该井干热岩水力改造时需充分考虑纵向上表现出的强非均质性,且应通过物理和化学相结合的方法获得更多的压裂裂缝，从而获得最佳的热储建造效果。

3.3.2 热储层岩心和花岗岩露头基础物理力学参数

（1）储层花岗岩矿物组分分析

采用X射线衍射仪对干热岩注入井的花岗岩露头及岩屑试样（井深3 506 m、3 554 m、3 596 m、3 640 m和3 700 m）进行了X射线衍射分析（X-ray diffraction，XRD）。通过分析，获得了干热岩的矿物组分，测试结果如表3-1所示。矿物含量以钾长石（11.1%～18.9%）、钠长石（30.0%～39.6%）和石英（31.3%～41.5%）为主，还有少量的云母（8.1%～16.8%）和绿泥石（2.0%～4.7%）。露头试样和深井岩屑试样矿物组分差别不大，露头试样中黏土矿物（绿泥石）含量（4.7%）稍高于深井岩屑试样中的黏土矿物（绿泥石）含量（2%～3%）。从矿物分析的结果来看，干热岩注入井干热岩脆性矿物（石英、长石）含量极高（81.2%～89.1%），黏土矿物（绿泥石）含量极低（小于5%）。

表3-1 干热岩注入井岩心矿物XRD分析结果

试样编号	试样深度/m	矿物组成及含量/%				
		钾长石	钠长石	石英	（金）云母	绿泥石
SX1	0	15.7	30.0	41.5	8.10	4.70
X1	3 506	18.9	35.5	33.5	9.51	2.59
X2	3 554	11.8	36.9	38.7	9.24	3.36
X3	3 596	18.2	39.6	31.3	8.63	2.27
X4	3 640	11.1	36.4	40.0	9.49	3.01
X5	3 700	15.0	32.1	34.1	16.80	2.00

由表3-1可知，该井干热岩地层花岗岩主要矿物组成为钾长石、钠长石、石英、云母和绿泥石，其中以石英和长石等脆性矿物为主，表明干热岩地层岩石脆性较高，有利于压裂过程中裂缝的开启和扩展延伸。岩屑试样X射线衍射图谱如图3-22所示。

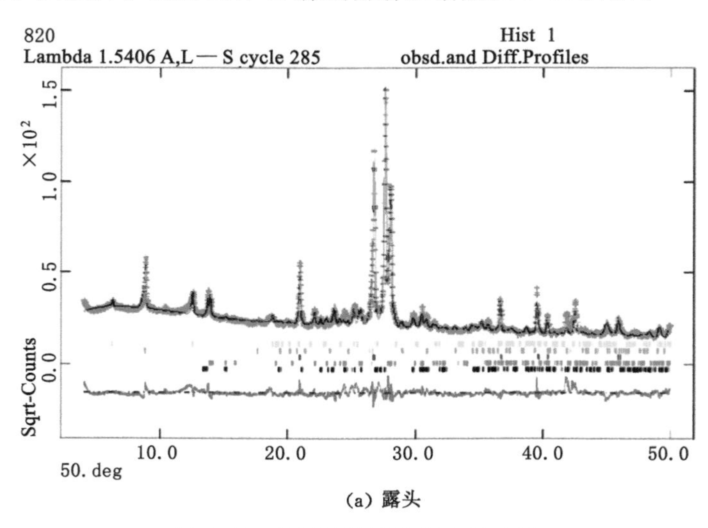

(a) 露头

图3-22 岩屑试样X射线衍射图谱

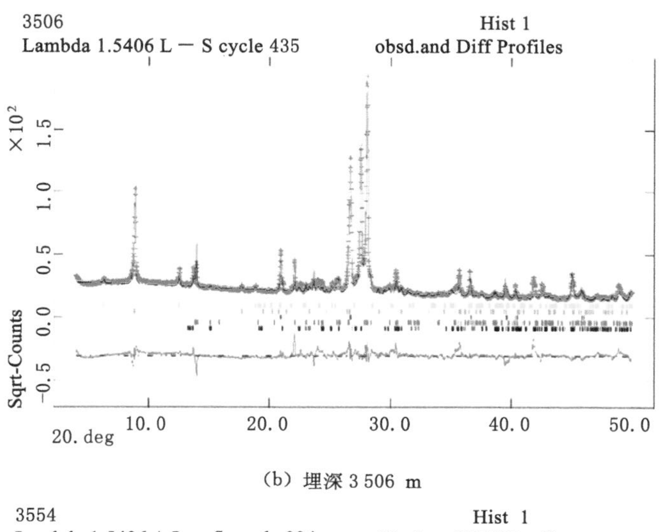

(b) 埋深 3 506 m

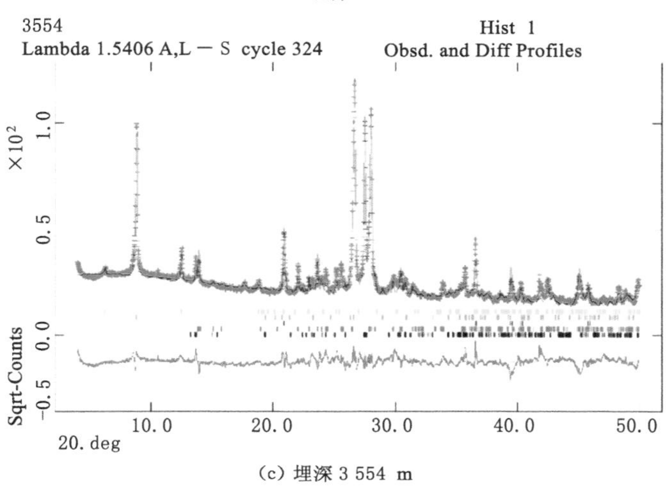

(c) 埋深 3 554 m

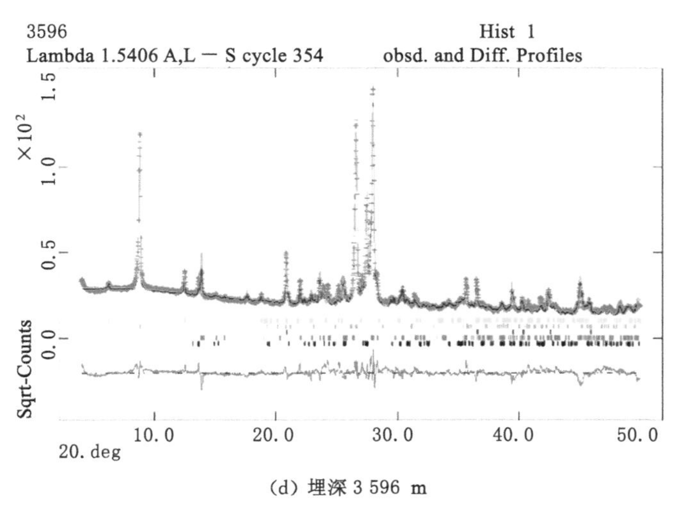

(d) 埋深 3 596 m

图 3-22(续)

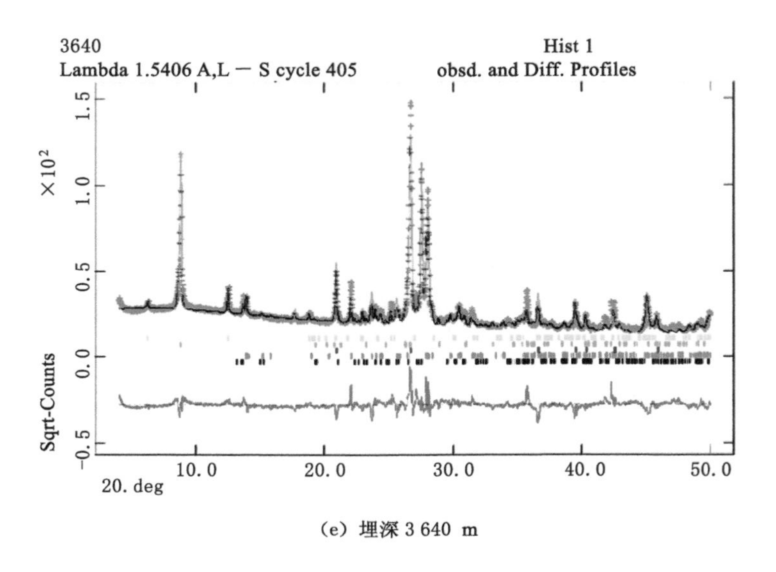

(e) 埋深 3 640 m

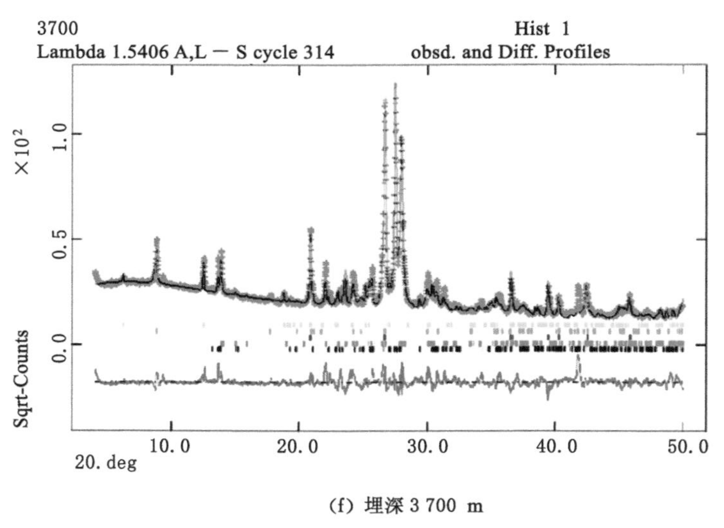

(f) 埋深 3 700 m

图 3-22(续)

(2) 基础力学参数测试与计算

对露头试样和干热岩注入井深井岩心进行了 19 组岩石力学试验，其中包括单轴压缩试验、常温三轴压缩试验、高温三轴压缩试验和巴西劈裂试验。对干热岩的岩石力学性质尤其是高温高压条件下的力学特性进行了深入细致的测试和分析，包括抗压强度、杨氏模量、泊松比、抗拉强度等。相关力学测试结果见表 3-2 至表 3-4，其结果表明，深部花岗岩杨氏模量为 16 498～45 695 MPa，泊松比为 0.165～0.276，抗拉强度一般为 3～6 MPa。还绘制了不同温度下干热岩的莫尔圆曲线，计算了不同温度下干热岩的内摩擦角和内聚力。部分试样破坏模式图见图 3-23。

表 3-2　岩石力学参数

序号	温度/℃	围压/MPa	泊松比	杨氏模量/MPa	差应力/MPa
1-1	常温	0	0.222	16 498.4	106.0
1-2	常温	20	0.181	32 503.0	172.3
1	常温	20	0.225	22 279.7	92.1
2	常温	40	0.192	33 718.1	196.5
3	常温	60	0.212	35 518.8	205.4
4	40	20	0.276	27 586.8	243.4
5	80	20	0.193	26 562.9	231.0
6	120	20	0.190	26 317.1	220.1
7	40	40	0.258	32 652.3	389.5
14	40	40	0.249	32 888.2	361.3
8	80	40	0.253	31 011.2	314.3
9	120	40	0.176	36 299.2	342.8
11	40	60	0.165	28 192.1	116.7
11	80	60	0.269	21 018.1	69.8
13	80	60	0.270	28 982.4	152.8
12	120	60	0.239	45 694.9	403.8

表 3-3　岩心几何及力学参数

序号	长度/mm	直径/mm	最大载荷/kN	抗拉强度/MPa
B-1	24.88	50.27	11.837	6.03
B-2	24.67	50.29	11.409	5.85
B-3	24.95	50.45	5.980	3.02

表 3-4　储层岩石内聚力及内摩擦角

温度/℃	内聚力/MPa	内摩擦角/(°)
常温	35.737	27.60
40	23.896	48.29
80	32.494	42.48
120	27.973	44.56

3.3.3　大尺寸花岗岩型干热岩水力压裂物理模拟试验

(1) 干热岩体结构面调研及试样准备

采用 Z1Z-FF02-250 金刚石钻孔机在试样的某一端面中心钻孔，以预置模拟井筒。采用 YD-800 型环氧树脂植筋胶将模拟井筒与预制钻孔固封。为防植筋胶流入井筒，预置前应采用吸水纸将射孔眼封堵。将试样简单切割后放入正方体模具内，按照砂灰水比为 2.3∶1∶0.44 的比例配制水泥浆，将试样制成立方体以便施加围压。为方便剖切试样观察水力

图 3-23 部分试样破坏模式图

裂缝，候凝 5 天开展真三轴水力压裂试验(图 3-24)。

(a) 被钻孔的试样

(b) 混凝土包裹试样

(c) 加工完成的试样

图 3-24 试样加工过程

(2) 试验参数设置

为了有针对性地研究水力裂缝与结构面之间的相互作用关系，在不同特征的试样中选取不同结构的打孔管。对含有石英脉或其他条带状结构面的试样而言，采用单排的定向打孔管以控制水力裂缝和结构面的逼近角[图 3-25(a)]。对于存在明显岩性变化的试样，采用定面布孔的打孔管与含有岩性变化的试样相互作用[图 3-25(b)]。对于含有随机分布的天然裂隙的试样，采用螺旋布孔的打孔管与之相互作用[图 3-25(c)]。

除布孔参数外，压裂液是控制裂缝形态的另一个工程参数。本次干热岩水力压裂物理模拟试验中的压裂液全部采用滑溜水，其黏度为 3 MPa・s。分别采用定排量和变排量压裂的方法开展压裂试验，以探究压裂液排量对水力裂缝形态的影响。每块试样压裂试验开始前，将红色示踪染剂预置于模拟井筒之中，随后采用螺纹连接的方式将泵注管线与预置在试样中的模拟井筒连接。压裂液中不含示踪染剂，压裂过程中，染剂在井筒中溶解于压裂液，示踪染剂在压裂液中的浓度将随着压裂过程的进行逐渐降低。这样可通过裂缝面上染剂颜色的深浅判断水力裂缝的扩展路径及形成的先后顺序。

地应力是影响水力裂缝形态的关键地质因素。共和盆地恰卜恰干热岩体地应力分布较为复杂，为了便于研究，将模拟地应力简化为 3 个相互垂直的主地应力。根据地质力学所的研究结果，干热岩开发场地 4 000 m 深处最大水平主应力为 144.22 MPa，最小主应力为 106.15 MPa，垂直主应力为 99.93 MPa，水平地应力差异系数 $K_H=0.36$，垂向地应力差异系数 $K_v=0.44$。基于物理

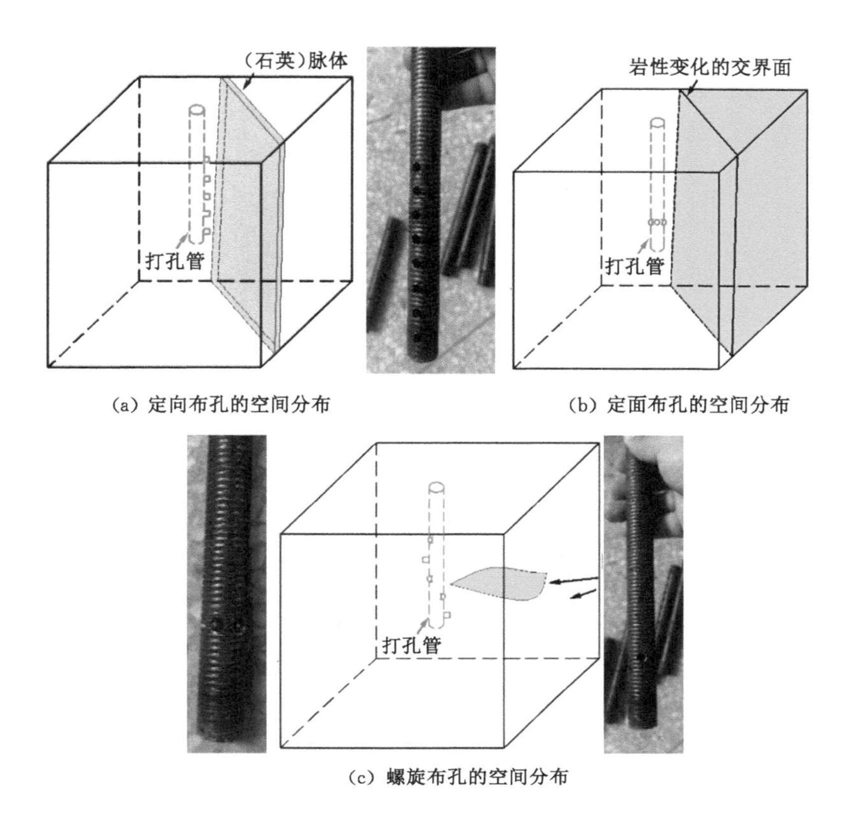

(a) 定向布孔的空间分布

(b) 定面布孔的空间分布

(c) 螺旋布孔的空间分布

图 3-25 模拟井筒布孔方式与不同种类结构面之间的对应关系

试验参数选取的相似准则，受压裂改造模拟系统的额定压力及试样尺寸的限制，水力压裂物理试验难以模拟真实地应力的分布情况，仅可通过改变主地应力差异系数探究水力裂缝形态对模拟地应力的响应机制。模拟地应力加载过程中，为了避免单向应力过大对试样造成损坏，首先应同时将三向围压加载至最小水平主应力大小，随后最大水平主地应力、垂向地应力应缓慢加载至设置值。水力压裂物理模拟主要试验参数见表 3-5，其试验方案示意图见图 3-26。

表 3-5 水力压裂物理模拟主要试验参数

试样编号	试样特征	布孔类型	模拟地应力($\sigma_v/\sigma_H/\sigma_h$)/MPa	水平地应力差异系数 K_H	垂向地应力差异系数 K_v	泵注排量 mL/min
A1	大尺寸石英脉	定向	8.47/12/10	0.36	0.44	11
A2						11
B1	条带状夹层	定向	8.47/12/10	0.36	0.44	11
B2						11
C	岩性分界面	定面	8.47/12/10	0.36	0.44	11
D	水力裂缝与一条天然裂缝作用	定面	8.47/12/10	0.36	0.44	11→5
E	致密不发育结构面	螺旋	8.47/12/10	0.36	0.44	11→5

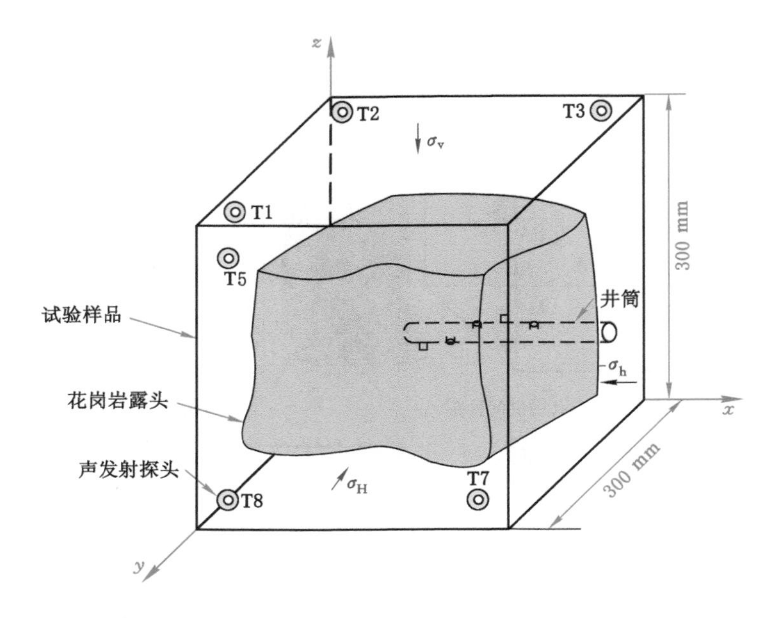

图 3-26　试样试验方案示意图

(3) 水力裂缝形态及扩展行为分析

干热花岗岩水力压裂试验完成后，剥去试样表面包裹的水泥，沿表面裂缝对试样进行剖切可观察水力裂缝(Hydraulic Fracture, HF)的形态特征。此外，根据裂缝表面示踪染剂的流动痕迹及颜色的深浅，配合声发射(Acoustic Emission, AE)监测结果和泵压-时间曲线，可对水力裂缝的扩展路径进行判断。

① 含有大尺寸石英脉的试样水力裂缝形态

a. A1 试样

压裂试验完成后，沿表面裂缝对试样进行剖切，发现 A1 试样中仅有 1 条水力裂缝面 HF1(图 3-27)。该裂缝起裂后，沿射孔方向延伸一段距离后与石英脉和花岗岩基质体的交界面相交，而后裂缝沿该交界面向着与最大主应力 σ_H 平行的方向延伸。经典岩石断裂力学表明，水力裂缝总是沿着最大主应力方向或垂直于最小主应力方向延伸。本试验中，HF1 的扩展呈现出了这样的趋势。此后 HF1 与石英脉上的天然裂隙相交，水力裂缝穿透该天然裂隙，向另一侧石英脉与花岗岩基质体的交界面延伸直至试样边界。

A1 试样的泵压时间关系曲线如图 3-28 所示，在恒定排量的作用下，随着压裂液的泵注，压力持续上升，并在 193 s 左右达到峰值 19.05 MPa，试样破裂，泵体压力瞬间下降至 5 MPa左右。此时，压裂液的泵注排量依然大于其滤失量，水力裂缝继续扩展。随着试样中压裂液的持续累积，泵压在 8～37 min 内缓慢上升，并达到极大值 12.72 MPa。随后泵压回落至10 MPa左右，并以极缓的速率在 18 min 内上升约 1 MPa，后迅速下降至 5 MPa 及其以下，压裂液溢出试样，压裂试验完成。

b. A2 试样

压裂试验完成后，沿表面裂缝对试样进行剖切，发现 A2 试样中形成 3 条水力裂缝面 HF1、HF2、HF3(图 3-29)。HF1 首先沿着最大主应力 σ_H 的方向起裂，在延伸过程中沟通

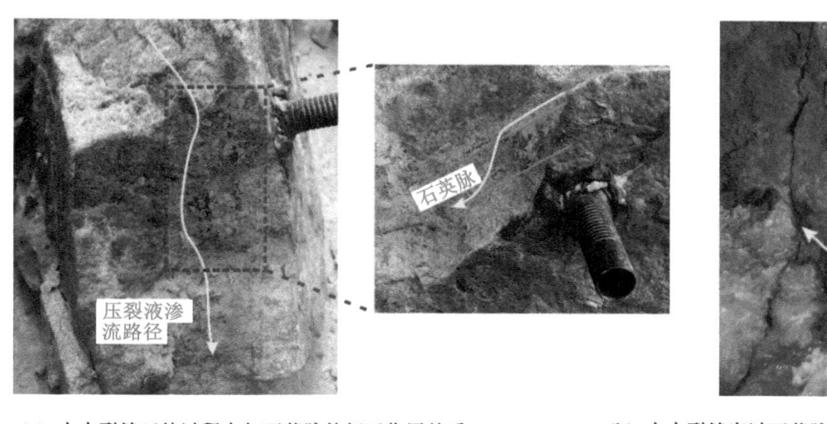

(a) 水力裂缝延伸过程中与石英脉的相互作用关系

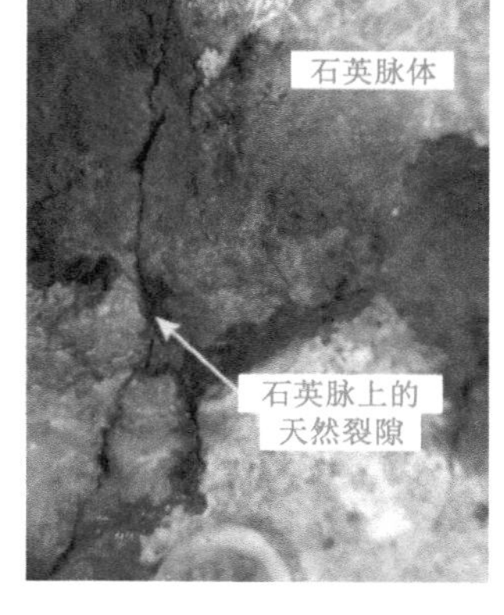

(b) 水力裂缝穿过石英脉中的天然裂隙

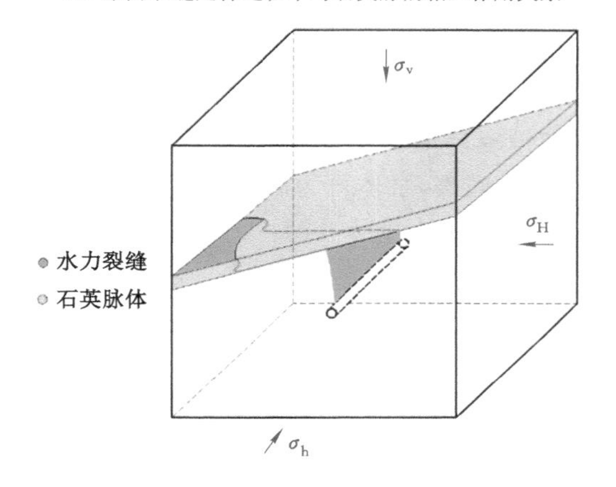

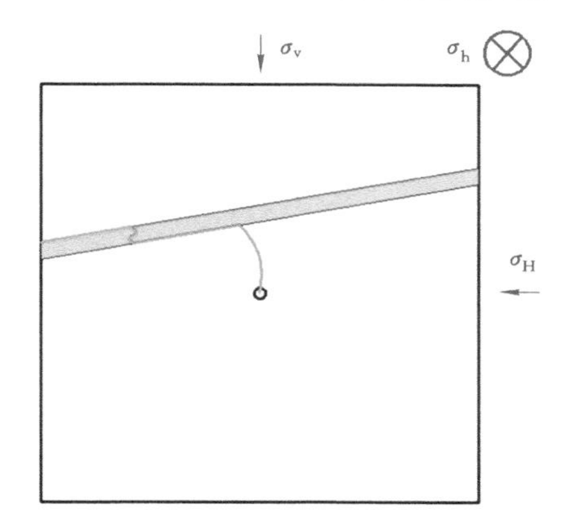

(c) 水力裂缝形态示意图

图 3-27　A1 试样水力裂缝形态及其示意图

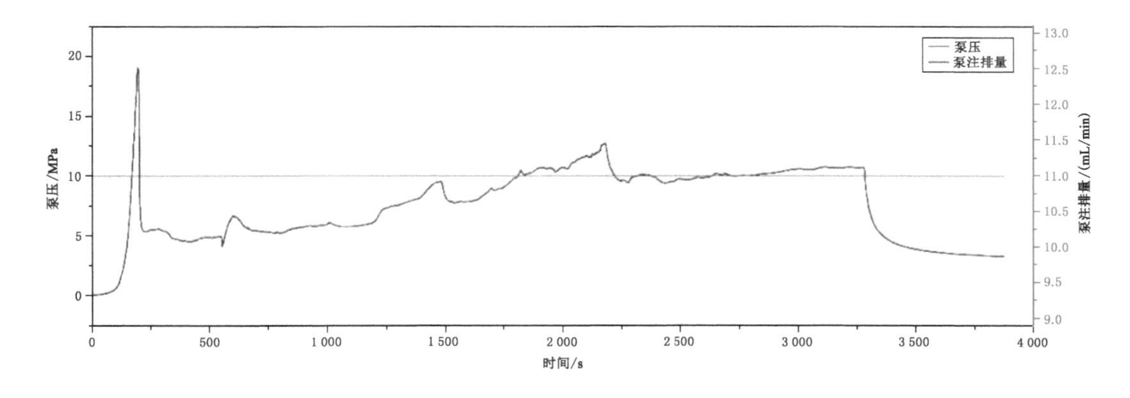

图 3-28　A1 试样水力压裂泵压、泵注排量和时间的关系曲线

两条天然裂隙，随后转向并沿这两条天然裂隙延伸，形成主裂缝 HF2、HF3。其中，HF2 在延伸过程中与石英脉相交，并沿石英脉上的天然裂隙穿透石英脉。三条水力裂缝同时扩展

直至试样边界。

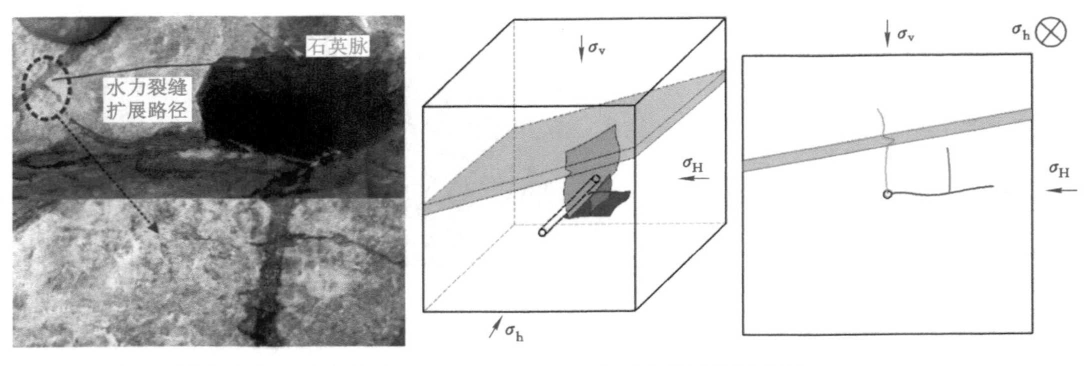

(a) A2试样水力裂缝与结构面之间的关系　　(b) 水力裂缝形态示意图

图 3-29　A2 试样水力裂缝形态及其示意图

A2 试样的泵压时间关系曲线如图 3-30 所示，在恒定排量的作用下，随着压裂液的泵注，压力持续上升，并在 37 s 左右达到峰值 14.05 MPa，试样破裂，泵体压力瞬间下降至 6 MPa 左右。在稳定 200 s 后，泵压升至 8 MPa 左右，并在此压力水平上持续波动。14 min 左右压裂液突破试样边界，泵压降至 1.5 MPa 左右。

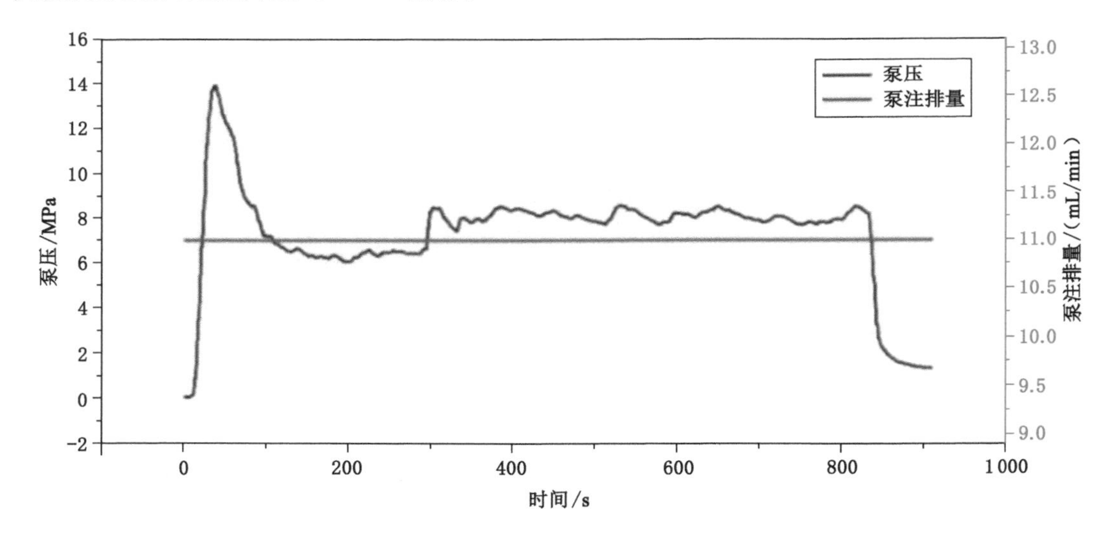

图 3-30　A2 试样水力压裂泵压、泵注排量和时间的关系曲线

② 含有条带状夹层的试样水力裂缝形态

采用与 A1、A2 试样相似的方法对含有条带状夹层的试样开展压裂试验，很遗憾，B1、B2 两块试样水力裂缝均没有向外延伸，仅沿井筒上窜直至试样边界，这与试样厚度较薄有关。以 B2 试样为例，图 3-31 为该试样水力裂缝及其示意图。

B2 试样泵压、排量和时间的关系曲线(图 3-32)相比其他试样波动明显较小，整个压裂过程持续的时间很短。从侧面表明水力裂缝的复杂程度与泵压曲线的波动程度呈一定的正相关

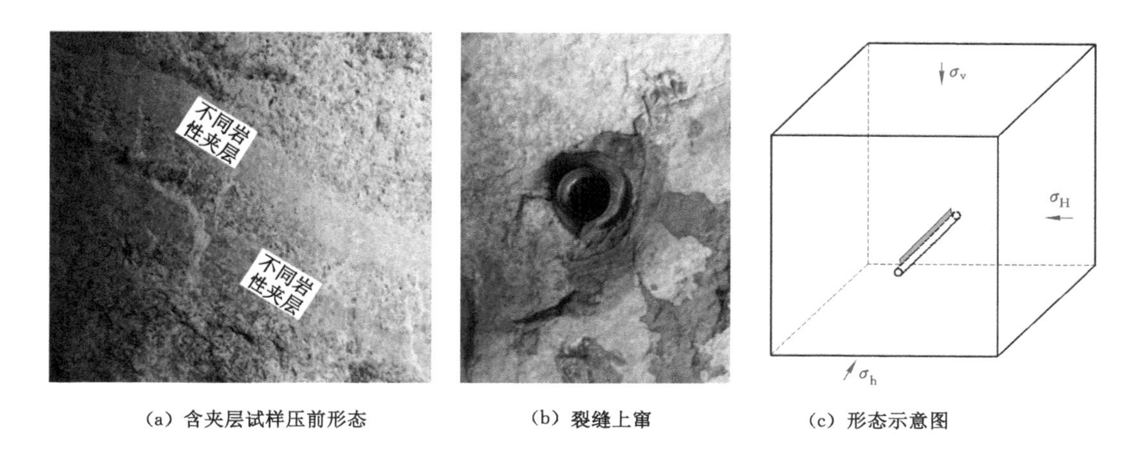

(a) 含夹层试样压前形态　　(b) 裂缝上窜　　(c) 形态示意图

图 3-31　B2 试样水力裂缝形态及其示意图

关系。

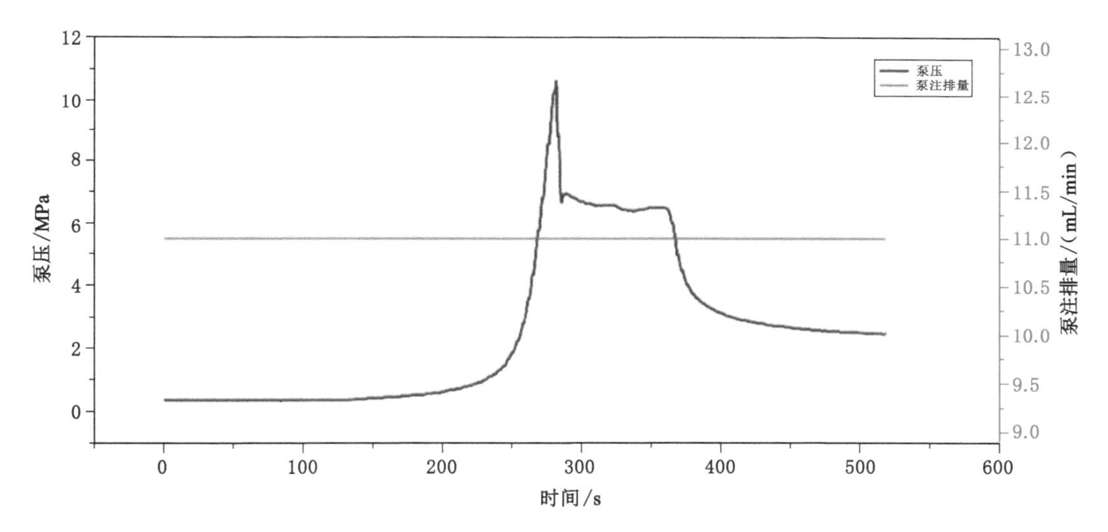

图 3-32　B2 试样泵压、泵注排量和时间的关系曲线

③ 含有明显岩性分界面的试样水力裂缝形态

压裂试验完成后沿表面裂缝将试样剖切，发现 C 试样花岗岩基质体中形成了主裂缝 HF1 以及 HF1 的两条次生裂缝 HF2、HF3(图 3-33)。主裂缝 HF1 沿最大水平主应力 σ_H 的方向起裂并扩展，其间与两条原生天然裂隙相交，在保持扩展的基础上沟通了上述天然裂隙，形成 HF2、HF3，具有形成横纵交错的网状裂缝的趋势。值得一提的是，岩性交界面对主裂缝 HF1 扩展的影响相比天然裂隙要小很多，这主要是由于不同岩性之间的胶结强度较大，难以影响 HF1 的扩展路径。

C 试样的泵压时间关系曲线如图 3-34 所示，相比其他试样，整个压裂过程的持续时间较长，波动程度较大。在恒定排量的作用下，随着压裂液的泵注，压力持续上升，并在 7 min 左右达到极大值 22.51 MPa，试样破裂，泵体压力瞬间下降至 6 MPa 左右。在此后的60 min

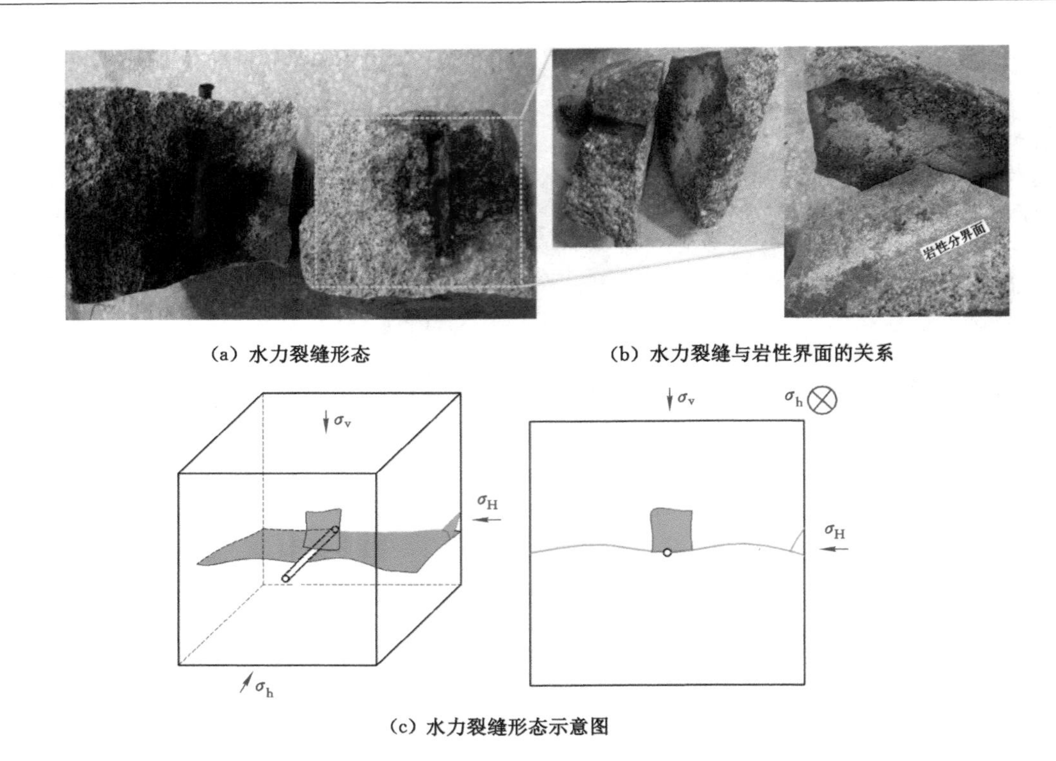

图 3-33　C 试样水力裂缝形态及其示意图

时间里，泵压在波动中持续走高，在 17 MPa 左右剧烈波动，此时已有带有红色示踪染剂的压裂液渗出试样。然后停泵补液，当再次起泵后，泵压达到了 23.31 MPa 的极大值，超越了试样的破裂压力。最后压力下降至 17 MPa 左右剧烈波动，同时不断有压裂液溢出试样。

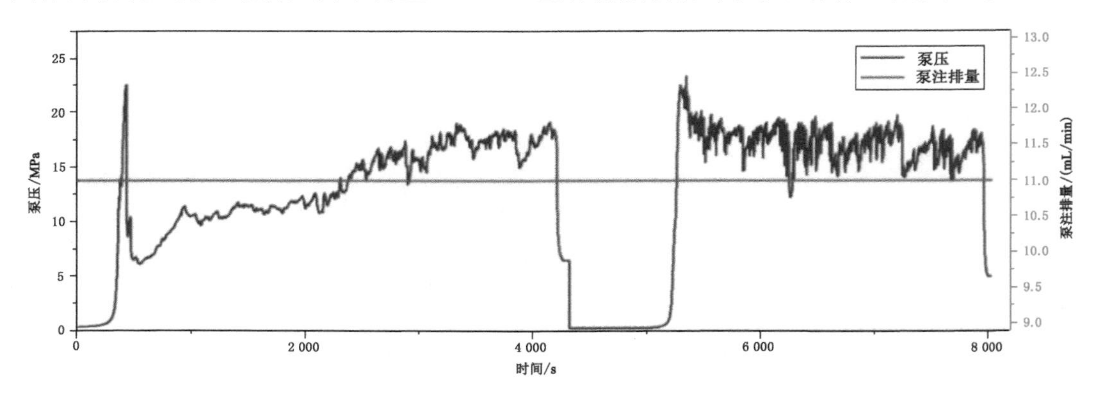

图 3-34　C 试样泵压、泵注排量和时间的关系曲线

④ 天然裂缝发育的试样水力裂缝形态

与其他几块试样不同，试样 D2 天然结构面相对不发育，水力裂缝形态也较为简单，主裂缝 HF1 垂直于最小主应力 σ_V 起裂并扩展，最终形成尺寸较大的单一水力裂缝面 HF1（图 3-35），裂缝扩展规律与经典岩石力学理论一致。

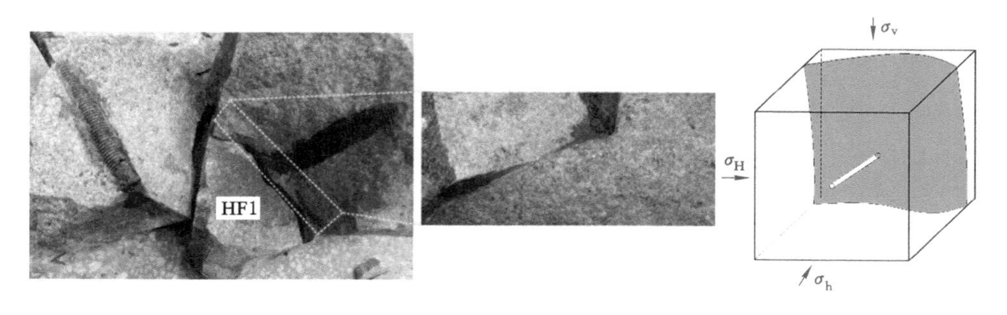

图 3-35　D 试样水力裂缝形态及示意图

D 试样泵压与时间的关系如图 3-36 所示。与其他几组试样不同，试样 D2 采用了变排量的泵注方法，首先采用 11 mL/ min 的排量泵注，泵压在 15 min 左右达到极大值 16.82 MPa，试样破裂。此后泵压迅速下降至 7 MPa 并开始在波动中上升，在经历一次明显的破裂现象之后停泵泄压，对压裂泵进行补液。再次起泵并以 5 mL/ min 的排量泵注，泵压一度达到 16.97 MPa 的极大值，与试样 C 类似，同样超过了第一次起泵后的最大压力。尽管压裂液溢出试样边界，最后泵压在波动中缓慢上升至 16 MPa 左右后再次剧烈波动。

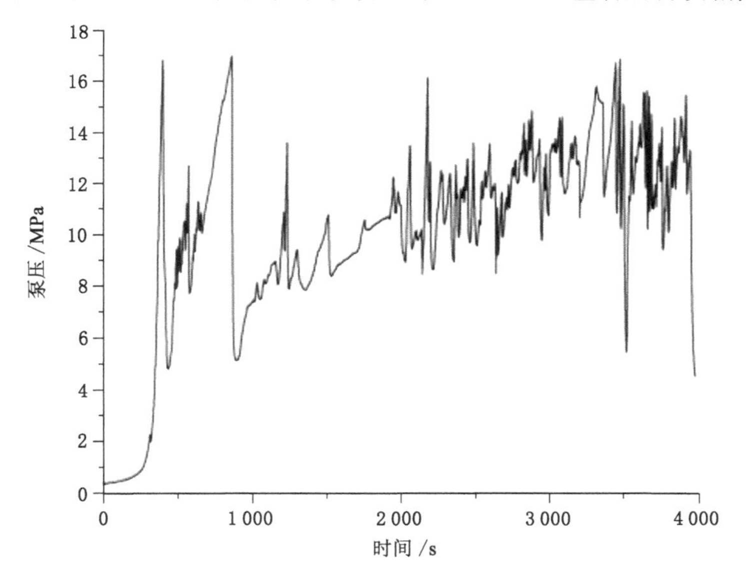

图 3-36　D 试样泵压-时间关系曲线

⑤ 致密花岗岩试样压裂缝形态

为了更加鲜明地展示结构面对花岗岩水力裂缝的扩展行为的影响规律，设置一组不含明显结构面的大尺寸花岗岩试样压裂进行对比。试验过程中，水力裂缝起裂后迅速转向最大主应力方向扩展直至试样边界[图 3-37(a)(b)]。He 等的研究表明，泵注压力呈锯齿状波动是体积压裂的主要特征。在本试验中，花岗岩作为一种火成岩，其中随机分布着不同尺寸、不同种类的各种结晶矿物和矿物包体，所以在结构面并不发育的前提下，形态较为简单的水力裂缝依然可以引起波动剧烈的泵压-时间关系曲线。同时，花岗岩致密的物理特性使得压裂液难以渗透进基质体当中，这就导致了泵压-时间关系曲线会长时间保持在一个较高的压力水平上[图 3-37(c)]。

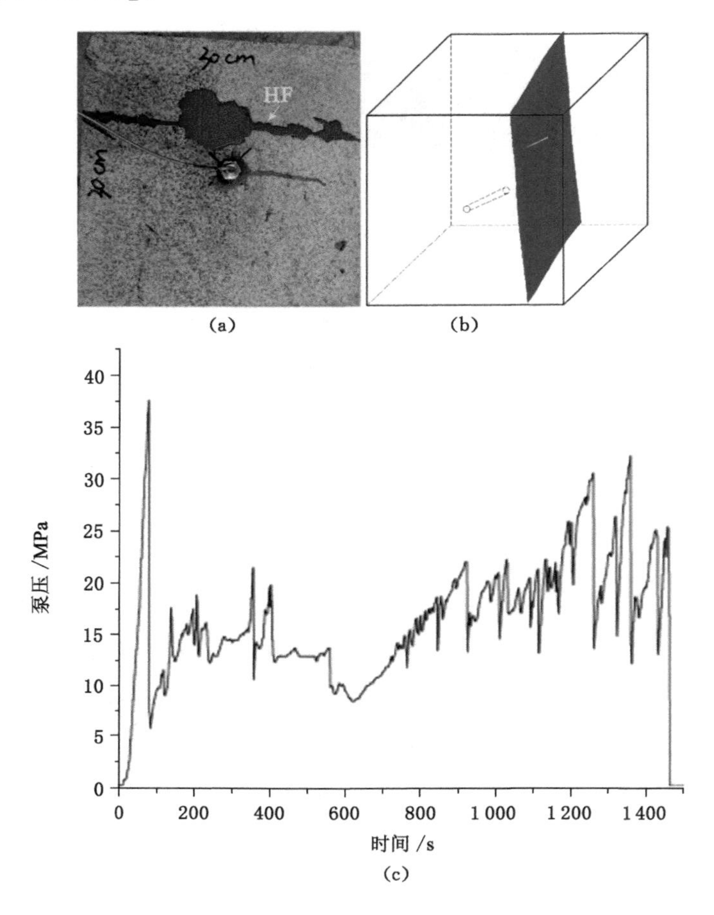

图 3-37　E 试样泵压-时间关系曲线

3.3.4　热储层岩心压裂试验

研究中还首次对共和盆地探采结合井热储层岩心开展了水力压裂试验，试验参数设置见表 3-6。受现场取心尺寸的限制，仅能获取三块适合压裂试验的试样（Core 1、Core 2、Core 3）。尽管如此，水力裂缝与结构面之间的干扰关系依然被呈现了出来。

表 3-6　岩心试样压裂参数设置

试样编号	围压/MPa	轴压/MPa	注入流量/(mL/s)	破裂压力/MPa
Core 1	0	5	0.1	9.78
Core 2	10	15	0.1	31.63
Core 3	20	25	0.1	36.28

在试样 Core 1 中，天然裂缝清晰可见，并填充有蚀变矿物。水力裂缝形态相对简单，起

裂后沿着横切的天然裂缝延伸，直到压裂液溢出[图 3-38 (a)]。同时，注入压力在缓慢上升后迅速下降至较低水平(图 3-39)。在试样 Core 2 中，石英脉和花岗岩基质之间的岩性界面是水力裂缝的主要传播路径[图 3-38 (b)]。该试样破裂压力相对较高，但曲线的波动程度仍然较低。与其他两个岩心试样不同，在试样 Core 3 中没有观察到明显的天然结构面[图 3-38(c)]。在压裂液的持续注入下，试样 Core 3 中的微裂纹逐渐扩展并聚结形成宏观水力裂缝，因此该试样的泵压-时间关系曲线波动明显。总体而言，岩心试样的注入压力与荷载呈正相关。由于尺寸的限制，水力裂缝扩展空间受限。水力裂缝和天然结构面之间的相互作用是最终裂缝形态的决定因素之一。

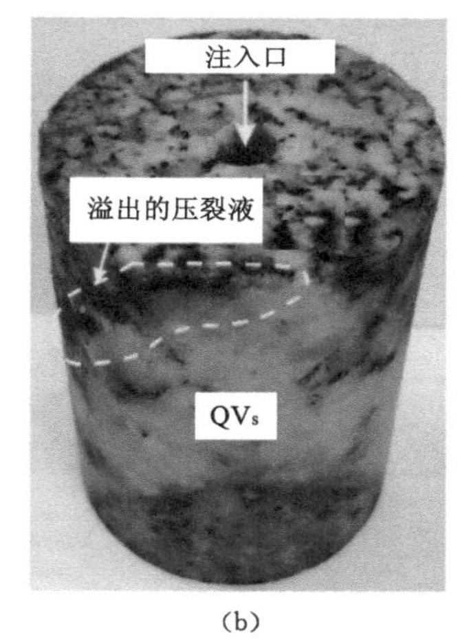

图 3-38　共和盆地干热岩探采结合井岩心压裂试验结果

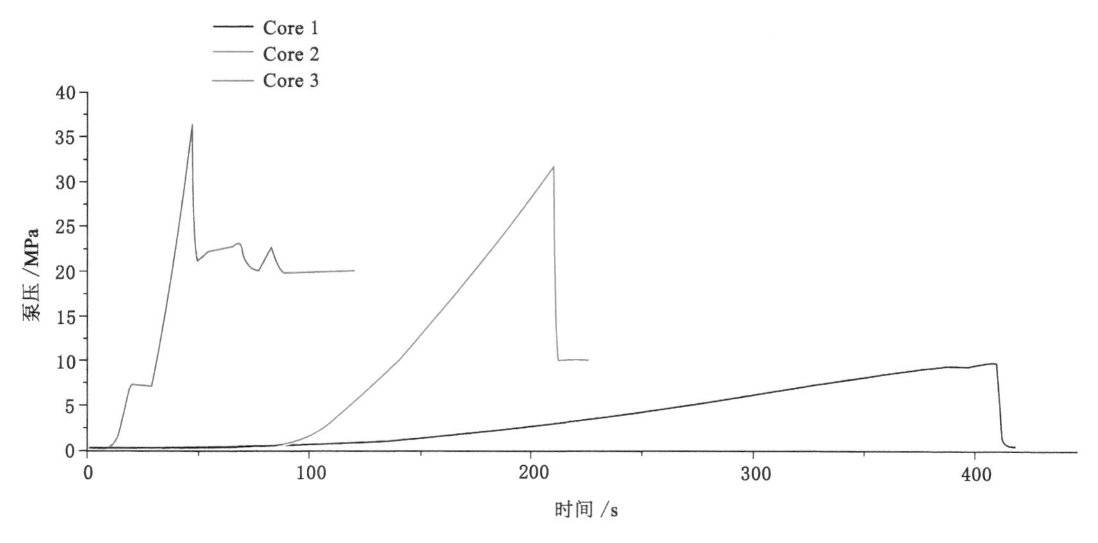

图 3-39　岩心试样泵压-时间关系曲线

3.3.5　声发射、泵压-时间关系曲线特征和裂缝形态的对应关系

水力裂缝与不同属性结构面相互作用过程中的声发射原始波形呈现出诸多异同，波

形通常分为独立波形、连续波形和混合模式(图 3-40)。典型试样的声发射事件定位见图 3-41。其中,图 3-41(a)为花岗岩水力裂缝与石英脉相互作用伴随的 AE 事件定位图;图 3-41(b)为花岗岩水力裂缝与岩性界面相互作用伴随的 AE 事件定位图;图 3-41(c)为花岗岩水力裂缝沿多条天然裂缝扩展过程中伴随的 AE 事件定位图;图 3-41(d)为花岗岩水力裂缝与穿透水力裂缝过程伴随的 AE 事件定位图;图 3-41(e)为致密花岗岩水力裂缝扩展伴随的 AE 事件定位图。

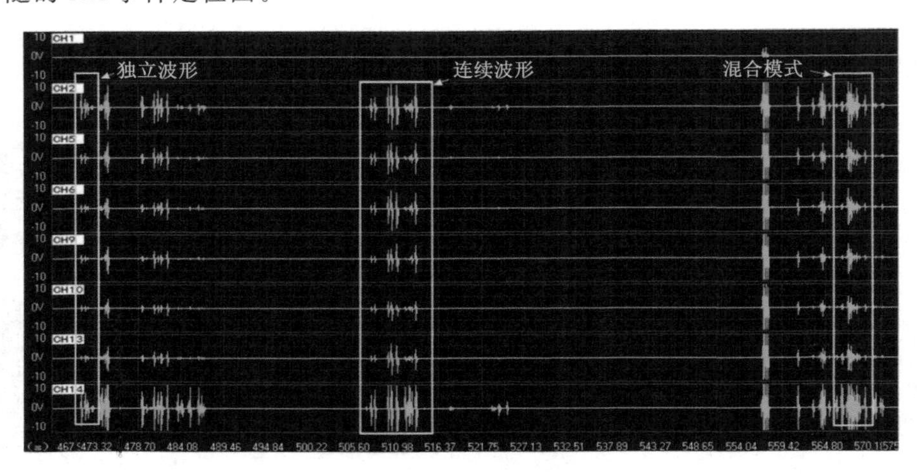

图 3-40　岩心试样泵压-时间关系曲线

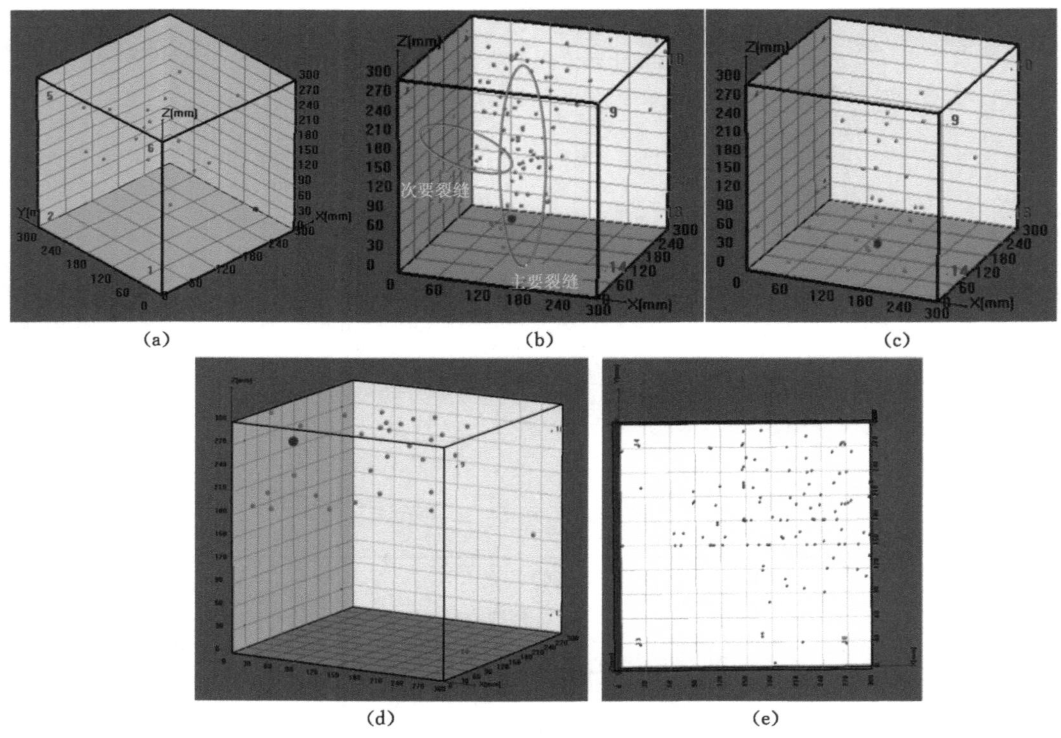

图 3-41　典型花岗岩试样 AE 定位图

从AE事件的数量来看，在花岗岩基质中传播的水力裂缝可以诱发更多的AE事件，例如试样C和试样E中的主裂缝。相反，沿着结构面延伸的水力裂缝可能不会诱发许多AE事件（试样A1和试样D1）。Van Der Elst等和Bunger等进行的重新搜索表明，AE能量与信号电压密切相关。图3-42(b)(c)显示了压裂过程中某些AE波形的振幅分布值和试样的最大AE能量。在基质中传播的HF伴随着强烈的能量转换。例如，试样花岗岩基质中的HF所伴随AE波形的平均振幅为54.6 mV，而HF沿石英脉传播AE波形的平均振幅是19.13 mV。此外，在我们的试验中，当HF穿透天然结构面时，AE响应更加强烈。水力压裂伴随着能量耗散和释放。在我们的水力压裂试验中，压裂液中的能量主要转化为裂缝表面能和岩石塑性势能。与上述两种形式的能量相比，AE能量几乎没有耗散，但它仍然可以作为表征能量转换强度的参考。当HF沿石英脉和天然裂缝传播时，AE信号减弱。一方面，在花岗岩试样中，大多数不连续面的抗压强度和粗糙度显著低于基质。另一方面，我们参考了HF分别与石英脉和岩性界面相交时传播行为的差异。不连续面两侧物理和机械性质的差异也可能影响HF传播行为。在我们的试验研究中，HF几乎不能穿过石英脉，而次生HF穿透并扩张了岩性界面。当HF沿不连续面传播时，压裂液沿不连续面渗流。在用

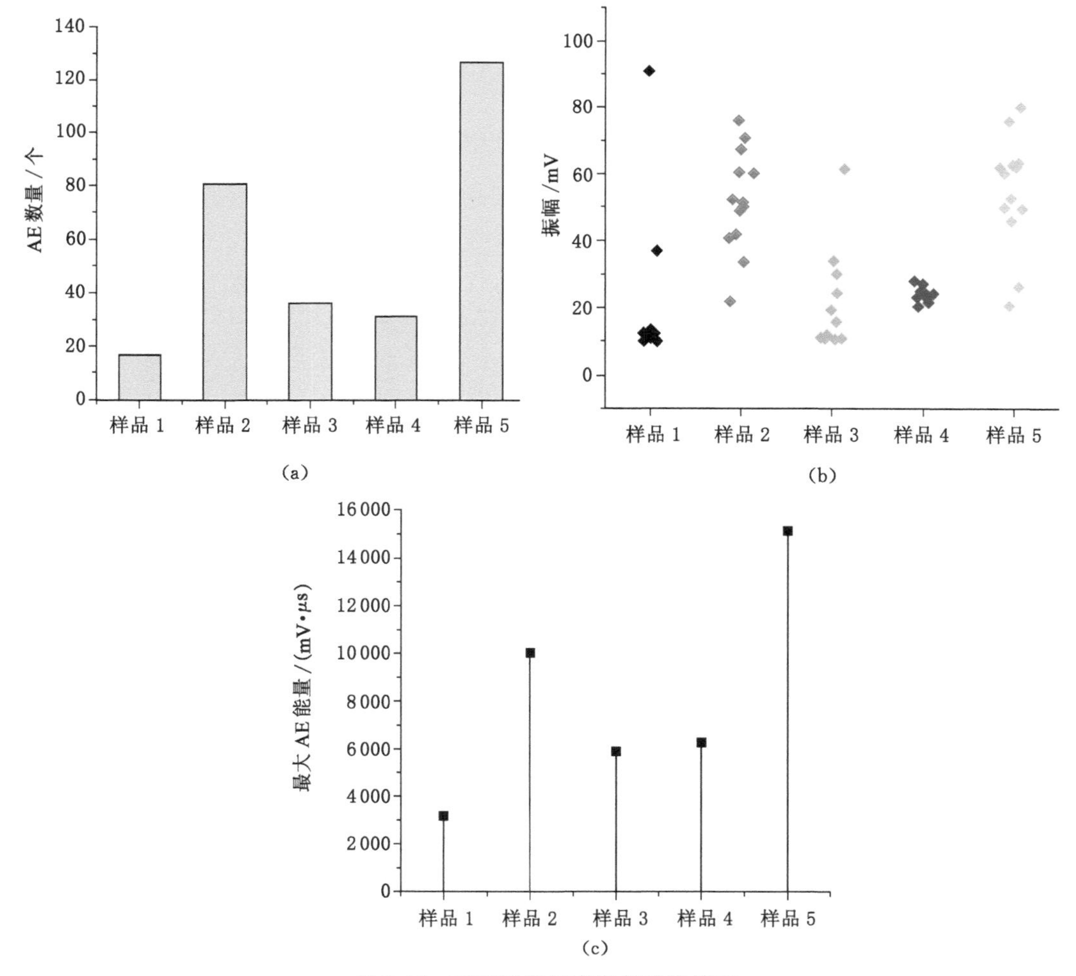

图3-42　不同试样的声发射响应特征

流体填充不连续面后，HF 可能不会传播到岩石基质中。

图 3-43 显示了平均 AE 能量、平均注入压力和不同 HF 模式之间的对应关系。AE 能量在一定程度上与注入压力呈正相关关系，但这种关系受到裂缝几何形状的影响。

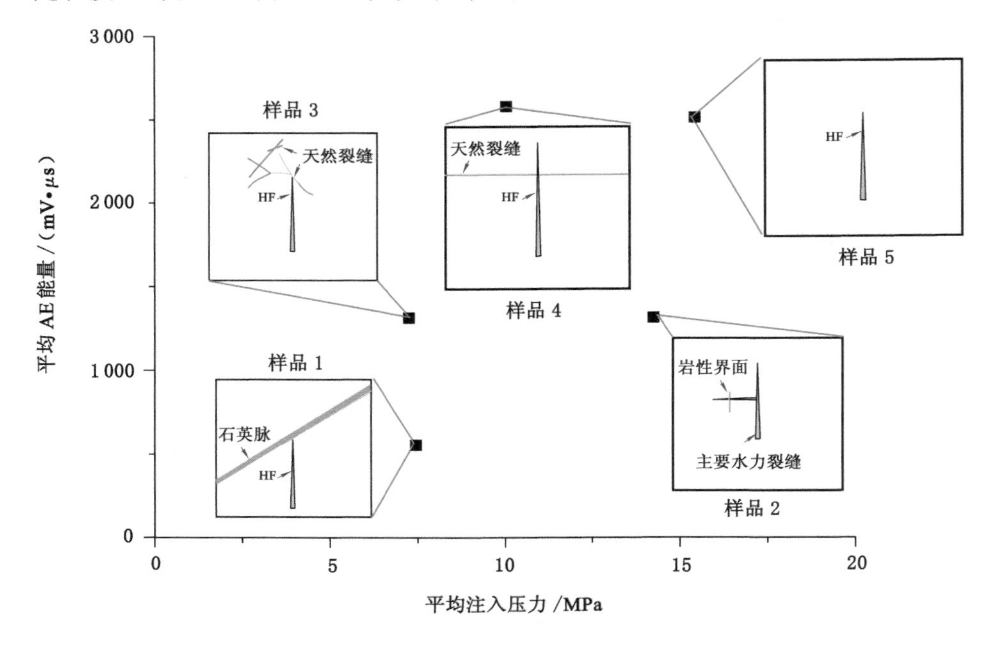

图 3-43　平均 AE 能量、平均注入压力和不同 HF 模式之间的对应关系

水力压裂过程可以通过注入压力-时间关系曲线来表征，特别是现场压裂作业。注入压力的波动是了解储层水力裂缝动态演化的主要手段之一。通常，所用试样的泵注压力-时间关系曲线由 3 个基本阶段组成：① 注入压力快速上升，这表明在连续注入压裂液的作用下弹性势能快速积累。② 泵注压力-时间关系曲线的变化表明，HF 在传播过程中遇到了不同尺寸不同分布特征的地质不连续面。③ 在此阶段压力下降，压裂液的注入可能不会导致注入压力增加。这表明，压裂液注入和泄漏达到平衡，HF 逐渐传播到试样边界。在上述阶段，AE 响应在第一和第二阶段相对较强，尤其是在注入压力增加期间（应变能在花岗岩中积累）。图 3-44 显示了不同曲线阶段试样的 AE 能量特征。在压裂初期，随着压裂液的不断注入，压头被转换为模拟井筒附近岩石的弹性势能。一些结构面被压实，孔隙和微裂缝开裂，这为宏观裂缝的萌生和扩展提供了条件。因此，在几乎所有的样本中，压裂液对岩石的作用很大，AE 信号包含相对更多的能量。因此，可以通过这种方式预测 HF 引发的行为。在一些试样的第二阶段破裂过程中，AE 表现出更强的响应。同时，泵注压力-时间关系曲线波动更频繁、更剧烈。花岗岩是巨大的岩石。其岩石基质中的细粒和块状结构会显著影响 HF 的传播行为。在 HF 传播的作用下，岩石基质中的多个结构、孔隙和微裂缝频繁张开和闭合，这不仅导致泵注压力-时间关系曲线波动的频率更高，而且可诱发强烈的 AE 响应。此外，花岗岩的低孔隙度和低渗透率的物理特性使得压裂液难以渗透到基质中，这导致泵注压力-时间关系曲线长期保持在高压水平。此外，与之前的研究结果类似，当 HF 传播到花岗岩基质中时，AE 响应更为强烈。

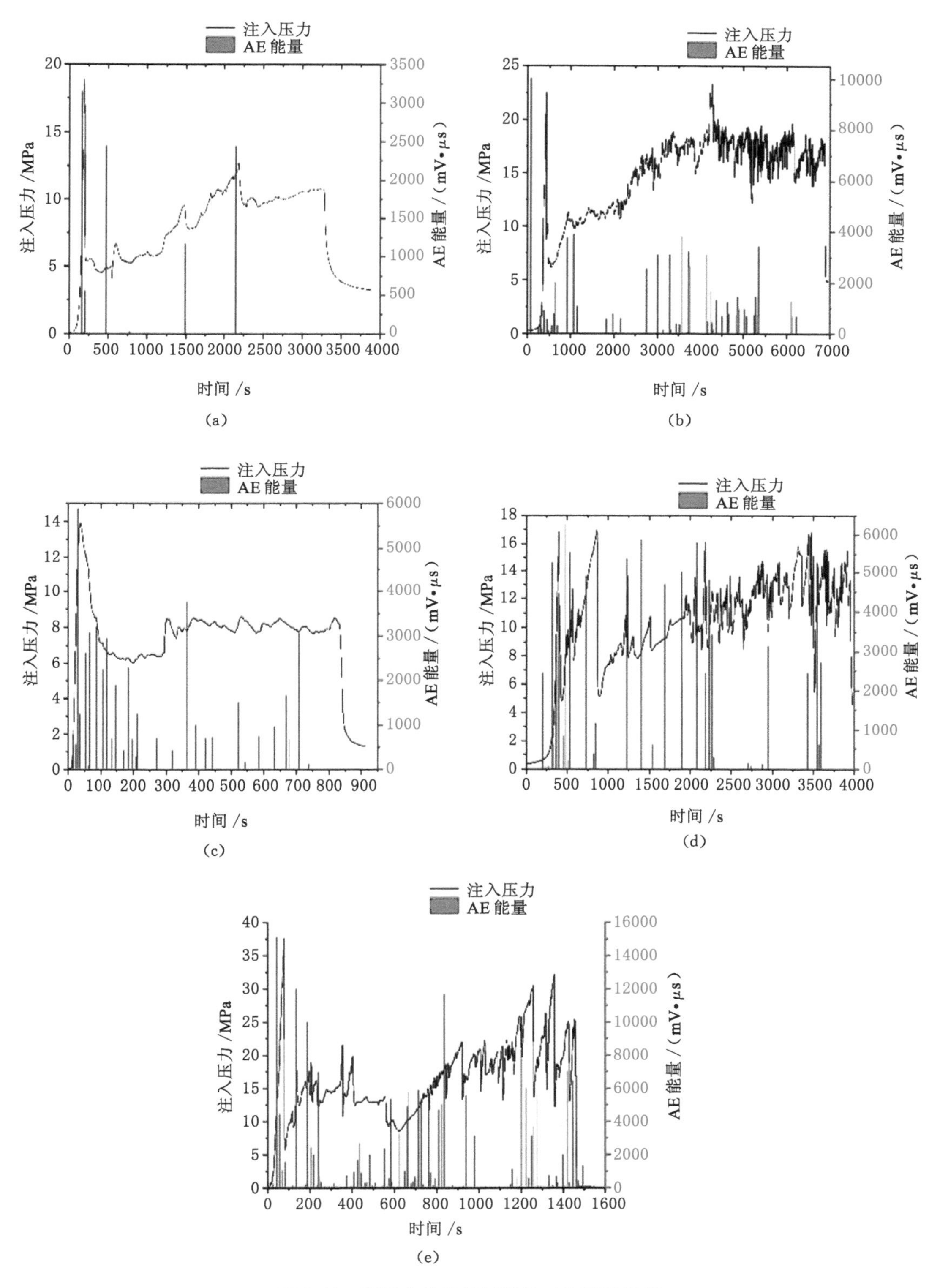

图 3-44　不同曲线阶段试样的 AE 能量特征

3.4 结构面影响下花岗岩水力裂缝扩展机理研究

天然裂缝和石英脉可代表干热花岗岩中与水力裂缝相互作用的主要结构面，分别代表交界面两侧结构面具有相同和不同的物理力学性质，现将水力裂缝与两者相互作用的理论模型介绍如下。

3.4.1 水力裂缝沟通地质不连续面

如图 3-45 所示，干热岩水力裂缝逼近天然结构面，远场地应力作用在水力裂缝延伸方向——X′-Y′坐标系中的正应力、切应力分量可表示为：

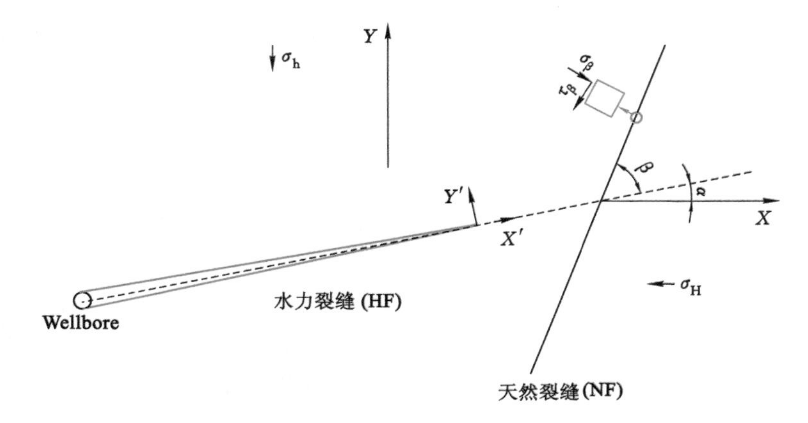

图 3-45 水力裂缝逼近天然裂缝

$$\sigma_{x'}=\frac{1}{2}(\sigma_H+\sigma_h)+\frac{1}{2}(\sigma_H-\sigma_h)\cos 2\alpha+\frac{K_1}{\sqrt{2\pi r}}\cos\frac{\theta}{2}\left(1-\sin\frac{\theta}{2}\sin\frac{3\theta}{2}\right)+\sigma_{x'o}+O(r^{1/2})$$

$$\sigma_{y'}=\frac{1}{2}(\sigma_H+\sigma_h)-\frac{1}{2}(\sigma_H-\sigma_h)\cos 2\alpha+\frac{K_1}{\sqrt{2\pi r}}\cos\frac{\theta}{2}\left(1+\sin\frac{\theta}{2}\sin\frac{3\theta}{2}\right)+\sigma_{y'o}+O(r^{1/2})$$

$$\tau_{x'y'}=\frac{1}{2}(\sigma_H-\sigma_h)\sin 2\alpha+\frac{K_1}{\sqrt{2\pi r}}\sin\frac{\theta}{2}\cos\frac{\theta}{2}\cos\frac{3\theta}{2}+O(r^{1/2}) \tag{3-7}$$

作用在水力裂缝上的最大、最小主应力可表示为：

$$\begin{cases}\sigma_1=\frac{1}{2}(\sigma_{x'}+\sigma_{y'})+\sqrt{\tau_{x'y'}^2+\frac{1}{4}(\sigma_{x'}-\sigma_{y'})^2}\\ \sigma_3=\frac{1}{2}(\sigma_{x'}+\sigma_{y'})-\sqrt{\tau_{x'y'}^2+\frac{1}{4}(\sigma_{x'}-\sigma_{y'})^2}\end{cases} \tag{3-8}$$

天然结构面切应力与正应力之间的关系：

$$|\tau_\beta|>\tau_o+K_f(\sigma_\beta-p) \tag{3-9}$$

天然结构面正应力、剪应力与模拟地应力之间的关系如下：

$$\sigma_\beta=\frac{\sigma_H+\sigma_h}{2}-\frac{\sigma_H-\sigma_h}{2}\cos 2\beta$$

$$\tau_{\beta}=\frac{\sigma_{\mathrm{H}}-\sigma_{\mathrm{h}}}{2}\sin 2\beta \tag{3-10}$$

裂缝内的孔隙压力可表示为：

$$p=\sigma_{3}+S_{\mathrm{t}}+p_{\mathrm{net}} \tag{3-11}$$

综合上述内容，天然结构面的剪切滑移准则可表示为：

$$p_{\mathrm{net}}>\frac{\sigma_{\mathrm{H}}+\sigma_{\mathrm{h}}}{2}-\frac{\sigma_{\mathrm{H}}-\sigma_{\mathrm{h}}}{2}\cos 2\beta+\frac{1}{K_{\mathrm{f}}}\left(\tau_{\mathrm{o}}-\left|\frac{\sigma_{\mathrm{H}}+\sigma_{\mathrm{h}}}{2}\sin 2\beta\right|-\sigma_{3}-S_{\mathrm{t}}\right) \tag{3-12}$$

天然结构面的张开准则可表示为：

$$p_{\mathrm{net}}>\frac{\sigma_{\mathrm{H}}+\sigma_{\mathrm{h}}}{2}-\frac{\sigma_{\mathrm{H}}-\sigma_{\mathrm{h}}}{2}\cos 2\beta+C_{\mathrm{w}}-\sigma_{3}-S_{\mathrm{t}} \tag{3-13}$$

3.4.2 水力裂缝沟通地质不连续体

地层竖直方向的地应力为 σ_{v}，水平方向地应力为 σ_{h}，地层中存在一倾斜石英夹层，该层与水平方向的夹角为 α，地层与石英层均各向同性，水力裂缝沿垂直最小地应力方向扩展，假设 $\sigma_{\mathrm{h}}>\sigma_{\mathrm{v}}$，地层的二维应力状态如图 3-46 所示。

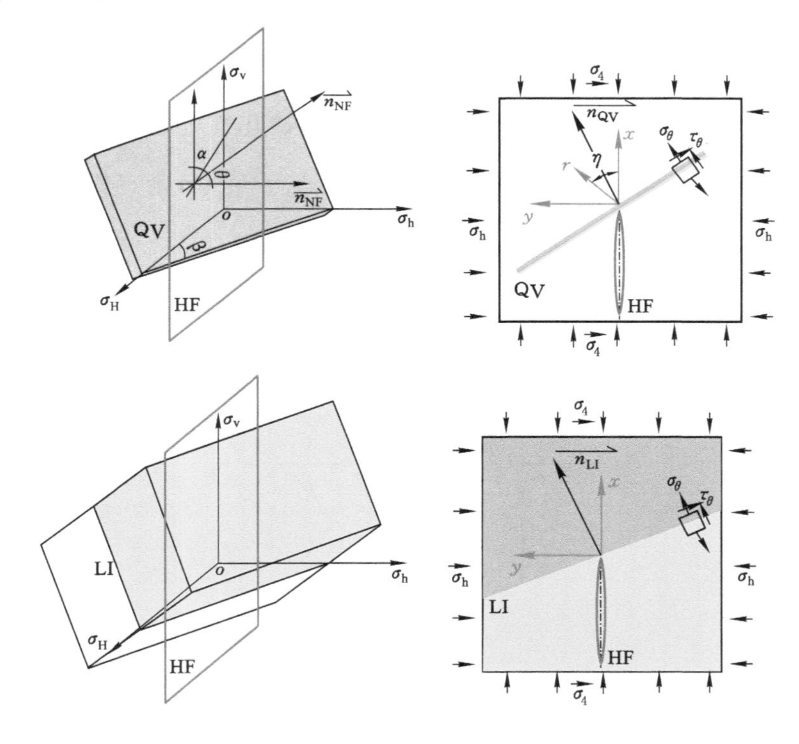

图 3-46 水力裂缝逼近地质不连续体

裂缝刚好扩展至石英夹层且裂缝最终穿过石英夹层，两层存在微小缝隙水力并垂直作用于石英层，取缝尖石英夹层的单元进行应力分析，设缝尖水力压力为 P，则水力作用在单元上的应力大小也为 P，方向垂直于两地层分界面。将水力作用力沿水平方向和竖直方向进行分解，再考虑地应力后的单元应力状态如图 3-47 所示。

对单元应力分析可知第一主应力与竖直方向夹角 β：

$$\beta = \frac{1}{2}\arctan \frac{P \cdot \sin \alpha}{P \cdot \cos \alpha + \sigma_h - \sigma_v} \tag{3-14}$$

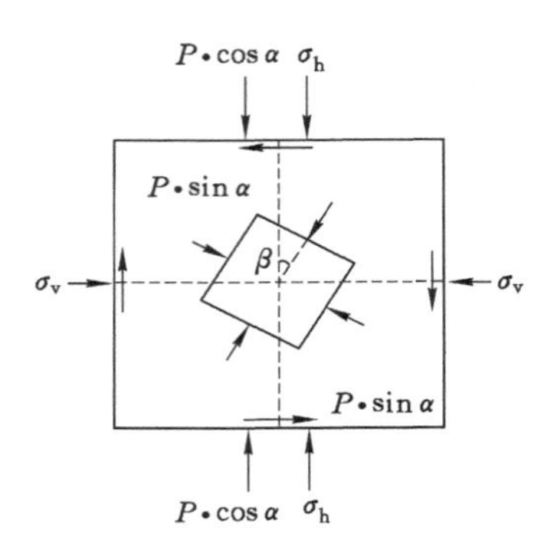

图 3-47　力学单元

根据单元的应力状态做应力莫尔圆，圆心坐标为$\left(\frac{\sigma_h + P \cdot \cos \alpha + \sigma_v}{2}, 0\right)$，半径 $R = \sqrt{\left(\frac{\sigma_h + P \cdot \cos \alpha + \sigma_v}{2}\right)^2 + (P \cdot \sin \alpha)^2}$，依据莫尔库仑破坏准则，如果应力圆与直线 $\tau = \sigma \cdot \tan \varphi$（其中 φ 表示石英夹层的摩擦角，C 表示内聚力）相切，则石英夹层刚好破坏，如图 3-48 所示。

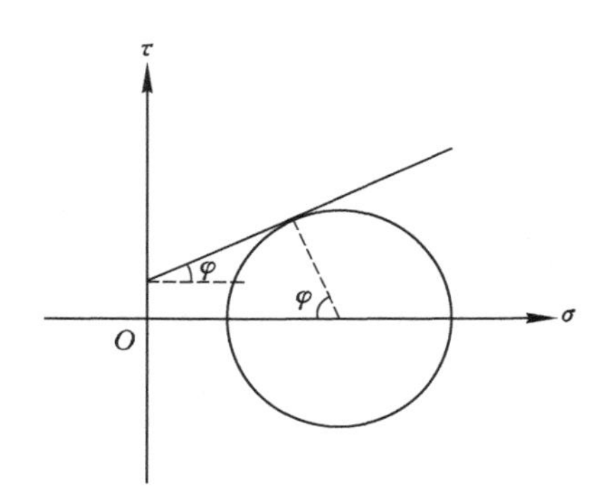

图 3-48　莫尔应力圆分析

单元刚好破坏时缝尖压力 P 满足下列公式：

$$R \cdot \sin \alpha = \left(\frac{\sigma_h + P \cdot \cos \alpha + \sigma_v}{2} - R \cdot \cos \varphi\right) \cdot \tan \varphi + C \tag{3-15}$$

破坏面与第一主应力的夹角为$\frac{\pi - \varphi}{2}$，即裂缝扩展方向与竖直方向呈 $\beta \pm \frac{\pi - \varphi}{2}$夹角。

3.4.3　水力裂缝与天然结构面相互作用数值模拟

为了更加直观地了解水力裂缝与天然结构面之间的关系，在物理模拟的基础上补充了相关的数值模拟。基于扩展有限元(Extended Finite Element Method，XFEM)的水力裂缝扩展分析方法,利用 ABAQUS 软件模拟水力裂缝与天然结构面之间的作用关系。软件中将 Colesive 单元内聚力模型应用于水力裂缝扩展的模拟中,选取二次应力失效准则作为断裂发生的判据。

结合共和盆地恰卜恰干热岩开发场地,在裂隙带中开展水力压裂,当裂隙带走向与最大主应力方向垂直时,此时水力裂缝与天然裂隙逼近角较小,导致水力裂缝整体呈现出沿天然裂隙带方向延伸的趋势,但裂缝尖端因受主地应力的影响而呈现出向北东方向偏转的趋势。水力裂缝扩展路径与地球物理手段监测结果之间的对应关系如图 3-49 所示。

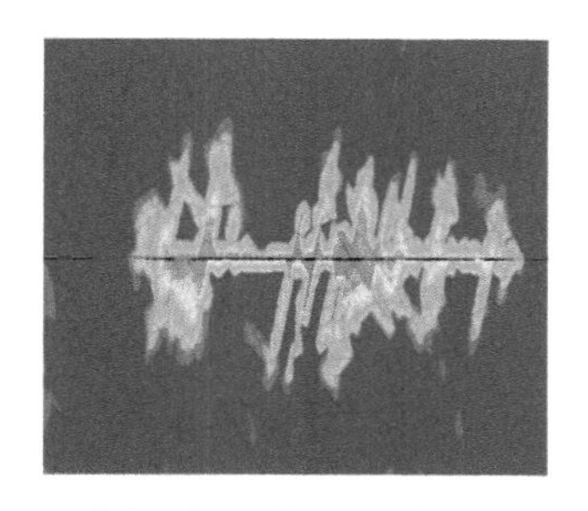

(a) 压裂过程中裂隙带中压裂液的渗流路径

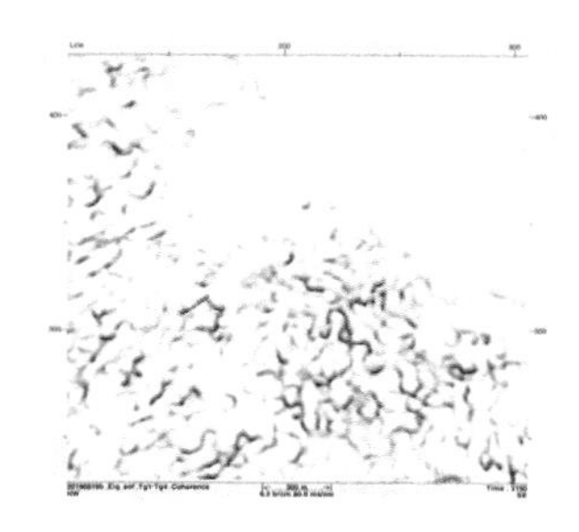

(b) 三维地震"蚂蚁体"

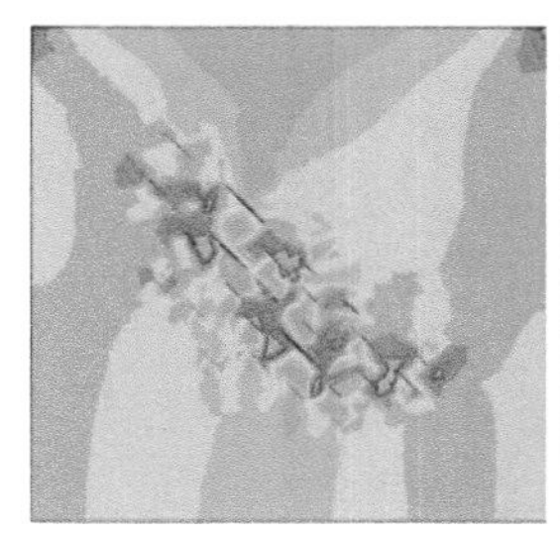

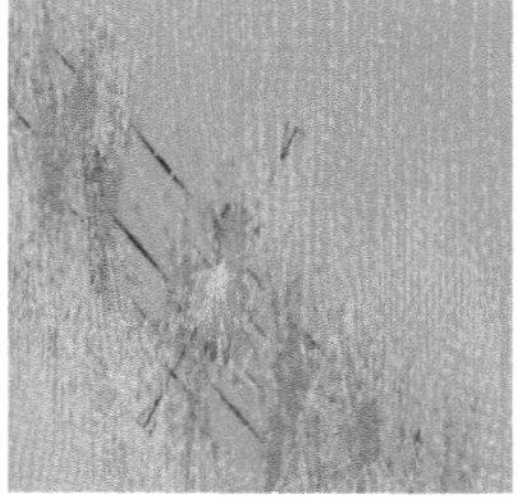

(c) 裂隙带与最大水平主应力垂直时的裂缝扩展趋势

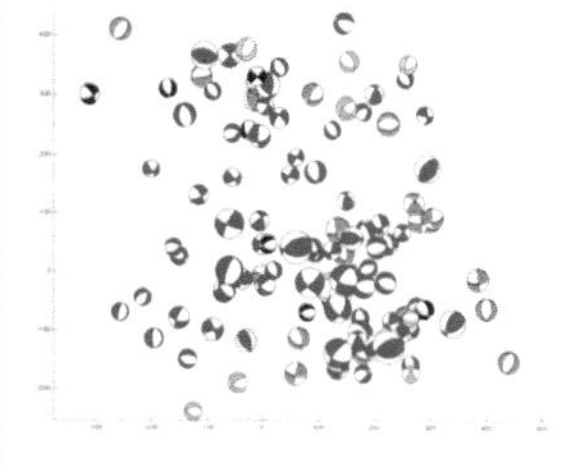

(d) 微地震高级解译

图 3-49　水力裂缝扩展路径与地球物理手段监测结果之间的对应关系

对于以石英脉为代表的宽度较大的结构面,水力裂缝的扩展行为与泵注排量有较大的关系。在测井、岩石物理力学试验的基础上,在石英脉裂隙不发育的条件下,低排量(小于 2 m^3/min)水力裂缝在逼近过程中易被石英脉"捕获",且结构面附近应力集中较为明显,这种现象在改变主应力分布方向和差异系数的前提下依然存在(图 3-50)。在现场压裂过程中出现了一种"非封闭性水力圈闭效应"(图 3-51),具体体现在井口压力在小排量条件下会出现长时间憋压现象,分析可能与此有关。

在软件中提高参数 flow rate(泵注流量)后发现水力裂缝扩展较为充分,应力集中现象得到了较大程度的缓解。尤其是当水力裂缝延伸方向与最大主应力 σ_V 方向平行时,水力裂缝在延伸过程中几乎没有发生转向(图 3-52)。

3.4.4　水力裂缝与结构面相互作用关系小结

试验结果表明,HF 几何结构显示了四种基本模式,即沿结构面传播、分叉、捕获和穿透/非扩张(图 3-53)。值得注意的是,随机分布的天然裂缝是诱导 HF 呈现分支几何结构的

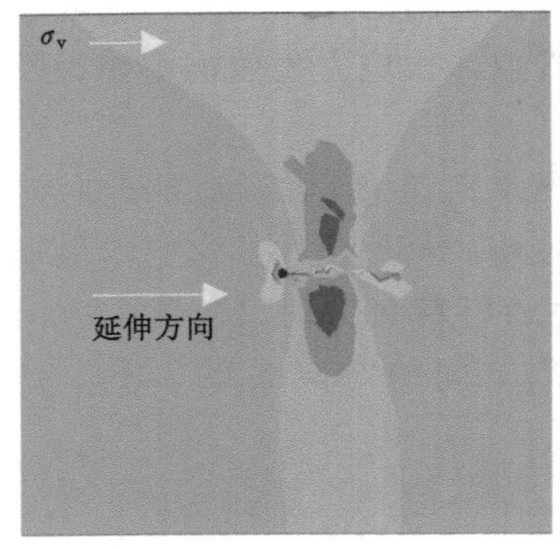

(a) 裂缝方向与σ_v平行，排量 2 m³/min

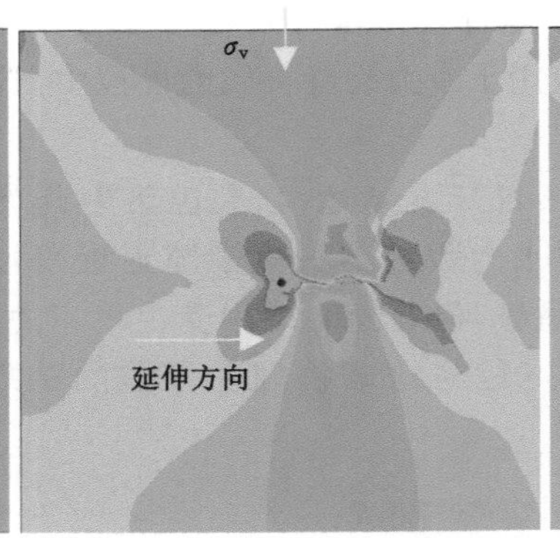

(b) 裂缝方向与σ_v垂直，排量 2 m³/min

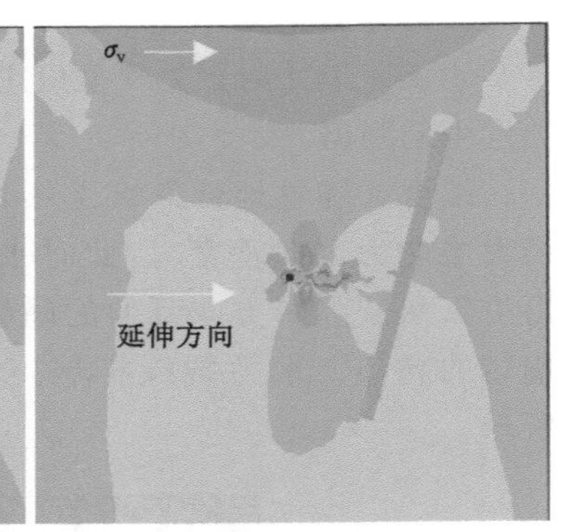

(c) 裂缝方向与σ_v平行，排量 0.5 m³/min

图 3-50 水力裂缝被大尺寸结构面捕获

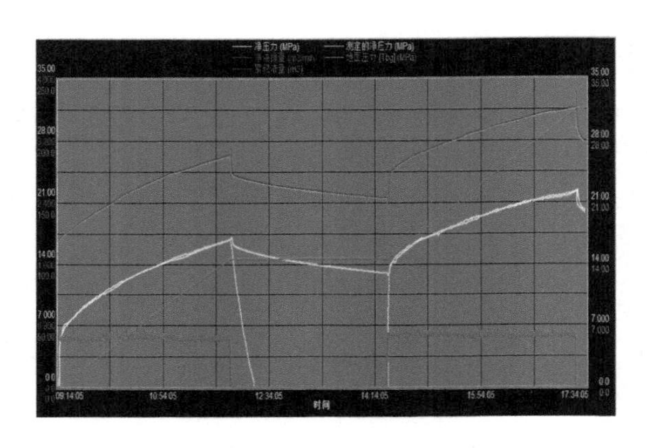

图 3-51 “非封闭性水力圈闭效应”显示出的压力持续上升的现象

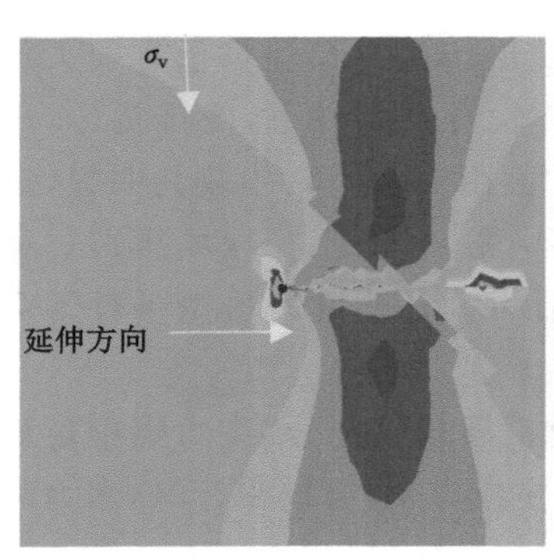

(a) 裂缝方向与σ_v垂直，排量 5 m³/min

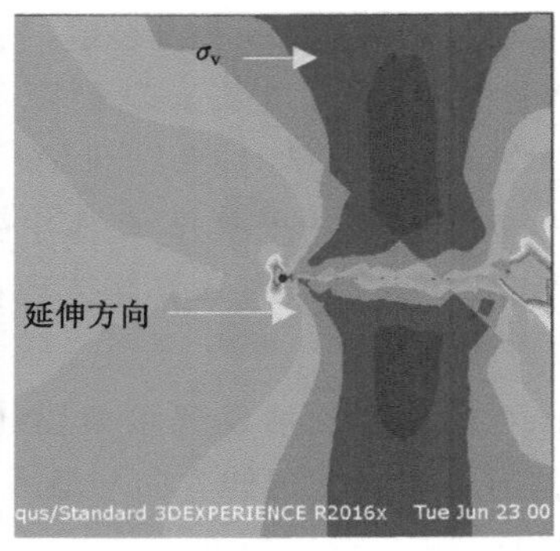

平行 (b) 裂缝方向与σ_v平行，排量 5 m³/min

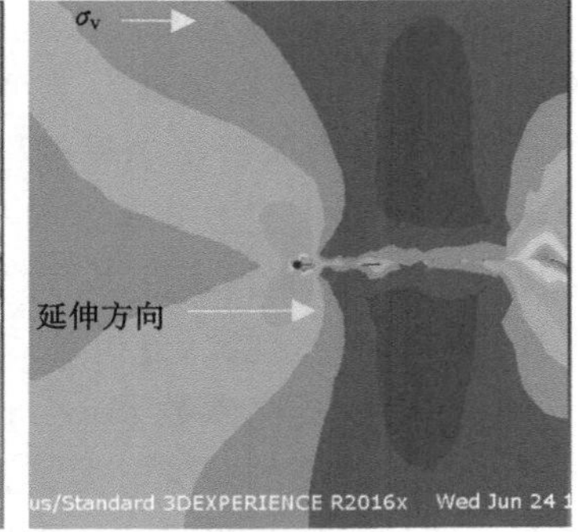

(c) 裂缝方向与σ_v平行，排量 10 m³/min

图 3-52 水力裂缝穿透大尺寸结构面

重要因素。岩性界面可能不会导致HF发生偏转，这取决于界面胶结强度和界面两侧岩石力学性质的差异程度。此外，石英脉这种类型的结构面不仅影响水力裂缝网络的规模，还会诱导HF沿石英脉滑动，这可能会引起小规模的有感诱发地震。总之，复杂裂缝网络的发育与结构面密切相关。从以上分析来看，天然裂缝往往长度有限，且胶结程度及摩擦系数相对更高(大)，尤其是由内部矿物填充的天然裂缝，力学性质相对较强。在水力压裂过程中，当水力裂缝与天然裂缝相交时，压裂液深入天然裂缝后会引起泵压下降。随着压裂液的持续泵注，天然裂缝的应力场发生改变，易在岩石强度较弱处诱导裂缝出现穿透、滑移等现象。充填物使部分天然裂缝面变得粗糙，裂缝在此处的剪切滑移导致泵压-时间关系曲线呈锯齿状剧烈地波动，从而形成粗糙的裂缝面。

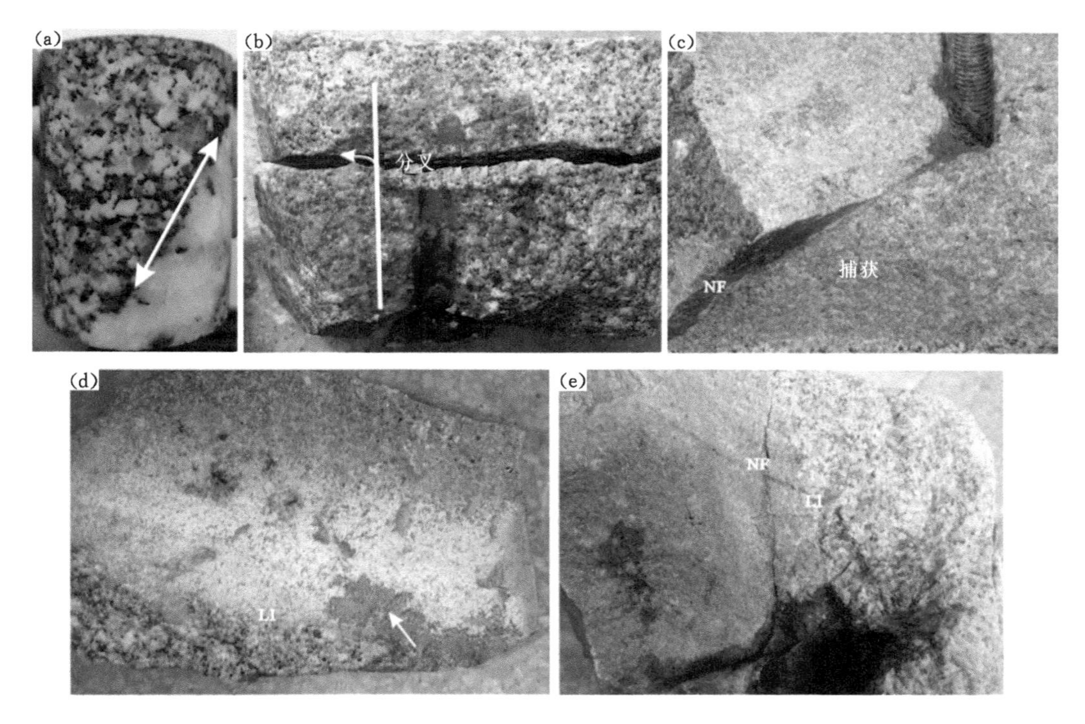

图3-53　水力裂缝与不同结构面相互作用结果

石英脉作为火成岩与沉积岩中区别最为明显的结构面，结合共和盆地首口干热岩探采结合井——干热岩注入井压裂过程中呈现出的压力水平，它不仅会影响水力裂缝的扩展路径，同时可能是造成小排量条件下憋压的原因之一。图3-54展示了干热岩注入井压裂过程中的压力、排量和时间的关系曲线，泵压-时间关系曲线峰值压力、波动情况可直接反映水力压裂过程。

(1) 干热岩水力裂缝与地质不连续面相交时的传播行为表现出很大的差异。天然裂缝是花岗岩最常见的结构面，是形成复杂水力裂缝网络的关键因素。具有较高力学强度的石英脉对水力裂缝的延伸具有阻碍作用。当水力裂缝沿石英脉与岩石基质体交界面扩展时，石英脉上发育的天然裂缝往往会成为水力裂缝的传播路径。在岩性界面中影响水力裂缝扩展行为的主要因素是界面两侧岩石基质力学性质的差异和不连续面的胶结强度。据此干热

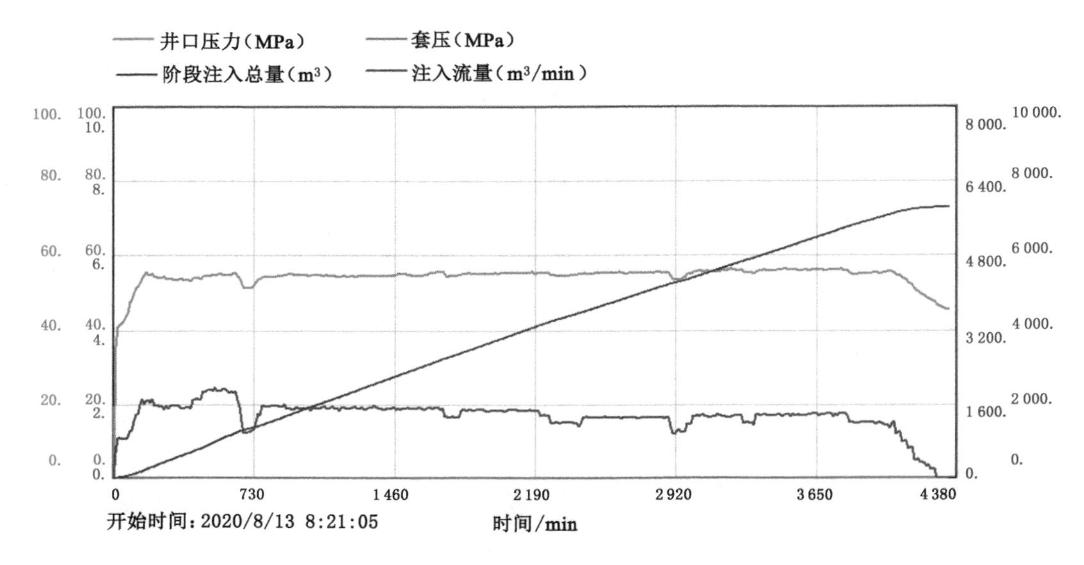

图 3-54 现场压裂施工典型的泵压-时间关系曲线

岩水力裂缝呈现出了四种模式,其中裂缝的分叉可以增加裂缝复杂性。沿着地质不连续面的传播和捕获对复杂的水力裂缝网络是不利的。此外,现场水力裂缝沿大尺寸结构面扩展,特别是石英脉等高强度结构面,这可能导致结构面滑动,并进一步引起小规模的诱发地震。

(2) 干热岩压裂与诱发地震之间的关系仍须进行大量探索,但以构造条件为主因,泵注液量和压力为主要影响因素的理论模型逐渐完善。干热岩的开发是一个漫长而艰辛的过程,构造、场地地质特征千差万别,需要充分结合开发场地的地质条件制定压裂工艺参数。基于微地震矩张量反演,建立了一种基于地球物理的干热岩开发阶段储层信息获取方法,并针对共和盆地干热岩提出了一种控震压裂方法,因篇幅关系此处不做介绍。

参考文献

[1] ABDULAZIZ A M. Microseismic imaging of hydraulically induced-fractures in gas reservoirs: a case study in barnett shale gas reservoir, texas, USA[J]. Open Journal of Geology, 2013, 3(5): 361-369.

[2] AHMED U, THOMPSON T W, KELKAR S M, et al. Perforation placement optimization: a modified hydraulic fracturing technique[C]//Proceedings of SPE Unconventional Gas Recovery Symposium. May 13-15, 1984. Society of Petroleum Engineers, 1984.

[3] ALI DANESHY A. Experimental investigation of hydraulic fracturing through perforations[J]. Journal of Petroleum Technology, 1973, 25(10): 1201-1206.

[4] BAIG A, URBANCIC T. Microseismic moment tensors: a path to understanding frac growth[J]. The Leading Edge, 2010, 29(3): 320-324.

[5] BAISCH S, ROTHERT E, STANG H, et al. Continued geothermal reservoir stimulation experiments in the cooper basin (australia)[J]. Bulletin of the Seismological Society of America, 2015, 105(1): 198-209.

[6] BAISCH S, WEIDLER R, VOROS R, et al. Induced seismicity during the stimulation of a geothermal HFR reservoir in the cooper basin, Australia[J]. Bulletin of the Seismological Society of America, 2006, 96(6): 2242-2256.

[7] BALAMIR O, RIVAS E, RICKARD W M, et al. Utah FORGE reservoir: drilling results of deep characterization and monitoring well 58-32[M]//43rd Workshop on Geothermal Reservoir Engineering, Stanford, 2018: SGP-TR-213.

[8] BARIA R, BAUMGÄRTNER J, GÉRARD A, et al. European HDR research programme at Soultz-sous-Forêts (France) 1987-1996[J]. Geothermics, 1999, 28(4/5): 655-669.

[9] BASISTA M, GROSS D. The sliding crack model of brittle deformation: an internal variable approach[J]. International Journal of Solids and Structures, 1998, 35(5/6): 487-509.

[10] BENTZ S, KWIATEK G, MARTÍNEZ-GARZÓN P, et al. Seismic moment evolution during hydraulic stimulations[J]. Geophysical Research Letters, 2020, 47(5): 3392.

[11] BROWN D W, DUCHANE D V. Scientific progress on the Fenton Hill HDR project since 1983[J]. Geothermics, 1999, 28(4/5): 591-601.

[12] BUECKNER H F. The propagation of cracks and the energy of elastic deformation [J]. Journal of Fluids Engineering, 1958, 80(6): 1225-1229.

[13] BUNGER A P,KEAR J,DYSKIN A V,et al.Sustained acoustic emissions following tensile crack propagation in a crystalline rock[J].International Journal of Fracture,2015,193(1):87-98.

[14] CHARLÉTY J, CUENOT N, DORBATH L, et al. Large earthquakes during hydraulic stimulations at the geothermal site of Soultz-sous-Forêts[J].International Journal of Rock Mechanics and Mining Sciences,2007,44(8):1091-1105.

[15] CHEN Z,JEFFREY R G,ZHANG X.Numerical modeling of three-dimensional T-shaped hydraulic fractures in coal seams using a cohesive zone finite element model [J].Hydraulic Fracturing Journal,2015,2(2):20-37.

[16] CHENG W, JIN Y, CHEN M. Reactivation mechanism of natural fractures by hydraulic fracturing in naturally fractured shale reservoirs[J].Journal of Natural Gas Science and Engineering,2015,23:431-439.

[17] CHERNY S G,LAPIN V N.3D model of hydraulic fracture with Herschel-Bulkley compressible fluid pumping[J].Procedia Structural Integrity,2016,2:2479-2486.

[18] CIPOLLA C L, MAYERHOFER M J. Understanding fracture performance by integrating well testing and fracture modeling[J].SPE Production & Facilities,2001,16(4):210-218.

[19] CUENOT N,CHARLÉTY J,DORBATH L,et al.Faulting mechanisms and stress regime at the European HDR site of Soultz-sous-Forêts, France[J]. Geothermics, 2006,35(5/6):561-575.

[20] CUENOT N,DORBATH C,DORBATH L.Analysis of the microseismicity induced by fluid injections at the EGS site of soultz-sous-forêts (alsace,France):implications for the characterization of the geothermal reservoir properties[J].Pure and Applied Geophysics,2008,165(5):797-828.

[21] DAHI-TALEGHANI A, OLSON J E. Numerical modeling of multistranded-hydraulic-fracture propagation: accounting for the interaction between induced and natural fractures[J].SPE Journal,2011,16(3):575-581.

[22] DENG J Q,LIN C,YANG Q,et al.Investigation of directional hydraulic fracturing based on true tri-axial experiment and finite element modeling[J].Computers and Geotechnics,2016,75:28-47.

[23] DONG Z, TANG S B, RANJITH P G, et al. A theoretical model for hydraulic fracturing through a single radial perforation emanating from a borehole [J]. Engineering Fracture Mechanics,2018,196:28-42.

[24] FALLAHZADEH S H, RASOULI V, SARMADIVALEH M. An investigation of hydraulic fracturing initiation and near-wellbore propagation from perforated boreholes in tight formations[J].Rock Mechanics and Rock Engineering,2015,48(2):573-584.

[25] FATAHI H,HOSSAIN M M,SARMADIVALEH M.Numerical and experimental investigation of the interaction of natural and propagated hydraulic fracture[J].

Journal of Natural Gas Science and Engineering,2017,37:409-424.

[26] FERLA M, D'AGOSTO C. Fracture finite difference seismic modelling [C]// International Petroleum Technology Conference.Beijing,China,2013.

[27] FOULGER G R,JULIAN B R,HILL D P,et al.Non-double-couple microearthquakes at Long Valley caldera, California, provide evidence for hydraulic fracturing [J]. Journal of Volcanology and Geothermal Research,2004,132(1):45-71.

[28] GALIS M,AMPUERO J P,MAI P M,et al.Induced seismicity provides insight into why earthquake ruptures stop[J].Science Advances,2017,3(12):eaap7528.

[29] GENTER A,EVANS K,CUENOT N,et al.Contribution of the exploration of deep crystalline fractured reservoir of Soultz to the knowledge of enhanced geothermal systems (EGS)[J].Comptes Rendus Geoscience,2010,342(7):502-516.

[30] GORDELIY E, PEIRCE A. Coupling schemes for modeling hydraulic fracture propagation using the XFEM [J]. Computer Methods in Applied Mechanics and Engineering,2013,253:305-322.

[31] GORDELIY E, ABBAS S, PEIRCE A. Modeling nonplanar hydraulic fracture propagation using the XFEM: an implicit level-set algorithm and fracture tip asymptotics[J].International Journal of Solids and Structures,2019,159:135-155.

[32] GRIGOLI F,CESCA S,RINALDI A P,et al.The November 2017 Mw 5.5 Pohang earthquake:a possible case of induced seismicity in South Korea[J].Science,2018,360 (6392):1003-1006.

[33] GUO T K,ZHANG S C,QU Z Q,et al.Experimental study of hydraulic fracturing for shale by stimulated reservoir volume[J].Fuel,2014,128:373-380.

[34] GWYNN M, ALLIS R, HARDWICK C, et al. Compilation of rock properties from Well 58-32, Milford, Utah FORGE Site [R]. U. S. Department of Energy on FORGE,2018.

[35] HE J M, LIN C, LI X, et al. Initiation, propagation, closure and morphology of hydraulic fractures in sandstone cores[J].Fuel,2017,208:65-70.

[36] HE Q Y,SUORINENI F T,MA T H,et al.Effect of discontinuity stress shadows on hydraulic fracture re-orientation [J]. International Journal of Rock Mechanics and Mining Sciences,2017,91:179-194.

[37] HUANG B X,LIU J W.Experimental investigation of the effect of bedding planes on hydraulic fracturing under true triaxial stress [J]. Rock Mechanics and Rock Engineering,2017,50(10):2627-2643.

[38] HUDSON J A,PEARCE R G,ROGERS R M.Source type plot for inversion of the moment tensor [J]. Journal of Geophysical Research: Solid Earth, 1989, 94 (B1): 765-774.

[39] HUMPHREYS B, WARD G. Habanero geothermal project field development plan [R].Geodynamics Limited,2014.

[40] JIA P,CHENG L S,HUANG S J,et al.A comprehensive model combining Laplace-

transform finite-difference and boundary-element method for the flow behavior of a two-zone system with discrete fracture network[J].Journal of Hydrology,2017,551:453-469.

[41] JONES C G,MOORE J N,SIMMONS S F.Lithology and mineralogy of the Utah FORGE EGS reservoir:Beaver County,Utah[R].Geothermal Resources Council Transactions,2018(42).

[42] KATO A,BEN-ZION Y.The generation of large earthquakes[J].Nature Reviews Earth & Environment,2021,2:26-39.

[43] KELKAR S,WOLDEGABRIEL G,REHFELDT K.Lessons learned from the pioneering hot dry rock project at Fenton Hill,USA[J].Geothermics,2016,63:5-14.

[44] KEMENY J M,COOK N G W.Micromechanics of deformation in rocks[M]//SHAH SP.Toughening Mechanisms in Quasi-Brittle Materials.Dordrecht:Springer,1991:155-188.

[45] KIM H,XIE L M,MIN K B,et al.Integrated in situ stress estimation by hydraulic fracturing,borehole observations and numerical analysis at the EXP-1 borehole in pohang,Korea[J].Rock Mechanics and Rock Engineering,2017,50(12):3141-3155.

[46] KIM K H,REE J H,KIM Y,et al.Assessing whether the 2017 Mw 5.4 Pohang earthquake in South Korea was an induced event[J].Science,2018,360(6392):1007-1009.

[47] KIM K I,MIN K B,KIM K Y,et al.Protocol for induced microseismicity in the first enhanced geothermal systems project in Pohang,Korea[J].Renewable and Sustainable Energy Reviews,2018,91:1182-1191.

[48] KLEJMENT P,FOLTYN N,KOSMALA A,et al.Discrete element method as the numerical tool for the hydraulic fracturing modeling[M]//GeoPlanet:Earth and Planetary Sciences.Cham:Springer International Publishing,2017:217-235.

[49] KNOPOFF L,RANDALL M J.The compensated linear-vector dipole:a possible mechanism for deep earthquakes[J].Journal of Geophysical Research,1970,75(26):4957-4963.

[50] KUMARI W G P,RANJITH P G,PERERA M S A,et al.Experimental investigation of quenching effect on mechanical,microstructural and flow characteristics of reservoir rocks:thermal stimulation method for geothermal energy extraction[J].Journal of Petroleum Science and Engineering,2018,162:419-433.

[51] KWIATEK G,SAARNO T,ADER T,et al.Controlling fluid-induced seismicity during a 6.1-km-deep geothermal stimulation in Finland[J].Science Advances,2019,5(5):eaav7224.

[52] LEI Z H,ZHANG Y J,HU Z J,et al.Application of water fracturing in geothermal energy mining:insights from experimental investigations[J].Energies,2019,12(11):2138.

[53] LI S D,ZHOU Z M,LI X,et al.One CT imaging method of fracture intervention in

rock hydraulic fracturing test[J].Journal of Petroleum Science and Engineering, 2017,156:582-588.

[54] LIU W,CUI J T,XIN J.A block-centered finite difference method for an unsteady asymptotic coupled model in fractured media aquifer system[J]. Journal of Computational and Applied Mathematics,2018,337:319-340.

[55] LIU Z Y, WANG S J, ZHAO H Y, et al. Effect of random natural fractures on hydraulic fracture propagation geometry in fractured carbonate rocks[J]. Rock Mechanics and Rock Engineering,2018,51(2):491-511.

[56] LU J R,GHASSEMI A.Estimating natural fracture orientations using geomechanics based stochastic analysis of microseismicity related to reservoir stimulation[J]. Geothermics,2019,79:129-139.

[57] MA X F,LI N,YIN C B,et al.Hydraulic fracture propagation geometry and acoustic emission interpretation:a case study of Silurian Longmaxi Formation shale in Sichuan Basin,SW China[J].Petroleum Exploration and Development Online,2017,44(6): 1030-1037.

[58] Mayerhofer M J, Lolon E P, Warpinski N R, et al. What is simulated reservoir volume? [C]//SPE-119890-PA:SPE Shale Gas Production Conference.Fort Worth, Texas:Society of Petroleum Engineers,2008:89-98.

[59] MCCLURE M W, HORNE R N. An investigation of stimulation mechanisms in Enhanced Geothermal Systems[J]. International Journal of Rock Mechanics and Mining Sciences,2014,72:242-260.

[60] MCGARR A.Maximum magnitude earthquakes induced by fluid injection[J].Journal of Geophysical Research:Solid Earth,2014,119(2):1008-1019.

[61] MOORE J, MCLENNAN J, ALLIS R, et al. The utah frontier observatory for geothermal research (FORGE):results of recent drilling and geoscientific surveys [R].GRC Transactions,2018(42).

[62] NAOI M, CHEN Y Q, NISHIHARA K, et al. Monitoring hydraulically-induced fractures in the laboratory using acoustic emissions and the fluorescent method[J]. International Journal of Rock Mechanics and Mining Sciences,2018,104:53-63.

[63] NELSON R A.Analysis procedures in fractured reservoirs[M]//Geologic Analysis of Naturally Fractured Reservoirs.Amsterdam:Elsevier,2001:223-253.

[64] NORBECK J H,MCCLURE M W,HORNE R N.Field observations at the Fenton Hill enhanced geothermal system test site support mixed-mechanism stimulation[J]. Geothermics,2018,74:135-149.

[65] OLASOLO P,JUÁREZ M C,MORALES M P,et al.Enhanced geothermal systems (EGS):a review[J].Renewable and Sustainable Energy Reviews,2016,56:133-144.

[66] OLAYIWOLA S O, DEJAM M. A comprehensive review on interaction of nanoparticles with low salinity water and surfactant for enhanced oil recovery in sandstone and carbonate reservoirs[J].Fuel,2019,241:1045-1057.

[67] OLSON J E, DAHI-TALEGHANI A. Modeling simultaneous growth of multiple hydraulic fractures and their interaction with natural fractures[C]//All Days.January 19-21,2009.The Woodlands,Texas:SPE,2009.

[68] PALANISWAMY K, KNAUSS W G. On the problem of crack extension in brittle solids under general loading[M]//Mechanics Today. Amsterdam: Elsevier, 1978: 87-148.

[69] PEARCE J K, KHAN C, GOLDING S D, et al. Geological storage of CO2 and acid gases dissolved at surface in production water[J]. Journal of Petroleum Science and Engineering, 2022, 210: 110052.

[70] PEIRCE A P P, BUNGER A P P. Interference fracturing: nonuniform distributions of perforation clusters that promote simultaneous growth of multiple hydraulic fractures[J]. SPE Journal, 2015, 20(2): 384-395.

[71] PERKINS T K, GONZALEZ J A. The effect of thermoelastic stresses on injection well fracturing[J]. Society of Petroleum Engineers Journal, 1985, 25(1): 78-88.

[72] SAVITSKI A A, DETOURNAY E. Propagation of a penny-shaped fluid-driven fracture in an impermeable rock: asymptotic solutions[J]. International Journal of Solids and Structures, 2002, 39(26): 6311-6337.

[73] SETHNA J P, DAHMEN K A, MYERS C R. Crackling noise[J]. Nature, 2001, 410: 242-250.

[74] SHENG M, LI G S, SUTULA D, et al. XFEM modeling of multistage hydraulic fracturing in anisotropic shale formations[J]. Journal of Petroleum Science and Engineering, 2018, 162: 801-812.

[75] SHEVTSOVA A, STANCHITS S, BOBROVA M, et al. Laboratory study of the influence of fluid rheology on the characteristics of created hydraulic fracture[J]. Energies, 2022, 15(11): 3858.

[76] SHI F, WANG X L, LIU C, et al. An XFEM-based method with reduction technique for modeling hydraulic fracture propagation in formations containing frictional natural fractures[J]. Engineering Fracture Mechanics, 2017, 173: 64-90.

[77] SIMONSON E R, ABOU-SAYED A S, CLIFTON R J. Containment of massive hydraulic fractures[J]. Society of Petroleum Engineers Journal, 1978, 18(1): 27-32.

[78] STEPHENSON B, CARTWRIGHT J, HOOKER J, et al. What actually controls SRV? three concepts to debate a stimulation or stimulate a debate! [C]//Day 1 Tue, October 20, 2015. Calgary, Alberta, Canada. SPE, 2015.

[79] SUNDARARAJAN S, BHUSHAN B, NAMAZU T, et al. Mechanical property measurements of nanoscale structures using an atomic force microscope[J]. Ultramicroscopy, 2002, 91(1/2/3/4): 111-118.

[80] TAMAGAWA T, MATSUURA T, ANRAKU T, et al. Construction of fracture network model using static and dynamic data[C]//SPE Annual Technical Conference and Exhibition. September 29-October 2, 2002. San Antonio, Texas. SPE, 2002.

[81] TAN P, JIN Y, HAN K, et al. Analysis of hydraulic fracture initiation and vertical propagation behavior in laminated shale formation[J]. Fuel, 2017, 206: 482-493.

[82] TAN P, JIN Y, HOU B, et al. Experiments and analysis on hydraulic sand fracturing by an improved true tri-axial cell[J]. Journal of Petroleum Science and Engineering, 2017, 158: 766-774.

[83] TESTER J W, ANDERSON B J, BATCHELOR A S, et al. The future of geothermal energy: impact of enhanced geothermal systems [EGS] on the United States in the 21st century[R]. Massachusetts Institute of Technology, 2006.

[84] VAN DEN H. New 3D model for optimised design of hydraulic fractures and simulation of drill-cutting reinjection [C]//Proceedings of Offshore Europe. September 7-10, 1993. Society of Petroleum Engineers, 1993.

[85] VAN DER ELST N J, BRODSKY E E. Connecting near-field and far-field earthquake triggering to dynamic strain[J]. Journal of Geophysical Research: Solid Earth, 2010, 115(B7): 1-21.

[86] VAN DER ELST N J, PAGE M T, WEISER D A, et al. Induced earthquake magnitudes are as large as (statistically) expected [J]. Journal of Geophysical Research: Solid Earth, 2016, 121(6): 4575-4590.

[87] VAN KETTERIJ R B, DE PATER C J. Impact of perforations on hydraulic fracture tortuosity[J]. SPE Production & Facilities, 1999, 14(2): 131-138.

[88] WANG Y Y, DENG H C, DENG Y, et al. Study on crack dynamic evolution and damage-fracture mechanism of rock with pre-existing cracks based on acoustic emission location [J]. Journal of Petroleum Science and Engineering, 2021, 201: 108420.

[89] WARPINSKI N R, TEUFEL L W. Influence of geologic discontinuities on hydraulic fracture propagation[J]. Journal of Petroleum Technology, 1987, 39(2): 209-220.

[90] WEI D, GAO Z Q, FAN T L, et al. Experimental hydraulic fracture propagation on naturally tight intra-platform shoal carbonate[J]. Journal of Petroleum Science and Engineering, 2017, 157: 980-989.

[91] WENG X W, KRESSE O, CHUPRAKOV D, et al. Applying complex fracture model and integrated workflow in unconventional reservoirs [J]. Journal of Petroleum Science and Engineering, 2014, 124: 468-483.

[92] WESTERGAARD H M. Bearing pressures and cracks [J]. Journal of Applied Mechanics, Transactions ASME, 1939, 6(2): A49-A53.

[93] WILLINGHAM J D, TAN H C, NORMAN L R. Perforation friction pressure of fracturing fluid slurries [C]//Proceedings of Low Permeability Reservoirs Symposium. April 26-28, 1993. Society of Petroleum Engineers, 1993.

[94] XIE J Y, CHENG W, WANG R J, et al. Experiments and analysis on the influence of perforation mode on hydraulic fracture geometry in shale formation[J]. Journal of Petroleum Science and Engineering, 2018, 168: 133-147.

[95] XIE J Y, LI L, WEN D G, et al. Experiments and analysis of the hydraulic fracture propagation behaviors of the granite with structural planes in the Gonghe Basin[J]. Acta Geologica Sinica - English Edition, 2021, 95(6): 1816-1827.

[96] XIE J Y, CAO H, WANG D, et al. A comparative study on the hydraulic fracture propagation behaviors in hot dry rock and shale formation with different structural discontinuities[J]. Journal of Energy Engineering, 2022, 148(6): 1-12.

[97] XIE J, ZHANG K N, HU L T, et al. Field-based simulation of a demonstration site for carbon dioxide sequestration in low-permeability saline aquifers in the Ordos Basin, China[J]. Hydrogeology Journal, 2015, 23(7): 1465-1480.

[98] XIE J, JIANG G, WANG R, CAI J, et al. Experimental investigation on the influence of perforation on the hydraulic fracture geometry in shale[J]. Journal of the China Coal Society, 2018, 43(3), 776-783.

[99] XING Y K, ZHANG G Q, LUO T Y, et al. Hydraulic fracturing in high-temperature granite characterized by acoustic emission[J]. Journal of Petroleum Science and Engineering, 2019, 178: 475-484.

[100] YAN X, HUANG Z Q, YAO J, et al. An efficient embedded discrete fracture model based on mimetic finite difference method[J]. Journal of Petroleum Science and Engineering, 2016, 145: 11-21.

[101] YANG D X. Marker-and-cell and Chorin finite difference modeling for fluid flow in a single fracture? [J]. Earthquake Science, 2009, 22(5): 499-504.

[102] ZHANG G Q, FAN T G. A high-stress tri-axial cell with pore pressure for measuring rock properties and simulating hydraulic fracturing[J]. Measurement, 2014, 49: 236-245.

[103] ZHANG H L, EATON D W. A regularized approach for estimation of a composite focal mechanism from a set of microearthquakes[J]. GEOPHYSICS, 2018, 83(5): KS65-KS75.

[104] ZHANG Q, SU Y L, WANG W D, et al. Performance analysis of fractured wells with elliptical SRV in shale reservoirs[J]. Journal of Natural Gas Science and Engineering, 2017, 45: 380-390.

[105] ZHANG X W, LU Y Y, TANG J R, et al. Experimental study on fracture initiation and propagation in shale using supercritical carbon dioxide fracturing[J]. Fuel, 2017, 190: 370-378.

[106] ZHANG X, WU B S, JEFFREY R G, et al. A pseudo-3D model for hydraulic fracture growth in a layered rock[J]. International Journal of Solids and Structures, 2017, 115/116: 208-223.

[107] ZHAO H, LIANG B, SUN W J, et al. Effects of hydrostatic pressure on hydraulic fracturing properties of shale using X-ray computed tomography and acoustic emission[J]. Journal of Petroleum Science and Engineering, 2022, 215: 110725.

[108] ZHOU C B, WAN Z J, ZHANG Y, et al. Experimental study on hydraulic fracturing

of granite under thermal shock[J].Geothermics,2018,71:146-155.

[109] ZHOU J,JIN Y,CHEN M.Experimental investigation of hydraulic fracturing in random naturally fractured blocks[J].International Journal of Rock Mechanics and Mining Sciences,2010,47(7):1193-1199.

[110] ZOU J P,CHEN W Z,JIAO Y Y.Numerical simulation of hydraulic fracture initialization and deflection in anisotropic unconventional gas reservoirs using XFEM[J].Journal of Natural Gas Science and Engineering,2018,55:466-475.

[111] ZOU J P,JIAO Y Y,TANG Z C,et al.Effect of mechanical heterogeneity on hydraulic fracture propagation in unconventional gas reservoirs[J].Computers and Geotechnics,2020,125:103652.

[112] ZOU Y S,ZHANG S C,ZHOU T,et al.Experimental investigation into hydraulic fracture network propagation in gas shales using CT scanning technology[J].Rock Mechanics and Rock Engineering,2016,49(1):33-45.

[113] 彪仿俊.水力压裂水平裂缝扩展的数值模拟研究[D].合肥:中国科学技术大学,2011.

[114] 陈勉,庞飞,金衍.大尺寸真三轴水力压裂模拟与分析[J].岩石力学与工程学报,2000(增1):868-872.

[115] 陈勉,周健,金衍,等.随机裂缝性储层压裂特征实验研究[J].石油学报,2008,29(3):431-434.

[116] 陈旭光,张强勇.岩石剪切破坏过程的能量耗散和释放研究[J].采矿与安全工程学报,2010,27(2):179-184.

[117] 陈旭光.高地应力条件下深部巷道围岩分区破裂形成机制和锚固特性研究[D].济南:山东大学,2011.

[118] 陈益峰,周创兵,童富果,等.多相流传输 THM 全耦合数值模型及程序验证[J].岩石力学与工程学报,2009,28(4):649-665.

[119] 陈治喜,陈勉,黄荣樽,等.层状介质中水力裂缝的垂向扩展[J].石油大学学报(自然科学版),1997,21(4):23-26.

[120] 陈作,许国庆,蒋漫旗.国内外干热岩压裂技术现状及发展建议[J].石油钻探技术,2019,47(6):1-8.

[121] 窦斌,高辉,周刚,等.我国发展增强型地热开采技术所面临的机遇与挑战[J].地质科技情报,2014,33(5):208-210.

[122] 杜广生.工程流体力学[M].2 版.北京:中国电力出版社,2014.

[123] 郭建春,马健,张涛,等.通道压裂中流动通道形态影响因素实验研究[J].油气地质与采收率,2017,24(5):115-119.

[124] 郭亮亮.增强型地热系统水力压裂和储层损伤演化的试验及模型研究[D].长春:吉林大学,2016.

[125] 郭天魁,刘晓强,顾启林.射孔井水力压裂模拟实验相似准则推导[J].中国海上油气,2015,27(3):108-112.

[126] 黄达,黄润秋,张永兴.粗晶大理岩单轴压缩力学特性的静态加载速率效应及能量机制试验研究[J].岩石力学与工程学报,2012,31(2):245-255.

[127] 黄荣樽.水力压裂裂缝的起裂和扩展[J].石油勘探与开发,1981(5):62-74.

[128] 姜浒,陈勉,张广清,等.定向射孔对水力裂缝起裂与延伸的影响[J].岩石力学与工程学报,2009,28(7):1321-1326.

[129] 康玉梅,朱万成,白泉,等.基于小波变换时频能量分析技术的岩石声发射信号时延估计[J].岩石力学与工程学报,2010,29(5):1010-1016.

[130] 孔烈.水平井压裂裂缝扩展数值模拟研究[D].成都:西南石油大学,2017.

[131] 雷宏武,李佳琦,许天福,等.鄂尔多斯盆地深部咸水层二氧化碳地质储存热水动力力学(THM)耦合过程数值模拟[J].吉林大学学报(地球科学版),2015,45(2):552-563.

[132] 雷治红.青海共和盆地干热岩储层特征及压裂试验模型研究[D].长春:吉林大学,2020.

[133] 李德威,王焰新.干热岩地热能研究与开发的若干重大问题[J].地球科学(中国地质大学学报),2015,40(11):1858-1869.

[134] 李录贤,王铁军.扩展有限元法(XFEM)及其应用[J].力学进展,2005,35(1):5-20.

[135] 李世愚,和泰名,尹祥础.岩石断裂力学导论[M].合肥:中国科学技术大学出版社,2010.

[136] 李小春,袁维,白冰.CO2 地质封存力学问题的数值模拟方法综述[J].岩土力学,2016,37(6):1762-1772.

[137] 李正军.基于最小耗能原理水力压裂裂缝启裂及扩展规律研究[D].大庆:东北石油大学,2011.

[138] 刘闯.水平井水力压裂数值模拟与施工参数优化研究[D].合肥:中国科学技术大学,2017.

[139] 刘合,兰中孝,王素玲,等.水平井定面射孔条件下水力裂缝起裂机理[J].石油勘探与开发,2015(6):794-800.

[140] 刘建超.压裂支撑剂智能化测量系统的研究[D].东营:中国石油大学(华东),2017.

[141] 刘泉声,刘学伟.多场耦合作用下岩体裂隙扩展演化关键问题研究[J].岩土力学,2014,35(2):305-320.

[142] 柳贡慧,庞飞,陈治喜.水力压裂模拟实验中的相似准则[J].石油大学学报(自然科学版),2000,24(5):45-48.

[143] 蒲春生,郑恒,杨兆平,等.水平井分段体积压裂复杂裂缝形成机制研究现状与发展趋势[J].石油学报,2020,41(12):1734-1743.

[144] 任岚,赵金洲,胡永全,等.裂缝性储层射孔井水力裂缝张性起裂特征分析[J].中南大学学报(自然科学版),2013,44(2):707-713.

[145] 单清林,金衍,王亚军,等.螺旋射孔多孔眼起裂裂缝形态有限元模拟[J].中国海上油气,2017,29(4):123-130.

[146] 胜山邦久.声发射(AE)技术的应用[M].冯夏庭,译.北京:冶金工业出版社,1996.

[147] 施明明,张友良,谭飞.修正应变能密度因子准则及岩石裂纹扩展研究[J].岩土力学,2013,34(5):1313-1318.

[148] 石玉江,肖亮,毛志强,等.低渗透砂岩储层成岩相测井识别方法及其地质意义:以鄂尔多斯盆地姬塬地区长 8 段储层为例[J].石油学报,2011,32(5):820-828.

[149] 孙峰,薛世峰,逄铭玉,等.基于连续损伤的水平井射孔-近井筒三维破裂模拟[J].岩土力学,2019,40(8):3255-3262.

[150] 汪集旸,胡圣标,庞忠和,等.中国大陆干热岩地热资源潜力评估[J].科技导报,2012,30(32):25-31.

[151] 王贵玲,马峰,蔺文静,等.干热岩资源开发工程储层激发研究进展[J].科技导报,2015,33(11):103-107.

[152] 王瀚.水力压裂垂直裂缝形态及缝高控制数值模拟研究[D].合肥:中国科学技术大学,2013.

[153] 王素玲,隋旭,朱永超.定面射孔新工艺对水力裂缝扩展影响研究[J].岩土力学,2016,37(12):3393-3400.

[154] 吴顺川,黄小庆,陈钒,等.岩体破裂矩张量反演方法及其应用[J].2016,37(增刊1):1-18.

[155] 肖勇.增强地热系统中干热岩水力剪切压裂THMC耦合研究[D].成都:西南石油大学,2017.

[156] 谢和平,鞠杨,黎立云.基于能量耗散与释放原理的岩石强度与整体破坏准则[J].岩石力学与工程学报,2005,24(17):3003-3010.

[157] 谢和平,熊伦,谢凌志,等.中国CO2地质封存及增强地热开采一体化的初步探讨[J].岩石力学与工程学报,2014,33(增1):3077-3086.

[158] 解经宇,叶成明,金显鹏,等.编织深部热能的“捕获网”:干热岩水力压裂[J].国土资源科普与文化,2020,23(2):22-25.

[159] 徐挺.相似理论与模型试验[M].北京:中国农业机械出版社,1982.

[160] 许天福,张延军,于子望,等.干热岩水力压裂实验室模拟研究[J].科技导报,2015,33(19):35-39.

[161] 许天福,袁益龙,姜振蛟,等.干热岩资源和增强型地热工程:国际经验和我国展望[J].吉林大学学报(地球科学版),2016,46(4):1139-1152.

[162] 许天福,胡子旭,李胜涛,等.增强型地热系统:国际研究进展与我国研究现状[J].地质学报,2018,92(9):1936-1947.

[163] 薛世峰,孙春海,于海彬,等.螺旋射孔参数对地层破裂压力的影响[J].油气井测试,2015,24(6):11-13.

[164] 姚军,孙海,李爱芬,等.现代油气渗流力学体系及其发展趋势[J].科学通报,2018,63(4):425-451.

[165] 尹双增.探讨一种新的复合型断裂判据:塑性区最短距离rmin判据[J].应用数学和力学,1985,6(6):507-518.

[166] 翟松韬,吴刚,张渊,等.单轴压缩下高温盐岩的力学特性研究[J].岩石力学与工程学报,2014,33(1):105-111.

[167] 张广清,陈勉.水平井水力裂缝非平面扩展研究[J].石油学报,2005,26(3):95-97.

[168] 张森琦,文冬光,许天福,等.美国干热岩“地热能前沿瞭望台研究计划”与中美典型EGS场地勘查现状对比[J].地学前缘,2019,26(2):321-334.

[169] 张文东,樊俊铃,陈莉,等.基于ABAQUS二次开发的裂纹扩展模拟[J].机械强度,

2018,40(6):1467-1472.

[170] 张行,吴国勋.工程塑性理论[M].北京:北京航空航天大学出版社,1998.

[171] 张志镇.岩石变形破坏过程中的能量演化机制[D].徐州:中国矿业大学,2013.

[172] 赵翠玉.基于熵理论的裂缝扩展规律研究[D].大庆:东北石油大学,2011.

[173] 赵忠虎,谢和平.岩石变形破坏过程中的能量传递和耗散研究[J].四川大学学报(工程科学版),2008,40(2):26-31.

[174] 周福宝,夏同强,刘应科,等.二次封孔粉料颗粒输运特性的气固耦合模型研究[J].煤炭学报,2011,36(6):953-958.

[175] 周辉,李震,杨艳霜,等.岩石统一能量屈服准则[J].岩石力学与工程学报,2013,32(11):2170-2184.

[176] 周长冰.高温岩体水压致裂钻孔起裂与裂缝扩展机理及其应用[D].徐州:中国矿业大学,2017.

[177] 朱贝贝.岩石破裂过程中的耗散能与释放能机理研究[D].兰州:兰州大学,2017.

[178] 朱海燕,邓金根,刘书杰,等.定向射孔水力压裂起裂压力的预测模型[J].石油学报,2013,34(3):556-562.

[179] 朱玉瑞.东营凹陷沙河街组致密砂岩储层孔隙结构表征及分类评价[D].成都:成都理工大学,2021.

[180] 自然资源部中国地质调查局,国家能源局新能源和可再生能源司,中国科学院科技战略咨询研究院,国务院发展研究中心资源与环境政策研究所.中国地热能发展报告(2018)[M].中国石化出版社,2018.